2015—2016年
中国工业和信息化发展
系列蓝皮书

2015–2016年中国工业节能减排发展蓝皮书

The Blue Book on the Development of Industrial Energy Conservation and Emission Reduction in China (2015-2016)

中国电子信息产业发展研究院 编著

主 编/刘文强

副主编/顾成奎

人民出版社

责任编辑：邵永忠
封面设计：佳艺时代
责任校对：吕　飞

图书在版编目（CIP）数据

2015-2016年中国工业节能减排发展蓝皮书 / 刘文强　主编；
中国电子信息产业发展研究院　编著．—北京：人民出版社，2016.8
ISBN 978-7-01-016513-4

Ⅰ．①2… Ⅱ．①刘… ②中… Ⅲ．①工业企业—节能减排—研究报告—中国—2015-2016 Ⅳ．①TK018

中国版本图书馆 CIP 数据核字（2016）第 174789 号

2015-2016年中国工业节能减排发展蓝皮书
2015-2016NIAN ZHONGGUO JIENENG JIANPAI FAZHAN LANPISHU

中国电子信息产业发展研究院　编著
刘文强　主编

人民出版社　出版发行
（100706　北京市东城区隆福寺街 99 号）

北京市通州京华印刷制版厂印刷　新华书店经销

2016 年 8 月第 1 版　2016 年 8 月北京第 1 次印刷
开本：710 毫米 ×1000 毫米　1/16　印张：16.5
字数：270 千字

ISBN 978-7-01-016513-4　定价：79.00 元

邮购地址　100706　北京市东城区隆福寺街 99 号
人民东方图书销售中心　电话（010）65250042　65289539

代 序

在党中央、国务院的正确领导下，面对严峻复杂的国内外经济形势，我国制造业保持持续健康发展，实现了“十二五”的胜利收官。制造业的持续稳定发展，有力地支撑了我国综合实力和国际竞争力的显著提升，有力地支撑了人民生活水平的大幅改善提高。同时，也要看到，我国虽是制造业大国，但还不是制造强国，加快建设制造强国已成为今后一个时期我国制造业发展的核心任务。

“十三五”时期是我国制造业提质增效、由大变强的关键期。从国际看，新一轮科技革命和产业变革正在孕育兴起，制造业与互联网融合发展日益催生新业态新模式新产业，推动全球制造业发展进入一个深度调整、转型升级的新时期。从国内看，随着经济发展进入新常态，经济增速换挡、结构调整阵痛、动能转换困难相互交织，我国制造业发展也站到了爬坡过坎、由大变强新的历史起点上。必须紧紧抓住当前难得的战略机遇，深入贯彻落实新发展理念，加快推进制造业领域供给侧结构性改革，着力构建新型制造业体系，推动中国制造向中国创造转变、中国速度向中国质量转变、中国产品向中国品牌转变。

“十三五”规划纲要明确提出，要深入实施《中国制造 2025》，促进制造业朝高端、智能、绿色、服务方向发展。这是指导今后五年我国制造业提质增效升级的行动纲领。我们要认真学习领会，切实抓好贯彻实施工作。

一是坚持创新驱动，把创新摆在制造业发展全局的核心位置。当前，我国制造业已由较长时期的两位数增长进入个位数增长阶段。在这个阶段，要突破自身发展瓶颈、解决深层次矛盾和问题，关键是要依靠科技创新转换发展动力。要加强关键核心技术研发，通过完善科技成果产业化的运行机制和激励机制，加快科技成果转化步伐。围绕制造业重大共性需求，加快建立以创新中心为核心载体、以公共服务平台和工程数据中心为重要支撑的制造业创新网络。深入推进制造业与互联网融合发展，打造制造企业互联网“双创”平台，推动互联网企业构建制造业“双创”服务体系，推动制造业焕发新活力。

二是坚持质量为先，把质量作为建设制造强国的关键内核。近年来，我国制造业质量水平的提高明显滞后于制造业规模的增长，既不能适应日益激烈的国际竞争的需要，也难以满足人民群众对高质量产品和服务的热切期盼。必须着力夯实质量发展基础，不断提升我国企业品牌价值和“中国制造”整体形象。以食品、药品等为重点，开展质量提升行动，加快国内质量安全标准与国际标准并轨，建立质量安全可追溯体系，倒逼企业提升产品质量。鼓励企业实施品牌战略，形成具有自主知识产权的名牌产品。着力培育一批具有国际影响力的品牌及一大批国内著名品牌。

三是坚持绿色发展，把可持续发展作为建设制造强国的重要着力点。绿色发展是破解资源、能源、环境瓶颈制约的关键所在，是实现制造业可持续发展的必由之路。建设制造强国，必须要全面推行绿色制造，走资源节约型和环境友好型发展道路。要强化企业的可持续发展理念和生态文明建设主体责任，引导企业加快绿色改造升级，积极推行低碳化、循环化和集约化生产，提高资源利用效率。通过政策、标准、法规倒逼企业加快淘汰落后产能，大幅降低能耗、物耗和水耗水平。构建绿色制造体系，开发绿色产品，建设绿色工厂，发展绿色园区，打造绿色供应链，壮大绿色企业，强化绿色监管，努力构建高效清洁、低碳循环的绿色制造体系。

四是坚持结构优化，把结构调整作为建设制造强国的突出重点。我国制造业大而不强的主要症结之一，就是结构性矛盾较为突出。要把调整优化产业结构作为推动制造业转型升级的主攻方向。聚焦制造业转型升级的关键环节，推广应用新技术、新工艺、新装备、新材料，提高传统产业发展的质量效益；加快发展3D打印、云计算、物联网、大数据等新兴产业，积极发展众包、众创、众筹等新业态新模式。支持有条件的企业“走出去”，通过多种途径培育一批具有跨国经营水平和品牌经营能力的大企业集团；完善中小微企业发展环境，促进大中小企业协调发展。综合考虑资源能源、环境容量、市场空间等因素，引导产业集聚发展，促进产业合理有序转移，调整优化产业空间布局。

五是坚持人才为本，把人才队伍作为建设制造强国的根本。新世纪以来，党和国家深入实施人才强国战略，制造业人才队伍建设取得了显著成绩。

但也要看到，制造业人才结构性过剩与结构性短缺并存，高技能人才和领军人才紧缺，基础制造、高端制造技术领域人才不足等问题还很突出。必须把制造业人才发展摆在更加突出的战略位置，加大各类人才培养力度，建设制造业人才大军。以提高现代经营管理水平和企业竞争力为核心，造就一支职业素养好、市场意识强、熟悉国内外经济运行规则的经营管理人才队伍。组织实施先进制造卓越工程师培养计划和专业技术人才培养计划等，造就一支掌握先进制造技术的高素质的专业技术人才队伍。大力培育精益求精的工匠精神，造就一支技术精湛、爱岗敬业的高技能人才队伍。

“长风破浪会有时，直挂云帆济沧海”。2016 年是贯彻落实“十三五”规划的关键一年，也是实施《中国制造 2025》开局破题的关键一年。在错综复杂的经济形势面前，我们要坚定信念，砥砺前行，也要从国情出发，坚持分步实施、重点突破、务求实效，努力使中国制造攀上新的高峰！

工业和信息化部部长

2016 年 6 月

前 言

十八届五中全会提出必须牢固树立并切实贯彻创新、协调、绿色、开放、共享的五大发展理念，坚持可持续发展，走生产发展、生活富裕、生态良好的文明发展道路。《中国制造 2025》提出创新驱动、绿色发展，把可持续发展作为建设制造强国的重要着力点，全面推行绿色制造。工业领域在实现上述目标中，肩负着历史重任，必须创新工作思路，扎实推进工业节能减排，注重效率、质量和效益，加快实现工业绿色低碳循环发展。

一

目前，我国仍处于工业化、城镇化较快发展阶段，经济快速增长，各项建设取得巨大成就，但也付出了巨大的资源和环境代价，经济发展与资源环境的矛盾日趋尖锐，群众对环境污染问题反应强烈。工业占国民经济的比重较大，是能源资源消耗和产生排放的主要领域，高消耗、高排放的粗放发展模式仍占主导地位。不加快调整产业结构、转变增长方式，资源支撑不住，环境容纳不下，社会承受不起，经济发展难以为继。只有坚持节约发展、清洁发展、循环发展、低碳发展，加快构建绿色制造体系，才能实现工业经济又好又快发展。同时，温室气体排放引起全球气候变暖，备受国际社会广泛关注。进一步加强工业领域节能减排工作，是应对全球气候变化的迫切需要，也是我们应该承担的责任。

二

2015 年是“十二五”的收官之年，在全系统的共同努力下，圆满完成了“十二五”工业节能减排各项目标任务。工业能效和水效大幅提升，规模以上工业单位增加值能耗累计下降 28%，实现节能量 6.9 亿吨标准煤，单位工业增加值用水量累计下降 35%；工业清洁生产开创新局面，先进适用的清洁生产技术工艺大范围示范推广，开展81种有毒有害原料（产品）替代，初步建立了政府引导和市场推动相结合的工业产品绿色设计推进机制；工业资源综合利用产业规模稳步壮大，技术装备水平不断提高，五年利用大宗工业固废约70亿吨、再生资源12亿吨。产业结构进一步优化，提前一年完成“十二五”淘汰落后产能任务，节能环保、新能源、节能与新能源汽车等绿色制造产业快速发展，预计2015年产值达到5.3万亿元。

三

2016年是“十三五”开局之年，工业绿色发展任务艰巨。从国际看，资源环境、气候变化等问题已成为人类面临的共同挑战，可持续发展日益成为全球共识；同时，国际金融危机发生后，发达国家纷纷推进“再工业化”，通过大力发展绿色低碳产业，重塑制造业竞争新优势，我国节能、环保、新能源等战略性新兴产业将面临更加激烈的国际竞争。从国内看，我国已成为世界制造大国，但制造业总体上处于全球产业价值链的中低端，工业生产的能源资源消耗和污染排放水平与发达国家仍有较大差距，工业资源能源消耗和污染物排放总量仍过大，环境承载能力已接近极限；同时，生态文明建设和培育增长新动力对工业绿色发展提出了更高要求，推进工业节能减排是落实“三去一降一补”五大任务，加快推进供给侧结构性改革的重要抓手，这就要求我们要加快推进工业绿色发展工作，转变工业经济发展方式，走绿色低碳可持续发展之路。

工业化是每一个国家都不可逾越的阶段，要实现“十三五”工业绿色发展的战略目标，必须顺应国际绿色低碳发展潮流，把节能减排作为促进绿色转型的重要抓手，紧紧抓住当前难得的战略机遇期，积极应对挑战，加强统筹规划，突出创新驱动，加大政策支持力度，发挥制度优势，动员全社会力量奋力拼搏，建设绿色工业强国。

工业和信息化部节能与综合利用司司长 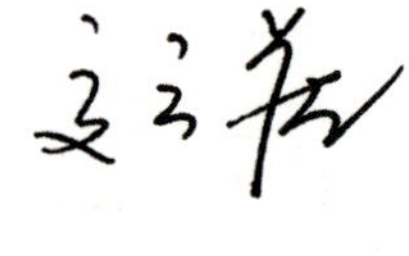

目 录

区域篇

政策篇

热点篇

展望篇

综 合 篇

第一章　2015年全球工业节能减排发展状况

本章从工业发展、全球能源消费、工业低碳化进程三个方面对美国、日本、欧盟、新兴经济体等全球主要国家和地区进行了研究。2015 年全球经济在缓慢复苏中，发达经济体呈现温和不均衡的复苏态势，新兴经济体整体保持一定增速，但面临较大的下行压力。全球能源消费增速放缓。各国纷纷采取多项措施，积极应对气候变化。

第一节　工业发展概况

从 2015 年摩根大通全球制造业采购经理人指数看，2015 年全球制造业发展趋势基本保持稳定，均高于 50 的景气荣枯分界线（见表 1–1），PMI 围绕 51.0 上下波动，最高时是 2 月份的 51.9，最低时是 8 月份和 9 月份的 50.7。图 1–1 是 2009—2015 年摩根大通全球制造业 PMI 的比较，从中可以看出，和 2014 年相比，2015 年制造业呈下行趋势，增速放缓。从 PMI 具体数值看，2014 年 PMI 最高时也出现在 2 月份，是 53.2，最低时是 12 月份 51.6，2015 年 PMI 最高值比 2014 年降低 1.3。2015 年，大宗商品价格暴跌、美联储加息、欧债危机持续、卢布贬值、中国经济向“新常态”转型，在诸多因素的持续发酵影响下，全球经济处在缓慢复苏轨道上。发达经济体得益于油价下跌、持续宽松的货币政策，呈现温和而不均衡的复苏态势，以美国、欧盟为代表的国家及地区复苏态势相对稳定。中国、印度、巴西、俄罗斯等新兴市场国家虽然整体保持一定的增速，但下滑态势明显，下滑在年末尤为突出。主要发达经济体出现中长期增长停滞的风险，多数新兴市场国家面临较大的下行风险和压力，这说明国际金融危机深层次影响还在继续，世界经济仍处缓慢复苏中，复苏前景还不明朗，整体动力不足，有效需求不振，经济增长脆弱，复苏成果需要进一步夯实。

表 1–1　2015 年摩根大通全球制造业采购经理人指数

月份	1	2	3	4	5	6	7	8	9	10	11	12
PMI	51.7	51.9	51.7	51.0	51.3	51.0	51.0	50.7	50.7	51.3	51.2	50.9

资料来源：Wind 数据库，2016 年 1 月。

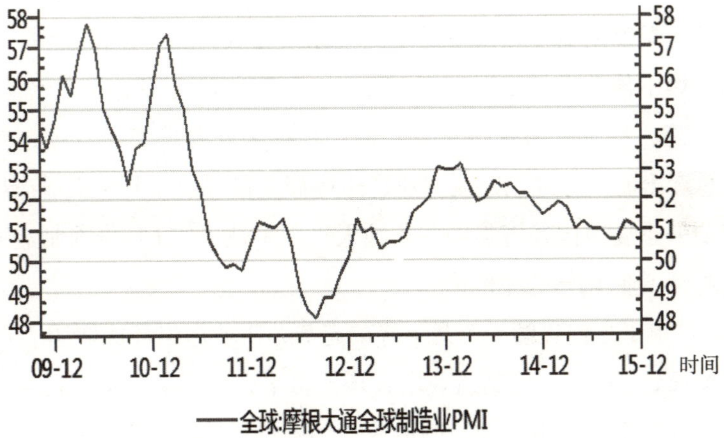

图1–1　2009—2015年摩根大通全球制造业PMI比较情况

资料来源：Wind 数据库，2016 年 1 月。

一、美国

2015 年，美国制造业复苏反弹力度开始下降，各项经济数据并不乐观。2014 年美国工业总产值 28485.4 亿美元，这是从 2009 年以来连续第五年增长，年均增速 3.39%。衡量美国工业生产和产能利用率的一个重要指标工业生产指数（制造业 SIC）2014 年是 99.82，比 2013 年高 3.35，这个指标 2009 年是 82.35，从 2009 年开始，逐年上升，这表明直到 2014 年，美国工业增长的态势一直持续走强，工业扩张的动力也不断增强，制造业不断复苏。

表 1–2 是 2015 年美国供应管理协会（ISM）发布的制造业采购经理人指数 PMI，制造业采购经理人指数通过调查企业对未来生产、新订单、库存、就业和

交货预期等关键指标评估美国经济，以50为临界点，高于50说明制造业处于扩张状态，发展势头较好，低于50则表明制造业处于萎缩状态。

表1-2 2015年美国制造业采购经理人指数

月份	1	2	3	4	5	6	7	8	9	10	11	12
PMI	53.5	52.9	51.5	51.5	52.8	53.5	52.7	51.1	50.2	50.1	48.6	48.2

资料来源：Wind数据库，2016年1月。

从2014年12月以来，美国工业表现疲弱，2015年1—5月制造业持续下滑，PMI逐月回落，主要是受外部需求萎缩影响，以及美元较为强势的拖累。美联储官员曾表示一季度制造业产出下滑是天气原因导致，属于正常波动。但制造业4月份数据仍然不佳，设备使用率仅78.2%，低于1972年有记录以来的平均水平，企业投资下降，产出和消费增长双停滞。根据美联储发布的数据，制造业产出约占工业总产出的四分之三，制造业产出停滞直接导致4月份工业产出环比下降0.3%，表明一季度美国经济脆弱并非纯天气因素造成。5月份因制造业和矿业活动仍然疲弱，工业生产继续下滑。

6月份结束了之前连续6个月下降的趋势，工业产出环比增加了0.3%，产能利用率也增长到78.4%，但制造业增长环比持平，由于美元走强拖累，海外市场需求减少，以及企业支出下降，制造业复苏困难重重。7月份工业产出环比增加0.6%，连续第二个月环比增长，制造业产出环比增加0.8%，呈现增长反弹趋势，PMI为52.7，位于荣枯分水岭上方，增长反弹主要归功于汽车行业，7月份汽车产量增长10.6%，带动了制造业和整个工业的产出回升，如果不包括汽车行业，美国工业产出数据会“看起来非常疲软”。

经历了6月和7月的短暂回升后，向好的势头没有继续延续，9月份美国工业产出又延续了全年增长放缓的趋势，工业产出环比下降0.2%，制造业产出增长环比下降0.1%。10月份工业产出下降0.2%，连续第三个月下跌，年内第八个月下滑。和工业产出颓势相比，制造业产出10月份环比上升0.4%。增长放缓的态势从9月份一直延续到12月份，11月份PMI首次跌至荣枯分水岭的下方，且下跌幅度较大，从10月份的50.1直接跳水到48.6。12月份继续下跌，PMI以48.2收官2015年。总体来看，2014年年中以来美元升值推高了美国出口产品的价格，需求疲软，加之石油业因国际油价大跌而减产，美国企业存货较多，即使汽车产量稳步增长也难以抵消这些对美国工业生产的负面影响，2015 年美国制造业增长放缓。

二、日本

2015 年 1 月份日本出口复苏，工业产出触底回升，呈温和增长趋势，工业产值初值月率是 4.0，前值 0.8；PMI 是 52.2，前值 52.0，工业产出呈近四年最大增幅，主要是出口增加所致。据日本央行 1 月份公布的经济报告，日本出口开始显现一些回升迹象，国内上调消费税后市场需求下降对经济的影响也进一步削弱。但从 2 月份开始，工业产出未能延续 1 月的大幅升势，PMI 持续下降，4 月份 PMI 甚至跌到荣枯分水岭下方，为 49.9，企业库存增加，主要是由于美国一季度经济增长不佳，中国经济增速放缓，海外市场需求萎缩，这也表明日本经济发展还需要进一步积聚动能。

4 月份工业产出月率增长 1.2%，实现 2 月份以来三个月的首次增长，但受生产商，尤其是汽车制造商和电子零部件生产商，遏制生产以降低居高不下的库存水平影响，以及出口仍处于低迷状态，5 月份工业产出月率下降 2.2%。6 月份工业产出月率增长 0.8%，温和反弹，但形势不容乐观，7、8 月份工业产出月率又连续下降，使本就摇摆的经济复苏势头再度下滑。

9 月份工业产出重新反弹，实现了三个月来首次攀升，环比上涨 1.1%，对上涨贡献最大的是化工、汽车和电子零部件产业。受益于外国游客对日本化妆品的大量需求，9 月份日本化工业产出环比增加了 5.4%，增长明显；汽车制造商应对即将到来的新车发售，也加紧生产汽车零部件，运输机械制造商工业产出因此环比攀升 1.3%；智能手机组件产量大增，电子零部件及设备部门产出环比也上涨了 6%。10 月份工业产出环比上升 1.4%，连续第二个月上升，表明随着出口下降趋势趋于平稳，制造业活动也逐步升温，经济复苏出现积极信号。但 11 月份工业生产三个月来首次下降，工业产出较 10 月份下降了 1.0%，再次说明新兴市场需求疲弱继续压抑日本经济持续复苏的前景。从 PMI 值看（见表 1–3），11 月份 PMI 升至 52.6，12 月 PMI 与 11 月持平，是 2015 年的最高值，新订单增速加快，PMI 好转预示着制造业信心上升，也暗示着 2016 年一季度日本经济可能会重新好转。

表 1–3　2015 年日本制造业采购经理人指数

月份	1	2	3	4	5	6	7	8	9	10	11	12
PMI	52.2	51.6	50.3	49.9	50.9	50.1	51.2	51.7	51.0	52.4	52.6	52.6

资料来源：Wind 数据库，2016 年 1 月。

三、欧盟

根据欧盟统计局网站数据，2015 年 1 月份欧元区与欧盟工业生产指数分别环比下降 1.1% 和 1.3%，2 月份分别环比提升 0.5% 和 0.6%，止跌回升，这主要是受益于油价下跌、欧元贬值以及欧洲央行实施的量化宽松所带来的积极影响，经济呈现回暖复苏态势。3 月份欧盟 28 国经季节调整的工业生产指数环比不变，欧元区 19 国则环比下降 0.3%。与 2014 年同期相比，二者工业生产指数分别上涨2% 和1.8%。4 月份欧元区和欧盟工业产出继续保持增长态势，环比均增长 0.1%，同比分别增长 0.8% 和 1.2%。

5 月份出现下滑，欧元区和欧盟工业生产指数环比 4 月分别下降了 0.4% 和 0.3%，6 月份继续下降 0.4% 和 0.2%。7 月份开始反转回升，欧元区和欧盟的工业产出环比分别增长 0.6% 和 0.3%，同比分别增长 1.9% 和 1.8%。9 月份下滑态势重现，欧元区和欧盟的工业产出环比分别下降 0.3% 和 0.1%，同比分别增长 1.7% 和 1.8%。PMI 如表 1–4 所示，从 3 月份开始温和上升，其间虽然有波动，但波动幅度不大，直到 11 月份，PMI 值开始大幅上升到 52.8，并在 12 月份达到 2015 年的最高值 53.1。

表 1–4　2015 年欧元区制造业采购经理人指数

月份	1	2	3	4	5	6	7	8	9	10	11	12
PMI	51.0	51.0	52.2	52.0	52.2	52.5	52.4	52.3	52.0	52.3	52.8	53.1

资料来源：Wind 数据库，2016 年 1 月。

四、新兴经济体

2015 年，新兴经济体因人口老龄化，投资及要素生产率增速放缓，潜在产出增长进一步下滑。一季度俄罗斯国内生产总值（GDP）同比收缩 1.9%，是近六年来首次出现萎缩，主要是由于油价大跌和卢布贬值的影响，经济面临重大下行风险；二季度 GDP 同比萎缩 4.6%，远高于一季度，这也是俄罗斯六年来 GDP

最大降幅，下降原因除了国际油价重回下跌轨道、卢布再现大幅贬值外，西方国家对俄罗斯的制裁也导致俄罗斯经济下行压力加大；三季度 GDP 下滑幅度放缓，同比下滑 4.3%；9 月和 10 月 GDP 增长了 0.1% 至 0.3%，工业产值也出现 0.1% 至 0.2% 的增长，特别是在远东地区，工业产值更增加了 3.1%，工业产值增加、资本外流状况缓解等积极信号预示着俄罗斯经济在经过一年的调整后有望企稳。

印度制造业 1 月份 PMI 由前值 54.5 跌至 52.9，PMI 中的新订单指数从前值 57.9 跌至 54.4，显示由于全球市场需求减弱，印度工业产出增长放缓。3 月 PMI 终止连跌两个月，由 2 月份所创五个月低位 51.2 回升至 52.1，期内，新订单增长强劲，产出扩张加快，采购价格显著上升。但 4 月份回落至 51.3，5 月份再度回升至 52.6，海外需求增速放缓，就业大致维持不变，投入价格通胀加速，但平均通胀率仍较低。7 月份增至 52.7，前值 51.3，8 月份再次由 7 月份的高位 52.7 回落至 52.3，扩张放缓。9 月份跌至七个月来的低点 51.2，其中分项新订单指数增长速度最疲弱，主要是由于受到出口订单在近两年间增长滞缓的影响。此外，一些工厂需要削减员工来控制成本，工业生产的增长受到当前困难的经济形势的制约。12 月 PMI 由 11 月的 50.3 降至 49.1，创 2013 年 8 月以来新低，体现出印度制造业整体经营形势恶化，在年末明显滑坡，制造业遭遇两年多来的首度收缩。

巴西 2015 年前四个月工业产值累计下降 6.3%，4 月当月工业生产总值环比下降 1.2%，同比下降 7.6%，这是 2009 年 12 月下降 7.1% 以来巴西工业产值最低的月份。前四个月，汽车产值累计同比下降 21.3%，汽车行业萧条带动了橡胶、机械、冶金等相关产业的减产。5 月份工业生产总值止跌转增，工业生产总值环比增长 0.6%，这是上年 7 月增长 0.8% 以来最好的增长月份，但与上年同期相比仍下降 8.8%，止跌反弹的关键是运输设备、医药化工、服装、饮料等半耐用和非耐用消费品生产增长。上半年巴西工业生产总值同比下降 6.3%，这是 2009 年以来巴西工业最差的半年业绩，整体萎缩的重要原因就是汽车产量的下降。后半年经济颓势没有有效扭转，工业生产总值数据一直下跌，截至 12 月份工业产值比上月下降 0.7%，比上年同期下降 11.94%。

中国 2015 年经济发展进入新常态，突出解决结构性难题，将生态文明建设融入经济建设发展过程中，激发社会创新创业活力，推动大众创业、万众创新，放缓增长速度，实现经济协调、绿色发展。2015 年全部工业增加值 228974 亿元，比上年增长 5.9%，规模以上工业增加值增长 6.1%。表 1–5 是 2015 年中国制造业采购经理人指数，可以看出，12 个月中，有 7 个月 PMI 低于荣枯分界线，最低时的 12 月份跌到 49.7，即使最高时 PMI 也只达到 50.2，PMI 数值表明，在错综复杂的国际环境影响下，国内经济下行压力很大，经济增速明显放缓，但从全球视野看，中国在全球主要经济体中依然位居前列，对世界经济增长的贡献率达到 25% 以上，仍是全球经济增长的重要动力。

表 1-5　2015 年中国制造业采购经理人指数

月份	1	2	3	4	5	6	7	8	9	10	11	12
PMI	49.8	49.9	50.1	50.1	50.2	50.2	50.0	49.7	49.8	49.8	49.6	49.7

资料来源：Wind 数据库，2016 年 1 月。

第二节　全球能源消费状况

2015 年 6 月，BP 发布了 2015 年版《BP 世界能源统计年鉴》。报告显示，2014 年全球经济增长速度与 2013 年基本持平，但一次能源消费却显著降速。从数据看，2014 年，全球一次能源消费增速为 0.9%，远低于 2013 年的 2.0% 和过去十年平均增速 2.1%。

从能源消费结构看，排在前三位的依然是石油、煤炭和天然气。石油占全球能源消费的 32.6%，仍然是最重要的能源。全球石油消费增长 0.8%（80 万桶 / 日），略低于历史均值。经合组织国家的消费下降 1.2%，是过去九年里的第八次下降，非经合组织国家再次贡献了全球消费的净增长部分。煤炭占全球一次能源消费的比重降至 30.0%，消费增长 0.4%，远低于过去十年的平均增长率 2.9%。非经合组织国家消费增速 1.1%，是 1998 年以来的最低增速，主要原因是中国消费疲软，增速 0.1%。乌克兰和英国显著下降，分别下降了 20.2% 和 20.3%。印度创造了历史最大增量纪录，增长 11.1%，这也是全球最大增幅。经合组织国家消费下降 1.5%，主要源于欧盟下降 6.5%。天然气占一次能源消费的 23.7%，消费仅增长 0.4%，远低于过去十年的平均增速 2.4%。经合组织国家和新兴市场国家的增速都低于历史平均增速。全球前五大降幅出现在欧洲，分别是德国、意大利、乌克兰、英国和法国。美国、中国和伊朗涨幅最大。核能是唯一消费增速超过过去十年历史平均的能源，全球核能发电量增长 1.8%，是 2009 年以来连续两年增长，也是核电首次扩大全球市场份额。全球水电产出增长 2.0%，低于均值，水电占全球一次能源消费的份额升至 6.8%。可再生能源占全球能源消费的比重达到 3.0%。

从地域看，2014 年全球一次能源消费量合计 12928.4 百万吨油当量，其中北美洲一次能源消费量 2822.8 百万吨油当量，占全球一次能源消费量的 21.8%；中南美洲一次能源消费量 692.8 百万吨油当量，占全球能源消费总量的 5.4%；欧洲及欧亚大陆一次能源消费量 2830.3 百万吨油当量，占全球能源消费总量的 21.9%；中东地区一次能源消费量合计 827.9 百万吨油当量，占全球能源消费总量的 6.4%；非洲地区一次能源消费量合计 420.1 百万吨油当量，占全球能源消费总量的 3.2%；亚太地区一次能源消费量合计 5334.6 百万吨油当量，占全球能源消费总量的 41.3%。其中经合组织国家能源消费占全球能源消费比重 42.5%，欧盟地区一次能源消费量合计 1611.4 百万吨油当量，占全球能源消费总量的 12.5%。具体数据如表 1–6 所示。新兴经济体能源消费增长率也有所下降，2014 年能源消费增长 2.4%，远低于过去十年的平均水平 4.2%，尽管如此，新兴经济体仍然是全球能源消费的主要驱动力量。

从具体国家看，2014 年一次能源消费最多的国家依次是中国和美国，两国消费量占世界总量的 40.8%，比 2013 年的比重提高 0.6 个百分点。其次是俄罗斯、印度和日本，这 3 个国家一次能源消费总量占世界总量的 13.7%。经合组织国家的一次能源消费下降 0.9%，

美国增长 1.2%，但被欧盟和日本的下降抵消，欧盟下降 3.9%，日本下降 3.0%，欧盟能源消费的降幅是除 2009 年金融危机余波期间外的历史最大降幅。

中国仍然是世界最大的能源消费国。2014 年一次能源消费为 2972.1 百万吨油当量，占全球消费量的 23%，一次能源消费比 2013 年增长 2.6%，创下连续 14 年消费增长的纪录。尽管能源消费仍然保持增长，但伴随中国经济结构转型，经济增长的重心逐步从能源密集型行业转移，能源消费需求增速已经跌至 1998 年以来的最低点。2014 年中国能源结构持续改进，煤炭消费比重持续降低，2014 年占国内能源消费总量的比重是 66.03%，比 2013 年的 67.49% 降低 1.46 个百分点，处于历史低位。石油消费占国内能源消费总量的比重是 17.51%，比 2013 年的 17.79% 降低 0.28 个百分点。排在第三位的是水电，占比 8.1%，比 2013 年的 7.23% 提高 0.87 个百分点。排在第四位的是天然气，占比 5.62%，比 2013 年提高 0.52 个百分点。可再生能源的消费占比也在稳步提高，从 2013 年的 1.50% 提高至 2014 年的 1.79%。

表 1-6　2014 年世界主要国家一次能源消费结构

（单位：百万吨油当量/Mtoe）

	石油	天然气	煤炭	核能	水电	可再生能源	总计
美国	836.1	695.3	453.4	189.8	59.1	65.0	2298.7
加拿大	103.0	93.8	21.2	24.0	85.7	4.9	332.7
墨西哥	85.2	77.2	14.4	2.2	8.6	3.7	191.4
北美洲总计	1024.4	866.3	488.9	216.1	153.5	73.6	2822.8
阿根廷	30.9	42.4	1.3	1.3	9.3	0.7	85.8
巴西	142.5	35.7	15.3	3.5	83.6	15.4	296.0
委内瑞拉	38.5	26.8	0.2	—	18.7	—	84.3
中南美洲总计	326.5	153.1	31.6	4.7	155.4	21.5	692.8
德国	111.5	63.8	77.4	22.0	4.6	31.7	311.0
法国	76.9	32.3	9.0	98.6	14.2	6.5	237.5
意大利	56.6	51.1	13.5	—	12.9	14.8	148.9
英国	69.3	60.0	29.5	14.4	1.3	13.2	187.9
俄罗斯	148.1	368.3	85.2	40.9	39.3	0.1	681.9
欧洲及欧亚大陆总计	878.6	958.3	508.7	263.0	201.3	115.5	2925.3
伊朗	93.2	153.2	1.1	1.0	3.4	0.1	252.0
沙特阿拉伯	142.0	97.4	0.1	—	—	—	239.5
阿联酋	39.3	62.4	1.5	—	—	—	103.2
中东国家总计	393.0	418.6	9.7	1.0	5.2	0.3	827.9
南非	29.1	3.7	89.4	3.6	0.3	0.6	126.7
埃及	38.7	43.2	0.7	—	3.1	0.4	86.2
非洲总计	179.4	108.1	98.6	3.6	27.5	2.9	420.1
中国	520.3	166.9	1962.4	28.6	240.8	53.1	2972.1
印度	180.7	45.6	360.2	7.8	29.6	13.9	637.8
日本	196.8	101.2	126.5	—	19.8	11.6	456.1
韩国	108.0	43.0	84.8	35.4	0.8	1.1	273.2
亚太地区总计	1428.9	610.7	2776.6	82.5	341.6	94.2	5334.6
世界总计	4211.1	3065.5	3881.8	574.0	879.0	316.9	12928.4
其中：OECD	2032.3	1432.6	1052.5	449.8	315.7	215.9	5498.8
非OECD	2178.9	1632.9	2829.3	124.2	563.3	101.1	7429.6
欧盟	592.5	348.2	269.8	198.3	83.8	118.7	1611.4

资料来源：《BP 世界能源统计年鉴》(2015)。

注：1 吨油当量 =1.4286 吨标准煤。

第三节　工业低碳发展进程分析

一、全球碳排放

根据国际能源署（IEA）的数据显示，2015 年全球二氧化碳的排放量连续两年持平。《BP 世界能源统计年鉴》（2015）指出，2014 年全球源于能源使用的二氧化碳排放仅增加了 0.5%，是 1998 年以来的最低增速，增速降低的原因主要是全球能源需求的减速和能源结构的变化。

根据彭博新能源财经（BNEF）的预测结果，中国 2014 年的碳排放总量相比上年同期下降了 2%，这也是自 2001 年来的首次下降。2014 年，中国积极采取措施调整能源结构，减少煤炭的消耗，采用更多的水能、太阳能、风能等可再生能源发电。

除了中国，经合组织国家对碳排放减少也作出了很大贡献，根据 IEA 的数据，过去五年来，经合组织国家的经济实现了近 7% 的增速，而碳排放则减少了 4%。

根据欧盟统计局 2015 年 11 月 4 日发布的数据，截至 2012 年，欧盟 28 国温室气体排放量比 1990 年的水平减少 17.9%，接近达成欧盟制定的到 2020 年温室气体排放比 1990 年减少 20% 的减排目标。据欧盟统计局分析，欧盟国家能源总需求维持在 20 世纪 90 年代早期水平，但能源消费结构发生了变化，可再生能源消费比例提高，这是欧盟温室气体排放量减少的主要原因。截至 2013 年，欧盟各国中，瑞典是可再生能源消费比例最高的国家，可再生能源消费占国内能源消费总量比例达 52.1%，位居其后的是拉脱维亚、芬兰和奥地利，分别是 37.1%、36.8%、32.6%。卢森堡、马耳他和荷兰是可再生能源消费比例最低的 3 个欧盟成员国，消费比例分别是 3.6%、3.8%、4.5%。在欧盟各成员国当中，温室气体减排量最大的国家是拉脱维亚、立陶宛、爱沙尼亚和罗马尼亚。德国、英国、法国和意大利是温室气体排放量最高的成员国。

二、各国努力应对气候变化

巴黎气候大会。2015 年巴黎气候大会，达成了“具有历史性”的《巴黎协定》，《巴黎协定》共 29 条，包括目标、减缓、适应、损失损害、资金、技术、能力建设、透明度、全球盘点等内容。关于目标，协定提出全球平均气温比工业化前水平升高控制在 2 摄氏度之内，并希望各国为把升温控制在 1.5 摄氏度之内而努力。全球将尽快实现温室气体排放达峰，21 世纪下半叶实现温室气体净零排放。各国根据自身国情，以“自主贡献”的方式参与全球应对气候变化行动，发达国家将继续带头减排，并加强对发展中国家的支持，主要是资金、技术和能力建设。《巴黎协定》被视为继 1997 年《京都议定书》之后国际社会在应对全球气候变化领域达成的最重要协议。

美国发布《清洁电力计划》。2015 年美国发布《清洁电力计划》最终方案，目标是到 2030 年将美国现有电厂碳排放量在 2005 年基础上削减 32%。根据美国能源部数据，2014 年，燃煤发电占美国发电量的 39%。美国发电企业的二氧化碳排放量占美国总体排放量的大约 40%，火电厂成为美国二氧化碳排放的最大来源。《清洁电力计划》为减缓减排目标对各州经济的冲击，推迟了各州减排方案产生效果的时间，延后至 2022 年。同时，最终方案设立了清洁能源促进项目。《清洁电力计划》被认为是美国应对气候变化迈出的最重要一步。

欧盟 2020 年温室气体减排目标接近实现。近几年，欧盟先后公布了一系列的减排目标，分别为：以 1990 年为基数，到 2020 年温室气体排放减少 20%，到 2030 年减少 40%，到 2040 年减少 60%。欧盟希望通过达到这些阶段性目标，到 2050 年减少 80%，建成低碳经济。根据欧盟统计局 2015 年 11 月 4 日发布的数据，截至 2012 年，欧盟 28 国温室气体排放量比 1990 年减少 17.9%，接近达成 2020 年温室气体减排目标。

欧盟拟修改碳交易计划。欧盟将修改碳交易计划并对电力市场进行改革，以帮助欧洲地区实现遏制温室气体排放的目标。其中一项重要举措是提出立法建议，加快削减欧盟发放的碳排放许可数量，对 2020 年之后的欧洲碳排放交易系统重新设计。根据新措施，欧盟希望将碳排放许可总量每年减少 2.2%，当前速度为每年减少 1.74%。该提议必须获得欧洲议会和成员国通过才能成为立法。欧盟还将就电力市场的重新设计征询公众意见，打算在明年下半年提交立法建议。欧盟委员会希望改进欧洲内部电力市场的运行，更好地协调各成员国之间的可再生能源补贴计划。

缅甸与欧盟合作应对气候变化。2015 年 11 月缅甸与欧盟在内比都共同召开气候变化会议，来自缅甸环保林业部及其他相关部委的官员、欧盟、社会组织和私营部门代表以及其他发展伙伴成员共同讨论了《缅甸国家气候变化战略与行动计划》草案。《缅甸国家气候变化战略与行动计划》草案由缅甸气候变化联盟发起，是缅政府瞄准提升技术能力、应对气候变化目标实施的标杆项目。项目为期四年，由欧盟资助，联合国人类定居项目组和联合国环境项目组共同实施，旨在呼吁加强对环境变化的关注，制定政府政策、计划并开展行动。

日本制定气候暖化对策。日本政府12月22日召开了“地球温暖化对策推进本部”的特别会议，提出要制定温暖化的对策，落实《巴黎协定》的建议。其中的措施是提升LED照明的普及率，降低使用火力发电的比例等。日本未来会采取更多的手段，拓展LED照明市场。

中国带头应对全球气候变化。中国在应对气候变化方面做出了积极的努力，不仅设定了2030年碳排放见顶的目标，还承诺出资31亿美元帮助一些自身无力应对气候变化的低收入国家，同时中国将在2017年底前启动全国性碳市场。2015年1月，中国开始施行《碳排放权交易管理暂行办法》。

印度首次发布空气质量指数。印度政府表示2015年拟公开新德里、阿格拉、坎普尔、勒克瑙、瓦拉纳西、法里达巴德、艾哈迈达巴德、金奈、班加罗尔和海德拉巴10座城市的实时空气质量指数,空气质量分为六个级别,从“好”“适宜”“一般”“差”到“很差”“严重污染”，此外还列出二氧化硫、二氧化氮、PM2.5等主要污染物，但没有提出应对空气污染的措施。

三、清洁能源发展情况

大力调整能源结构，减少化石燃料的使用量，开发清洁能源，提高清洁能源使用比例，是减少碳排放量的主要途径。

埃及同俄罗斯签署首座核电站建设协议。埃及拥有约9000万人口，长期遭受电力短缺困扰。2015年埃及与俄罗斯国有核能企业俄罗斯原子能公司签署了埃及首座核电站建设协议，根据协议，俄罗斯将为埃及在地中海沿岸的马特鲁省代巴地区建设首座核电站，该电站包括4座各1200兆瓦的核反应堆。

欧盟向能源基础设施领域投资1.5亿欧元。欧盟委员会2015年向20个泛欧能源基础设施项目安排了1.5亿欧元的支持资金。项目是在“连通欧洲设施”(CEF)框架下遴选出来的，主要位于中欧、东南欧以及波罗的海地区。项目建成后，将提升欧盟的能源安全水平，结束部分成员国与欧盟能源网络隔离的状态，同时还有助于完善欧洲能源市场，提高再生能源与电力网之间的融合度。

美国延续支持可再生能源发展的重要税收政策。2015 年 12 月 15 日，美国共和、民主两党就延长可再生能源发电税收抵免政策（PTC）和联邦商业能源投资税收抵免政策（ITC）达成协议。根据最新协议，已于 2014 年失效的 PTC 将被延长至 2020 年，此前政策中规定：企业利用风能等可再生能源，如每发一度电可获得 2.3 美分税收抵免，这一优惠幅度将延续至 2016 年 12 月 31 日；从 2017 年开始，优惠幅度将逐年递减，并于 2020 年结束。原本将于 2017 年失效的 ITC 被延长至 2022 年，投资太阳能等可再生能源企业，可以继续享受相当于总投资额 30% 的税收抵免额度，这一优惠幅度延续至 2019 年，从 2020 年开始递减，到 2022 年降至 10%。

英国转向环保能源。根据英国能源协会的数据，英国目前大约 31% 的电力来自燃煤电站，英国计划在 2025 年前逐步关停燃煤电站，全面转向天然气、核电等清洁能源。政府会优先修建更多天然气发电站，也会大力发展核电站。

法国巴黎银行宣布可再生能源投资倍增计划。日前，法国巴黎银行宣布增加对可再生能源行业的投资一倍以上，从 2014 年的 69 亿欧元增至 2020 年的 150 亿欧元。另外，该银行还决定强化碳风险管理的政策与手段，继续向机构投资者推广绿色债券，在 2018 年之前要成为绿色债券市场全球前三大欧元标价发行商之一。目前法国巴黎银行投资的电力结构中，23% 为可再生能源，还有 23% 的火力发电。对火力发电厂的融资，法国巴黎银行将采取差异化战略，即在高收入国家不再投资火力发电厂，在其他国家根据严格标准考虑投资此类项目的可能性。考虑到能源效率在降低温室气体排放量的整体工作中将发挥重要作用，法国巴黎银行将重点出台针对该领域的举措。

中国清洁能源投资领先全球。中国已经成为全球清洁能源投资的“领跑者”。据彭博新能源财经统计，2015 年全球清洁能源投资总额 3293 亿美元，比上年增长 4%（2014 年修正后为 3159 亿美元）。中国在清洁能源领域的投资远高于世界其他国家，总投资额 1105 亿美元，将近排在第二位的美国投资额的两倍（美国投资 560 亿美元）。欧洲地区投资 585 亿美元，日本投资 436 亿美元。

第二章　2015年中国工业节能减排发展状况

2015 年我国工业生产保持了中高速增长，高技术产业增长较快，传统产业加快转型升级。工业能源消费得到有效控制，工业资源消费需求放缓。工业节能降耗成效显著，全国规模以上工业单位增加值能耗比上年下降 8.4%，为 2005 年实行节能降耗约束性管理以来的最大降幅。工业领域碳减排力度加大，主要污染物排放总量和强度得到有效控制。大宗工业固废综合利用水平稳步提升，主要工业固体废物综合利用顺利完成“十二五”目标；再生资源利用规模不断扩大，再制造稳步推进，工业资源综合利用技术水平显著提升。

第一节　工业发展概况

一、总体发展情况

2015 年面对国际经济复苏整体乏力、经济下行压力持续增加的复杂形势，中央主动适应经济发展新常态，不断创新思路实施精准宏观调控，保持经济运行在合理区间，圆满完成了“十二五”规划的任务和目标，为“十三五”全面建成小康社会奠定了坚持的基础。根据国家统计局的初步核算，2015 年我国 GDP 达到 676708 亿元，比 2014 年增长 6.9%，完成了 2015 年政府工作报告中的预期目标。

2015 年我国工业运行缓中趋稳，稳中有进。在国内外经济环境趋于复杂严峻的形势下，我国工业保持中高速增长，规模以上工业增加值同比增速为 6.1%，比 2014 年回落 2.2 个百分点。

2015 年规模以上工业增加值增速从年初的 6.8% 滑落至 3 月份的 5.6%，此后，增速开始缓慢回升，6 月份回到 6.8% 的相对高位。下半年以来，规模以上工业增速开始震荡下行，10月份同比增速与3月份持平，均为本年以来的最低点。11月份以汽车为代表的主要工业行业生产增速回升，再加上基数原因，导致11月份规上工业增加值略微上浮，12月份增速再次下行，2015年全年企业始终处于去产能、去库存的状态，在重点工业产品中，除汽车产量维持高速增长外，钢铁、建材等领域的重点产品产量均出现不同程度的下滑。随着国家新修订的能耗限额标准和污染物排放标准全面实施及管理机制的改变，各工业行业逐步将节能减排作为促投资、结构转型的着力点（见图2–1）。

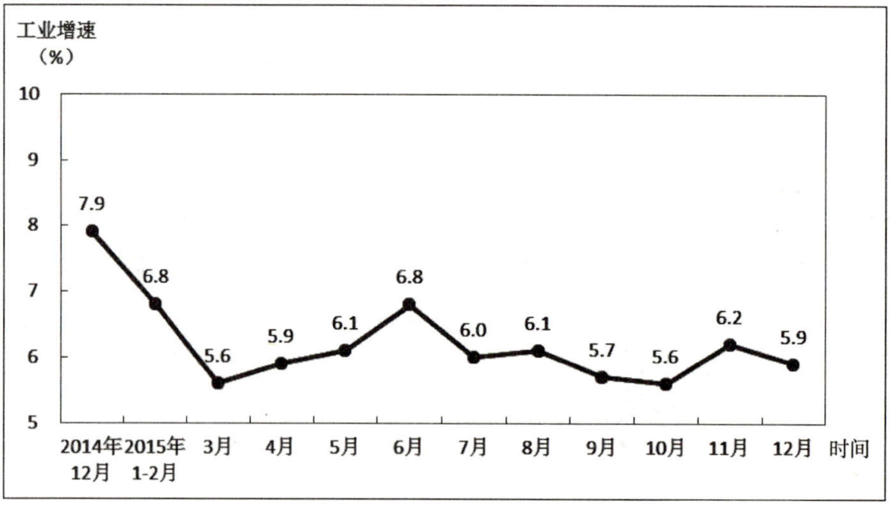

图2–1　2014年12月—2015年12月规模以上工业增加值同比增速

资料来源：国家统计局，2016年1月。

二、重点行业发展情况

2015年工业结构持续优化，工业发展动力从传统增长点转向新增长点。2015年高技术产业、六大高耗能行业占全部规模以上工业的比重分别为11.8%和27.8%，较上年分别增加1.2个百分点、降低0.6个百分点。高技术产业继续保持较高增速，产业增加值增长速度达到10.2%，比规模以上工业增长速度高出4.1个百分点，占规模以上工业增加值比重为11.8%，比重较上年增加0.8个百分点。随着《中国制造2025》全面实施，我国工业经济的新业态、新产品、新动力培育渐入佳境，产业逐步向中高端水平迈进。

钢铁行业：2015年钢铁行业产量和消费量双下降，企业进入全面亏损。

2015 年我国钢铁工业增加值增长 5.4%，比 2014 年下降 0.8 个百分点。产量首次下降，我国粗钢产量 8.04 亿吨，同比下降 2.3%，是我国粗钢产量近 30 年来首次下降。全行业亏损，企业利润严重下滑，黑色金属冶炼和压延加工利润总额 525.5 亿元，比上年同期下降 67.9%，宝钢股份利润下滑 83.4%，退居行业第三。首次同时出现能源消耗总量和强度指标双下降，吨钢综合能耗降至 575 千克标准煤 / 吨以内，比上年下降 0.56%，再加上粗钢产量下降，钢铁行业首次出现 30 年来能源消耗总量下降。首次钢材出口量超过 1 亿吨，全年累计出口钢材 1.1 亿吨，同比增长 19.9%，但钢材出口屡遭欧美、东南亚、中东等经济体对我国钢材发起反倾销、反补贴调查，钢材出口遭遇空前压力。行业效益低迷，企业主动关停数量增多，但基础不牢固，部分企业有浮动，化解产能有难度。预计"十三五"期间在国家经济发展新常态和转型结构调整下，行业产量、出口、能源消耗总量等均可能仍处于下滑期。

有色金属行业：2015 年有色金属行业面临供需失衡、市场无序、结构不合理的严峻挑战，但全行业不断推进结构调整、产业转型升级，总体保持平稳运行。有色金属行业增加值同比增长 11.3%，继续保持平稳增长。十种有色金属总产量稳步增长、铅产量出现下滑、铜铝产量增幅回落，十种有色金属产量 5090 万吨，同比增长 5.8%，增速下滑 1.4 个百分点，其中铅产量为 386 万吨，同比下降 5.3%，铜和铝产量增幅分别回落 3.6 个和 5.7 个百分点。产品供需失衡，在国内房地产、家电、汽车等主要有色金属应用消费市场需求增速放缓以及全球有色金属供应过剩的形势下，我国铜、铝、铅、锌等十种有色金属产量仍保持增长，且产量约为全球产量的一半，加剧了供应过剩。固定资产投资自 2000 年以来首次下降，有色金属行业固定资产投资增速自 2000 年以来始终高于全国平均水平，2014 年投资增速首次低于全国平均水平，2015 年有色金属工业累计完成固定资产投资 5579 亿元，同比下降 4.0%，比上年回落 8.1 个百分点，是 21 世纪以来首次固定资产投资负增长。大宗有色金属价格下跌，部分稀有金属价格逆市上涨，铜、铝、铅、锌现货年均价分别同比下降 16.8%、10.2%、5.5%、4.1%，支撑战略性新兴产业发展的稀有金属如电池级碳酸锂价格却大幅上涨，由 4.3 万元 / 吨上升至 12.3 万元 / 吨。有色金属行业整体利润下滑、加工行业利润增长，规模以上有色金属工业企业累计利润总额为 1799 亿元，累计下降 13.2%，加工行业利润同比增长 2.5%，占行业整体利润的 60%。预期"十三五"期间，在国内经济发展新常态特征越发明显及国外经济复苏乏力的形势下，有色金属产品市场需求和价格将持续低位运行，产品产量及固定资产投资增速将进一步放缓，有色金属行业将进入新一轮的深度调整期，加快供给侧改革是稳增长、调结构、降本增效的根本途径。

建材行业：2015 年，建材行业面临产能严重过剩、下行压力持续加大的形势，呈现低增长、低投资、低效益局面，行业运行呈下行趋势但总体平稳。建材行业工业增加值同比增长 6.6%，增幅比 2014 年回落 2.1 个百分点。传统产品产量出现下降，部分产品产量增加，水泥、平板玻璃产量分别为 23.5 亿吨、7.4 亿重量箱，同比分别下降 4.9%、8.6%，其中水泥产量为 25 年来首次下降；商品混凝土、钢化玻璃等低耗能低排放的加工产品产量保持增长，同比分别增长 2.1%和 7.5%。产品价格创“十二五”以来新低，水泥年平均出厂价格比 2014 年降低 29 元 / 吨，平板玻璃年平均出厂价格比 2014 年降低 0.3 元 / 重量箱，为“十二五”期间最低水平。固定资产投资增幅回落，投资结构优化，全年累计投资 16748.00 亿元，同比增长 6.10%，增幅比上年同期下降 9.5 个百分点；水泥、平板玻璃等传统行业投资不断下降，但低能耗加工制品业增速远高于全行业增速。行业整体利润为 2000 年以来最低，部分子行业保持增长，规模以上建材行业累计利润总额 4492 亿元，同比下降 6.9%；玻璃纤维、隔热材料、卫生陶瓷等行业利润保持较快增长，其中玻璃纤维行业增速高达 18%。

消费品工业：消费品工业生产保持平稳，2015 年消费品工业增加值同比增长 6.4%，增速比全部工业增加值增速高出 0.3 个百分点，消费品工业增加值占全部工业增加值比重的 31.9%。固定资产投资保持增长，农副食品加工业、食品制造业、纺织业和医药制造业同比分别增长 7.7%、14.4%、12.8% 和 11.9%。利润增长较快，实现利润总额 22780.6 亿元，同比增长 7.3%，增幅大于工业利润增速 9.6 个百分点。

装备制造业：2015 年，装备制造业成为工业比重最大的行业，在全部规模以上工业中占比为 31.8%。装备制造业为工业品出口的支柱产业，党的十八大以来，共实现出口交货值 228040 亿元，占全部规模以上工业出口交货值比重高达 64.6%。机械工业保持中高速增长，2015 年，电气机械和器材制造业同比增长 7.3%，比上年同期增幅下降 2.1 个百分点，利润总额比上年增长 12.1%。汽车制造业增加值增速为 6.7%，较 2014 年增速回落 5.1 个百分点，利润总额比上年增长 1.5%。航空航天、船舶、铁路等运输设备制造业同比增长 7.1%，增速比上年回落 5.6 个百分点，利润总额比上年增长 6.1%。

电子信息制造业：2015 年电子信息制造业保持平衡增长。规模以上电子信息制造业增加值同比增长 10.5%，高于工业同比增速 4.4 个百分点。电子信息产业固定资产投资增速稳中趋缓，电子信息产制造业固定资产投资额同比增长 13.3%，比上年同期高 2.6 个百分点。电子信息制造业企业利润总额比上年增长 5.9%，高于整个工业企业利润总额增速 8.2 个百分点。

第二节　工业能源资源消费状况

一、能源消费情况

（一）能源消费总体情况

2015 年，随着经济发展进入新常态，我国能源消费保持中低速增长。全国能源消费总量为 43 亿吨标准煤，仅比上年增长 0.9%。全国用电量增速放缓，全国全社会用电量 55500 亿千瓦时，同比增长 0.5%，增速同比回落 3.3 个百分点；电力消费增长动力转换，第二产业用电量同比下降 1.4%，为 40 年来首次负增长，第三产业用电量同比增长 7.5%。煤炭消费比重降低、清洁能源比重不断提高，2015 年煤炭消费量比上年下降 3.7%，占能源消费总量的 64%，占比较上年下降 2 个百分点；水电、风电、核电、天然气等清洁能源消费共占 17.9%，比 2011 年提高 4.9 个百分点。

（二）工业能源消费总体情况

我国工业能源消费得到有效控制，但占比仍居高位。根据国家能源局发布的电力消费数据，2015 年，全国工业用电量 39348 亿千瓦时，比上年下降 1.4%，降幅比上年扩大 5.1 个百分点，占全社会用电量的比重为 70.9%。其中，轻、重工业用电量分别为 6729 亿千瓦时和 32620 亿千瓦时，同比分别增长 1.3% 和下降 1.9%，增速同比分别回落 2.9 个和 1.7 个百分点。

二、资源消费情况

（一）水资源消费情况

2015 年，我国水资源总量为 28306 亿立方米，全年总用水量 6180 亿立方米，比上年增长 1.4%。其中，工业用水增长 1.8%，万元工业增加值用水量 58 立方米，下降 3.9%。“十二五”期间，我国单位工业增加值用水量累计下降 35%，超额完成国家“十二五”规划纲要提出的“十二五”期间单位工业增加值用水量下降 30% 的约束性指标。

（二）矿产资源消费情况

2015 年，受我国能源消费结构不断优化和主要用煤行业产能过剩的影响，煤炭供大于求，产量持续下降，生产原煤 37.5 亿吨，比上年同期减少 3.3%。受钢铁需求疲软、产能过剩、企业盈利水平偏低以及环保压力较大等因素影响，铁矿石等矿产品供过于求，铁矿石产量 13.8 亿吨，同比下降 7.7%。我国十种有色金属产量为 5090.2 万吨，比上年同期增长 5.8%，增速比上年下降 1.4 个百分点。由于固定资产投资增速和房地产投资增速双双下滑导致下游需求持续萎缩，非金属矿产量大幅下降，水泥产量同比下降 4.9%，平板玻璃产量同比下降 8.6%（见表 2–1）。

表 2–1　2015 年我国主要矿产品产量及增长速度

产品名称	单位	产量	比上年增长（%）
原煤	亿吨	37.5	–3.3
原油	亿吨	2.15	1.7
天然气	亿立方米	1271	2.9
粗钢	亿吨	8.04	–2.3
铁矿石	亿吨	13.8	–7.7
黄金	吨	450	–0.4
十种有色金属	万吨	5090.2	5.8
磷矿石	万吨	14203.7	13.7
原盐	万吨	5975.0	–1.7
水泥	亿吨	23.5	–4.9
平板玻璃	万重量箱	73862.7	–8.6

资料来源：国家统计局，2016 年 1 月。

第三节　工业节能减排状况

一、工业节能进展

工业单位增加值能耗明显降低，能效水平大幅提升。2015 年，全国万元国内生产总值能耗下降 5.6%，规模以上工业单位增加值能耗比上年降低 8.4%。

（一）结构节能效果显著

高耗能行业比重下降，高技术产业比重逐步上升。2015 年高耗能行业增加值占规模以上工业增加值的 27.8%，比 2010 年下降了 2.5%。高技术产业增长较快，占工业比重进一步提高。党的十八大以来，高技术产业增加值年均增长 11.4%，增速高于全部规模以上工业 3.4 个百分点；2015 年，高技术产业增加值占规模以上工业增加值的 11.8%，比 2010 年提高了 2.9 个百分点。

淘汰落后产能工作成效显著。根据 2015 年全国工业和信息化工作会议相关材料，全年预计淘汰炼铁 1300 万吨、炼钢 1700 万吨、电解铝 30 万吨、水泥 3800 万吨、平板玻璃 1100 万重量箱以上。“十二五”前四年累计淘汰落后火电机组 2365 万千瓦，淘汰落后炼钢产能 7780 万吨、水泥 60677 万吨、平板玻璃 15457 万重量箱，分别完成“十二五”前四年淘汰落后产能目标的 110%、127%、118%（见表 2–2）。

表 2–2 “十二五”前四年淘汰落后和过剩产能任务完成情况

单位：万吨（平板玻璃:万重量箱；制革:万标张；印染:万米；铅蓄电池:万千安伏；电力:万千瓦）

行业	2011	2012	2013	2014	前四年任务完成情况	前四年任务目标	目标进度完成情况
炼铁	3192	1078	618	2823	7711	5816	133%
炼钢	2846	937	884	3113	7780	7058	110%
焦炭	2006	2493	2400	1853	8752	6545	134%
铁合金	212.7	326	210	262	1010.7	881.5	115%
电石	151.9	132	118	194	595.9	532.8	112%
电解铝	63.9	27	27	50.5	168.4	156.3	108%
铜（含再生铜）冶炼	42.5	75.8	86	76	280.3	216.8	129%
铅（含再生铅）冶炼	66.1	134	96	36	332.1	272.9	122%
锌（含再生锌）冶炼	33.8	32.9	19	—	85.7	80	107%
水泥（熟料及粉磨能力）	15497	25829	10578	8773	60677	47650	127%
平板玻璃	3041	5856	2800	3760	15457	13050	118%
造纸	831.1	1057	831	547	3266.1	2434.5	134%
酒精	48.7	73.5	34	—	156.2	137	114%
味精	8.4	14.3	29	—	51.7	51.1	101%

（续表）

行业	2011	2012	2013	2014	前四年任务完成情况	前四年任务目标	目标进度完成情况
柠檬酸	3.55	7	7	—	17.55	15.45	114%
制革	488	1185	916	622	3211	2397	134%
印染	18.67	32.58	32.20	20.93	104.38	79.76	131%
化纤	37.25	25.7	55	11	128.95	91.37	141%
铅蓄电池（极板及组装）	—	2971	2840	3020	8831	6847	129%
稀土（氧化物）	—	—	—	11.37	11.37	10.24	110%
煤炭	4870	4355	14578	23528	47331	—	—
电力	784	551.2	544	485.8	2365	—	—

资料来源：工业和信息化部，赛迪智库整理，2016年1月。

（二）技术节能取得重大进展

大力实施节能减排技术改造，重点工业产品能效水平明显提升。单位产品能耗是反映产业技术水平的重要指标，钢铁、有色、石化、化工、建材、造纸等六大行业的重点产品单耗显著下降，缩小了与国际先进水平的差距。工业企业吨钢综合能耗下降0.56%，吨粗铜综合能耗同比下降0.79%，单位烧碱综合能耗下降1.41%，吨水泥综合能耗下降0.49%。

我国通过以大代小、节能技术改造等措施不断优化煤电装机结构，促进节能减排。国家《节能减排“十二五”规划》中确定2015年火电供电煤耗达到325克/千瓦时，2015年，全国6000千瓦及以上电厂火电机组供电标准煤耗为315克/千瓦时，同比降低4克/千瓦时，超额完成规划目标，煤电机组供电标准煤耗继续居世界先进水平。

（三）高耗能行业用电量持续负增长，比重下降

2015年，化工、建材、钢铁、有色金属四大高耗能行业合计用电量同比下降3.4%，降幅逐季度扩大，各季度增速依次为–1.3%、–1.7%、–3.6%和–6.6%。其中，建材和钢铁行业同比分别下降6.7%和9.3%，增速同比分别回落12.2个和10.9个百分点，是工业用电量负增长及全社会用电量增幅回落的主要原因。

2015年，四大高耗能行业合计用电量比重比上年降低1.2个百分点，比2010年下降2.0个百分点。“十二五”时期，建材、有色金属冶炼和钢铁冶炼行业用电年均增速分别比“十一五”期间回落7.5个、10.5个和11.5个百分点，降

幅远大于其他工业行业，反映出传统工业结构在持续调整。

（四）东部用电量稳步增长，西部地区增速回落幅度最大，东北地区用电量负增长

2015 年，我国东部、中部、西部和东北地区用电量比上年分别增长 0.8%、0.2%、0.8% 和 –1.7%，用电增速同比分别回落 2.7 个、1.5 个、4.0 个和 3.4 个百分点。东部地区用电增速较高，回落幅度较小，是全社会用电量增长的主要稳定力量。中部地区由于高耗能产业比重较大、用电增速放缓，导致一季度全社会用电出现负增长，增速同比回落 6.6 个百分点；从二季度开始实现增幅由负转正，前三季度全社会用电量增长 0.3%，增速同比回落 1.4 个百分点。西部地区全社会用电量增速仍领先于其他地区，前三季度用电量增速为 1.9%；但由于受到高耗能行业用电增速放缓的影响，全年增速回落 4.0 个百分点，回落幅度居全国各地区之首。东北地区是我国的原材料基地和重化工业基地，产业结构相对其他地区较为单一，用电量持续负增长。

“十二五”期间，随着中国经济发展进入新常态，我国用电量增速由中高速增长进入中低速增长的新周期。2015 年前三季度全国用电量增速比 2011 年同期回落 11.2 个百分点。其中，西部地区用电量增速回落 15.3 个百分点，回落幅度居各地区之首，但用电量增幅仍领跑全国（见图 2–2）。

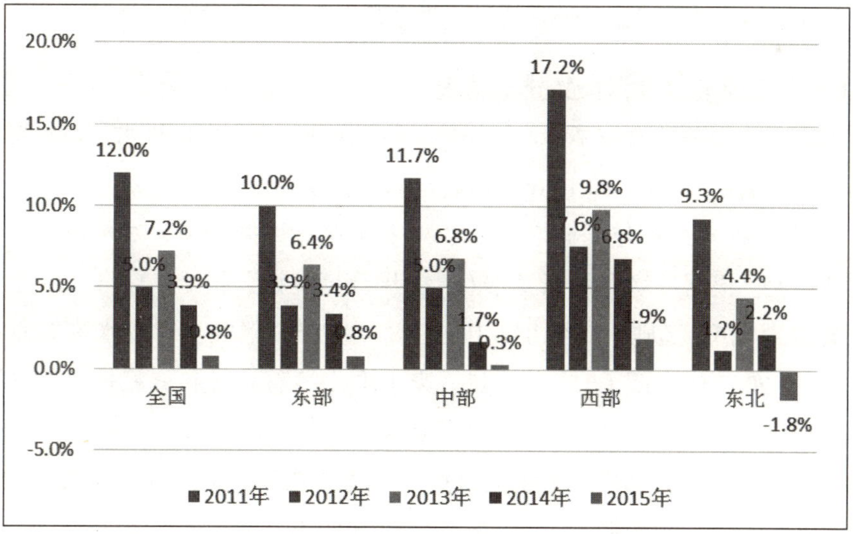

图2–2 “十二五”期间前三季度各地区用电量增速情况

资料来源：中国电力企业联合会，2016 年 1 月。

（五）工业领域积极应对气候变化，碳减排力度加大

2015 年工业领域进一步贯彻落实一系列节能减排降碳重要政策文件，积极应对气候变化工作。围绕《2014—2015 年节能减排低碳发展行动方案》、《2014—2015 年节能减排科技专项行动方案》、《国家应对气候变化规划（2014—2020 年）》等政策文件设定的工业低碳发展目标和任务，进一步贯彻落实《“十二五”控制温室气体排放工作方案》和《工业领域应对气候变化行动方案（2012—2020）》，开展国家低碳工业园区试点，引导和带动工业低碳发展。2014 年 6 月公布了第一批 55 家国家低碳工业园区试点名单，2015 年批复同意了 39 家低碳工业园区试点实施方案，推广可再生能源，实施传统产业低碳化改造和结构调整，促进新型低碳产业发展。

二、工业领域主要污染物排放

2015 年上半年，全国化学需氧量、氨氮、二氧化硫、氮氧化物排放总量同比分别下降 2.9%、3.18%，4.63%、8.80%，据环保部相关材料显示，2015 年全年四大主要污染物排放总量分别下降 3%、3%、5%、9%。2014 年，全国化学需氧量、氨氮、二氧化硫、氮氧化物排放总量同比分别下降 2.47%、2.90%、3.40%、6.70%。“十二五”期间，我国单位 GDP 二氧化碳排放量累计降低 20%，化学需氧量、二氧化硫、氨氮、氮氧化物排放总量累计分别减少 12.9%、18.0%、13.0%、18.6%，顺利完成“十二五”规划二氧化碳排放强度及主要污染物总量减排目标。

（一）工业废水及污染物排放情况

2015 年，国务院发布了《水污染防治行动计划》，全面推进水环境治理，劣Ⅴ类断面比例由 2010 年的 15.6% 下降至 8.8%，主要江河水环境质量逐步好转，“十二五”前四年，单位工业增加值 COD 排放强度下降 36%，对水环境质量改善贡献较大。根据环境保护部发布的《全国环境统计公报（2014 年）》，全国废水排放总量 716.2 亿吨，其中工业废水排放量 205.3 亿吨，占废水排放总量的 28.7%，比 2013 年降低 1.5 个百分点。废水中化学需氧量和氨氮排放量分别为 2294.6 万吨、238.5 万吨，其中工业源排放量分别为 311.3 万吨、23.2 万吨，分别占废水中污染物排放总量的 13.6% 和 9.7%。表 2–3 是“十二五”前四年全国废水中主要污染物工业源排放情况。“十二五”前四年，工业废水排放量减少 11%，工业化学需氧量排放量减少 12.3%，工业氨氮排放量减少 17.4%，废水排放强度

逐年下降（见图 2-3）。

表 2-3 “十二五”前四年废水中主要污染物工业源排放情况

年份	废水排放量（亿吨）		化学需氧量排放量（万吨）		氨氮排放量（万吨）	
	总量	工业	总量	工业	总量	工业
2011	659.2	230.9	2499.9	354.8	260.4	28.1
2012	684.8	221.6	2423.7	338.5	253.6	26.4
2013	695.4	209.8	2352.7	319.5	245.7	24.6
2014	716.2	205.3	2294.6	311.3	238.5	23.2

资料来源：《全国环境统计公报》（2011—2014）。

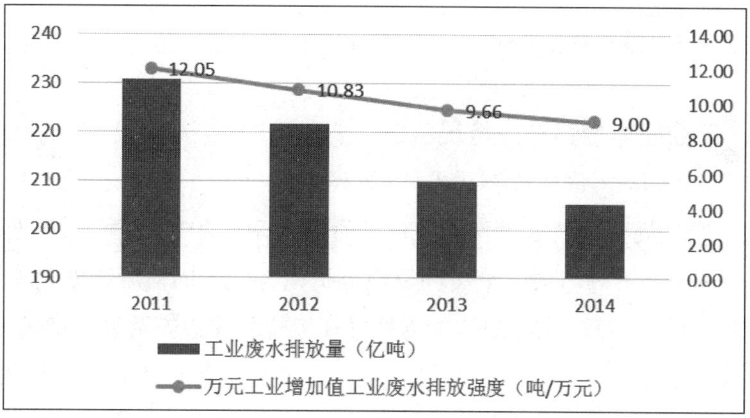

图2-3 “十二五”前四年工业废水量和万元工业增加值废水排放强度

资料来源：赛迪智库整理，2016 年 1 月。

（二）工业废气及污染物排放情况

自实施《大气污染防治行动计划》以来，至 2015 年底，首批实施新环境空气质量标准的 74 个城市 PM2.5 平均浓度同比下降 14.1%，工业重点行业作为废气主要排放源和推进总量减排的工作重点，为空气质量逐步改善发挥了决定性作用。2014 年，全国二氧化硫排放量 1974.4 万吨，比 2013 年下降 3.4%；其中工业二氧化硫排放量为 1740.4 万吨，占全国排放总量的 88.1%，比 2013 年下降 1.7 个百分点。全国氮氧化物排放量 2078.0 万吨，比 2013 年减少 9.1%；其中工业氮氧化物排放量为 1404.8 万吨，占全国排放量的 67.6%，比 2013 年下降 1.8 个百分点。全国烟（粉）尘排放量1740.8万吨，较2013年增加36.2%；其中工业烟（粉）尘排放量为1456.1万吨，占排放总量的83.6%，较2013年增加33.0%。表2-4是“十二五”前四年全国废气中主要污染物工业源排放情况。

表2-4 “十二五”前四年废气中主要污染物工业源排放情况

年份	二氧化硫（万吨）		烟（粉）尘（万吨）		氮氧化物（万吨）	
	总量	工业	总量	工业	总量	工业
2011	2217.9	2017.2	1278.8	1100.9	2404.3	1729.7
2012	2117.6	1911．7	1234.3	1029.3	2337.8	1658.1
2013	2043.9	1835.2	1278.1	1094.6	2227.4	1545.6
2014	1974.4	1740.4	1740.8	1456.1	2078.0	1404.8

资料来源：《全国环境统计公报》（2011—2014）。

（三）工业固体废物产生情况

2015年，我国对《固体废物污染环境防治法》进行了修订，并先后出台了《废弃电器电子产品规范拆解处理作业及生产管理指南（2015年版）》、《进口废物管理目录》（2015年）等多项政策文件及规范指南，随着固体废物处置和综合利用相关政策法规的进一步实施，固体废物处置和综合利用规模及水平将进一步提升。根据《环境统计年报》统计，2014年，我国一般工业固体废物产生量32.6亿吨，比2013年减少0.6%，综合利用量为20.4亿吨，比2013年减少0.8%，综合利用率为62.1%。贮存量为4.5亿吨，处置量为8.0亿吨，倾倒丢弃量为59.4万吨，相对2013年的变化率分别为5.6%、-3.0%、54.1%。“十二五”前四年，全国工业固体废物、综合利用量呈现上升的趋势，综合利用是处理一般工业固体废弃物的主要途径，处置量呈上升趋势，贮存量呈现下降的趋势（见表2-5）。

表2-5 “十二五”前四年一般工业固体废物产生及处理情况 （单位：万吨）

年份	产生量	综合利用量	处置量	贮存量
2011	322722.3	195214.6	70465.3	60424.3
2012	329044.3	202461.9	70744.8	59786.3
2013	327701.9	205916.3	82969.5	42634.2
2014	325620.0	204330.2	80387.5	45033.2

资料来源：2011—2014年《环境统计年报》。

2014 年，我国工业危险废弃物产生量为 3633.5 万吨，比上年增加 15.1%；其中综合利用量为 2061.8 万吨，处置量为 929.0 万吨，贮存量为 690.6 万吨，较 2013 年变化率分别为 21.3%、32.5% 和 -14.8%。工业危险废物处置利用率较 2013 年增加 6.4 个百分点。“十二五”前四年，工业危险废弃物处置利用率逐步上升，综合利用为危险废物处理的主要途径（见表 2-6）。

表 2-6 “十二五”前四年工业危险废物产生及处理情况（单位：万吨）

年份	产生量	综合利用量	处置量	贮存量	处置利用率
2011	3431.2	1773.1	916.5	823.7	76.5%
2012	3465.2	2004.6	698.2	846.9	76.1%
2013	3156.9	1700.1	701.2	810.9	74.8%
2014	3633.5	2061.8	929.0	690.6	81.2%

资料来源：2011—2014 年《环境统计年报》。

（四）重点行业污染物排放情况

1. 废水及主要污染物排放情况

“十二五”期间，工业废水排放总量、排放强度、占废水排放总量比重三个指标均呈逐年下降趋势，为完成国家“十二五”规划纲要中化学需氧量和氨氮污染物减排率指标作出了积极的贡献。2014 年，造纸和纸制品业、化学原料和化学制品制造业、纺织业、煤炭开采和洗选业居工业排水排放前四位。4 个行业的废水排放总量为 88.0 亿吨，占重点调查工业企业废水排放总量的 47.1%，其中造纸和纸制品业、化学原料和化学制品制造业、纺织业的废水排放量依次比 2013 年下降 3.2%、0.9%、8.8%，煤炭开采和洗选业的废水排放量比 2013 年增加 1.4%（见图 2-4）。

化学需氧量排放量居前四位的行业依次为造纸和纸制品业、农副食品加工业、化学原料及化学制品制造业和纺织业。四个行业的化学需氧量排放量为 149.4 万吨，比 2013 年下降 5.4%，其中造纸和纸制品业、农副食品加工业、纺织业分别减少化学需氧量排放量 10.3%、6.5%、5.7%，化学原料和化学品制造业化学需氧量排放量较 2013 年增加 4.3%（见图 2-5）。

氨氮排放量居前四位的行业依次为化学原料和化学制品制造业、农副食品加工业、纺织业、造纸和纸制品业。四个行业的氨氮排放量为 11.9 万吨，比 2013

年减少 9.5%，四个行业依次减少氨氮排放量 12.5%、1.2%、6.2%、9.3%（见图 2-6）。

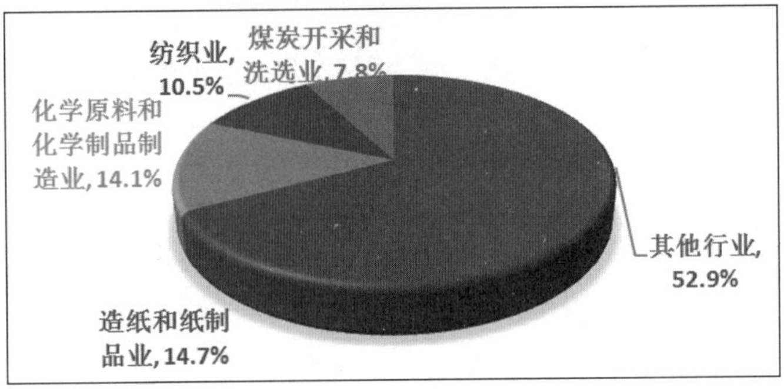

图2-4　重点行业废水排放情况

资料来源：2014 年《环境统计年报》。

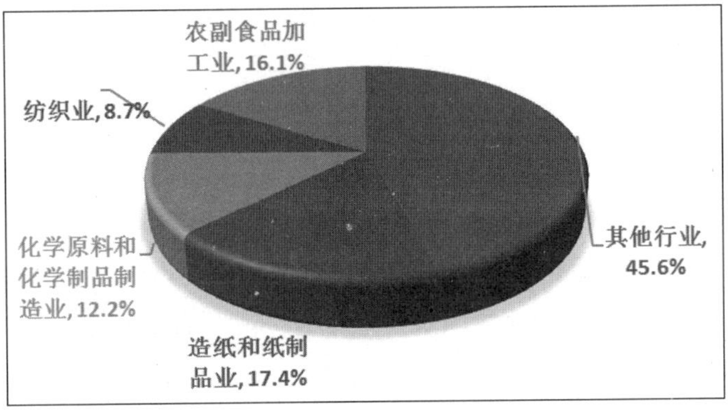

图2-5　重点行业化学需氧量排放情况

资料来源：2014 年《环境统计年报》。

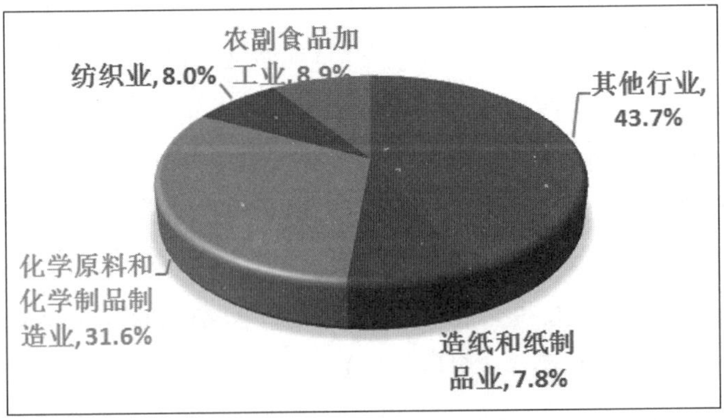

图2-6　重点行业氨氮排放情况

资料来源：2014 年《环境统计年报》。

产生工业废水的重点行业为造纸、化工、纺织、食品、电力和煤炭行业，“十二五”前四年，重点行业废水排放占比逐年减少，但排放总量仍然较大，因此“十三五”期间，工业废水减排工作将继续重点在上述行业展开（见表 2–7）。

表 2–7 重点行业废水排放变化趋势

年份	废水排放位于前四位的行业	占重点调查统计企业废水排放量比重
2010	造纸与纸制品业、化学原料及化学制品制造业、纺织业、农副食品加工业	51.5%
2011	造纸与纸制品业、化学原料及化学制品制造业、纺织业、电力、热力生产和供应业	50.3%
2012	造纸与纸制品业、化学原料及化学制品制造业、纺织业、农副食品加工业	49.7%
2013	造纸与纸制品业、化学原料及化学制品制造业、纺织业、煤炭开采和洗选业	47.5%
2014	造纸和纸制品业、化学原料和化学制品制造业、纺织业、煤炭开采和洗选业	47.1%

资料来源：2010—2014 年《环境统计年报》。

2. 废气及主要污染物排放情况

2015 年，随着重点区域电力、钢铁、平板玻璃、水泥等重点行业企业限期治理工程的顺利完成，以及对完成超低排放改造的现役燃煤火电机组上网电价和新建超低排放机组补贴政策的实施，废气排放总量及二氧化硫、氮氧化物等主要污染物排放量持继续下降，烟（粉）尘放减排呈现积极变化。如表 2–8 所示，2014 年调查统计的 41 个工业行业中，二氧化硫排放量位于前三位的行业依次为电力、钢铁、建材行业。三个行业共排放二氧化硫 1044.8 万吨，比 2013 年下降 9.3%。

氮氧化物排放量位于前三位的行业依次为电力、建材、钢铁，占重点调查工业企业氮氧化物排放总量的 84.0%。三个行业共排放氮氧化物 1105.3 万吨，比 2013 年下降 12.9%。

烟（粉）尘排放量位于前三位的行业依次为钢铁、电力、建材，占重点调查工业企业烟（粉）尘排放量的 76.0%。三个行业共排放烟（粉）尘 964.1 万吨，比 2013 年增加 33.4%。

表 2-8　重点行业废气污染物排放情况

污染物种类	电力行业			钢铁行业			建材行业		
	排放量万吨	同比变化率（%）	占工业排放总量比例（%）	排放量万吨	同比变化率（%）	占工业排放总量比例（%）	排放量万吨	同比变化率（%）	占工业排放总量比例（%）
二氧化硫	621.2	-13.8	39.2	215.0	-8.5	13.5	208.6	6.43	13.2
氮氧化物	713.4	-20.5	54.2	100.9	1.2	7.7	291.0	7.1	22.1
烟（粉）尘	272.4	0.8	21.5	427.2	120.8	33.7	264.5	2.2	20.9

资料来源：2014 年《环境统计年报》。

废气中二氧化硫、氮氧化物、烟（粉）尘排放的重点行业为电力、钢铁和建材行业，“十二五”前四年，三个重点行业二氧化硫排放量占重点调查统计企业排放量比重下降 7.1 个百分点，氮氧化物排放占比增加 0.5 个百分点，烟（粉）尘排放占比增加 10.1 个百分点。其中建材和钢铁行业的二氧化硫、氮氧化物分别增长了 12%、45%，废气排放增长远高于电力行业，预计“十三五”期间将成为工业废气减排工作的重点（见表 2-9）。

表 2-9　电力、钢铁和建材行业废气中主要污染物排放量占重点调查统计企业排放量比重

年份	二氧化硫	氮氧化物	烟（粉）尘
2010	73.0%	83.5%	65.9%
2011	71.4%	88.6%	68.2%
2012	69.7%	87.9%	68.9%
2013	68.2%	86.6%	70.0%
2014	65.9%	84.0%	76%

资料来源：2010—2014 年《环境统计年报》。

（五）大气污染防治重点区域废气污染物排放情况

2015 年，京津冀、长三角、珠三角等区域电力、钢铁、平板玻璃、水泥等重点行业 1387 家企业限期治理工程基本完成。京津冀、长三角和珠三角三大重点区域 PM2.5、PM10、SO_2 等主要污染物平均浓度实现了大幅下降。进入冬季以来，受采暖期影响，我国除华南地区外均出现了重污染天气，其中京津冀及周边地区污染程度最重，导致 2015 年全年京津冀和长三角地区 NO_2 平均浓度较 2014 年分别增长 6.5% 和 2.6%。京津冀、长三角和珠三角地区 PM2.5 浓度同比分别下降 8%、7.3% 和 14.3%。三大区域比较来看，珠三角地区空气质量改善成效最为显著，长三角地区居中，京津冀地区差距仍然较大（见表 2-10）。

表 2-10 2015 年三大重点区域主要污染物排放情况

污染物种类	京津冀地区		长三角地区		珠三角地区	
	平均浓度（μg/m³）	变化率（%）	平均浓度（μg/m³）	变化率（%）	平均浓度（μg/m³）	变化率（%）
PM2.5	86	-8.0	56	-7.3	36	-14.3
PM10	138	-12.7	86	-6.7	55	-9.5
SO_2	38	-27.7	21	-14.4	14	-23.3
NO_2	52	6.5	40	2.6	34	-7.0

资料来源：2014 年《中国环境状况公报》、2015 年 1—12 月《74 城市空气质量状况报告》。

2014 年，大气污染防治重点区域（“三区十群”，见表 2-11）工业废气排放量为 370345 亿立方米（标态），比 2013 年减少排放量 2.6%，占全国工业废气排放量的 53.3%。在废气主要污染物中，二氧化硫排放量 886.3 万吨，比 2013 年减少排放量 6.3%，占全国二氧化硫排放量的 44.9%；氮氧化物排放量为 1001.8 万吨，比 2013 年减少排放量 8.6%，占全国氮氧化物排放量的 48.2%；烟（粉）尘排放量为 762.5 万吨，比 2013 年排放量增加 43.1%，占全国烟（粉）尘排放量的 43.8%。

表 2-11 2014 年“三区十群”工业废气主要污染物排放情况

区域	二氧化硫		氮氧化物		烟（粉）尘	
	排放量（万吨）	变化率（%）	排放量（万吨）	变化率（%）	排放量（万吨）	变化率（%）
京津冀	128.3	-10.5%	126.9	-11.4%	158.6	24.2%
长三角	158.6	-4.5%	163.6	-10.2%	121.1	47.9%
珠三角	40.1	-4.1%	43.0	-0.7%	18.6	10.1%
辽宁中部城市群	49.4	-0.8%	37.7	-4.3%	61.5	64.9%
山东城市群	135.9	-6.0%	112.3	-4.2%	102.4	88.9%
武汉及周边城市群	29.0	-8.8%	22.2	-12.9%	28.7	95.2%
长株潭城市群	10.0	-8.3%	7.5	-5.1%	10.3	102.0%
成渝城市群	99.8	-7.4%	53.9	-9.1%	45.6	32.2%
海峡西岸城市群	33.8	-1.2%	30.1	-9.1%	34.9	44.8%
山西中北部城市群	34.6	-4.2%	29.8	-4.8%	27.0	22.7%

（续表）

区域	二氧化硫		氮氧化物		烟（粉）尘	
	排放量（万吨）	变化率（%）	排放量（万吨）	变化率（%）	排放量（万吨）	变化率（%）
陕西关中城市群	40.1	–7.0%	32.1	–11.1%	22.1	–1.8%
甘宁城市群	23.3	–12.7%	18.3	–16.4%	10.3	24.1%
新疆乌鲁木齐城市群	14.9	–3.9%	15.8	–14.1%	11.0	66.7%
总计	797.7	–6.3%	693.2	–8.6%	652.2	43.1%

资料来源：2014 年和 2013 年《环境统计年报》。

三、工业资源综合利用情况

“十二五”期间，我国工业资源综合利用规模和综合利用水平不断提升，以京津冀为试点积极探索工业资源综合利用产业区域协同发展，逐步构建适合我国国情的工业领域综合利用标准体系、法律法规体系和管理体系，至“十二五”末，我国工业资源综合利用和再生资源利用规模不断扩大、综合利用水平逐步提升，再制造稳步推进。2014 年，我国工业资源综合利用产值接近 1.4 万亿元，同比增长 7.7%。全国煤矸石、煤泥等低热值燃料综合利用发电机组总装机容量达 3300 万千瓦，同比增长 10%。生物质发电装机规模接近 1000 万千瓦，同比增加 17.6%，年发电量约 750 亿千瓦时，同比增加 103%。水泥混凝土行业利用废渣量超过 11 亿吨，同比增加 10%。“十二五”前四年，全国一般工业固体废物综合利用率从 2011 年的 59.9% 上升至 2014 年的 62.1%（见表 2–12）。

表 2–12 “十二五”前四年工业资源综合利用率

年份	2011	2012	2013	2014
工业资源综合利用率	59.9%	61%	62.2%	62.1%

资料来源：2011—2014 年《环境统计年报》。

（一）大宗工业固废综合利用水平稳步提升，区域协同发展模式初显成效

根据《环境统计年报》统计的重点调查工业大宗工业固废排放情况，2014 年，我国已提前完成《大宗工业固体废物综合利用“十二五”规划》制定的尾矿、粉煤灰综合利用量的目标，预计可以完成尾矿、煤矸石、粉煤灰、冶炼渣的综合利用率的目标（见表 2–13）。

2015年，工业和信息化部积极探索资源综合利用产业区域协同发展新模式，发布了《京津冀及周边地区工业资源综合利用产业协同发展行动计划（2015—2017年）》，并联合地方工业主管部门举办大宗工业固废综合利用新技术新产品推介会，完成大宗工业固废综合利用项目，总投资超过115亿元，大力促进了京津冀及周边地区工业资源综合利用产业协同发展。

表2–13　2014年大宗工业固体废物综合利用进展情况

种类	产生量（万吨）	综合利用量（万吨）	综合利用率（%）
尾矿	1045854	309195	29.4
煤矸石	373425	283285	74.1
粉煤灰	459240	406643	87.5
冶炼渣	341111	319583	92.7

资料来源：2014年《环境统计年报》。

（二）再生资源利用规模不断扩大，回收企业经济效益低迷

我国再生资源利用规模不断扩大。2014年，我国废钢铁、废有色金属、废塑料、废轮胎、废纸、废弃电器电子产品、报废汽车、报废船舶、废玻璃、废电池等十大类别（见表2–14）的再生资源回收总量约为2.45亿吨，同比增长5.0%，比2010年提高64.43%；回收总值为6446.9亿元，同比下降–0.4%，比2010年提高27.17%。

受国内外市场环境影响，主要品种再生资源价格普遍下跌，再加上原材料、劳动力成本上涨较快，再生资源回收企业经济效益普遍出现下滑。废钢铁、废纸、废轮胎、废玻璃等主要再生资源回收量同比增长，而回收价值出现同比下降，以重型废钢铁平均采购价为例，2014年全年平均价格2290元/吨，比2013年下降350元/吨，降幅13.3%。

表 2–14　我国 2014 年主要再生资源类别回收情况

（报废船舶回收量单位：万轻吨，其余类别回收量单位：万吨，回收值单位：亿元）

种类	回收量（万吨）	同比增长（%）	回收值（亿元）	同比增长（%）
废钢铁	15230	1.0	3122.15	–8.0
废有色金属	798	19.8	1324.68	17.1
废塑料	2000	46.4	1100	23.9
废纸	4419	1.0	616	–17.2
废轮胎	430	14.7	68.8	–9.2
废弃电器电子产品	313.5	18.8	78.4	12.3
报废船舶	109	109.6	21.8	91.2
报废汽车	322	17.3	66	9.3
废玻璃	855	0.7	25.7	–11.0
废电池（铅酸除外）	9.5	2.2	19.8	3.1
合计	24470.6	5.0	6421.4	–0.4

资料来源：商务部《中国再生资源回收行业发展报告（2015）》。

（三）再制造稳步推进

“十二五”期间，我国发布了《推进再制造产业发展的意见》、《关于深化再制造试点工作的通知》，制订了机床、电机、内燃机再制造工程推进计划及《再制造产品“以旧换再”试点实施方案》、《机电产品再制造技术及装备目录》等，深入推进 8 个领域 35 家机电产品再制造企业试点示范，批复建设国际电机高效再制造示范工程、上海临港国际再制造产业示范园，发布四批《再制造产品目录》，实施再制造产品税收减免政策。

（四）工业资源综合利用技术水平显著提升

“十二五”以来，资源节约与综合利用先进技术得到推广应用。新型胶结充填料制备技术、大比例利用固废生产人工鱼礁技术、尾矿生产加气混凝土技术等 1000 多项原始创新技术获得国家发明专利授权；尾矿和废石在混凝土中的应用技术等一批技术得到有效推广应用，并在应用中不断创新，部分技术达到国际领先水平；1000 马力功率以上的废钢铁破碎生产线、以脱硫石膏为主要原料的大型纸面石膏板生产线、钢渣热门法预处理大型生产线等实现规模化推广。

第三章　节能环保产业

节能环保产业是我国战略性新兴产业的重要组成部分，在战略定位上逐步向我国支柱性产业方向转变。近几年来，受到国家推动生态文明建设、社会公众节能环保意识提高等多因素推动，我国节能环保产业快速增长。本章分别对节能环保产业发展的总体情况及各细分领域的产业发展情况进行了综述。

第一节　总体状况

一、我国节能环保产业发展形势

节能环保产业是典型的政策驱动型产业。2010 年 10 月，国务院发布《国务院关于加快培育和发展战略性新兴产业的决定》，将节能环保产业列为国家加快培育及发展的七大战略性新兴产业之首。2012 年 7 月，《“十二五”国家战略性新兴产业发展规划》正式发布，对节能环保产业等七大战略性新兴产业的发展方向进行了细化，明确了节能环保产业的发展路线图，提出了节能环保产业发展的阶段性目标、重大行动计划及主要政策措施。在国家的战略部署下，全国各省市纷纷出台相关政策规划，大力发展节能、环保和资源循环利用等节能环保产业，寻求新的经济增长点。2015 年，“史上最严”的新环保法正式开始实施，国务院在 4 月份正式发布了“水十条”，土壤治理方案也在加紧制定中，第三方治理相关法规也逐渐落地，环境税的推动工作也稳步进行，PPP 新模式也持续受到关注。

随着相关配套政策逐步完善，节能环保产业逐步发展壮大。我国节能环保产业增长迅速，2015 年，我国节能环保产业总产值从 2010 年的 2 万亿元增加到的 4.5 万亿元。其中，节能产业、环保产业增速迅猛，年增长率均超过了 20%；由于大宗商品价格持续走低，资源循环利用产业增速略有回落，产值规模被节能产业反超。根据国家统计局第三次全国经济普查的统计数据可知，到2013年底，在第二和第三产业企业法人单位中，战略新兴产业的企业法人单位数量为16.6万个，其中节能环保产业的法人单位数量为7.1万个，在全部法人单位中的占比为0.9%。有战略新兴产业活动的企业从业人员有2362.3万人，其中节能环保产业从业人员有1003.9万人，在全部企业法人单位从业人员中占比为3.4%。

国家加大对节能环保产业的财税支持力度，各级政府也积极安排财政资金用来支持和引导节能环保产业发展，国家统计局相关数据显示，“十二五”期间的节能环保财政支出超过1.6万亿元。从财政部的数据得知，2015年1—10月份，我国节能环保财政支出达3204亿元，同比增长34.5%。同时，国家加大了对节能环保产业的投资，截至2014年底，大气污染防治类的工程投资额达145亿元，其中清洁生产技术改造工程、重点行业大气污染治理投资额为85亿元；余热余压利用、燃煤锅炉节能环保提升等节能类的工程投资达52亿元；秸秆综合利用类的投资为16.8亿元；城镇污水垃圾处理设施建设类工程也已加快实施，已完成投资127亿元。

图3-1是2007—2014年我国环境保护财政支出情况。从中可以看出，我国环境保护支出呈现逐年增长的趋势，从2007年的995.8亿元增长到2014年3752.2亿元，平均年增速为39.5%。2015年1—11月份，环境保护财政支出达到3692.07亿元，同比增加35%。

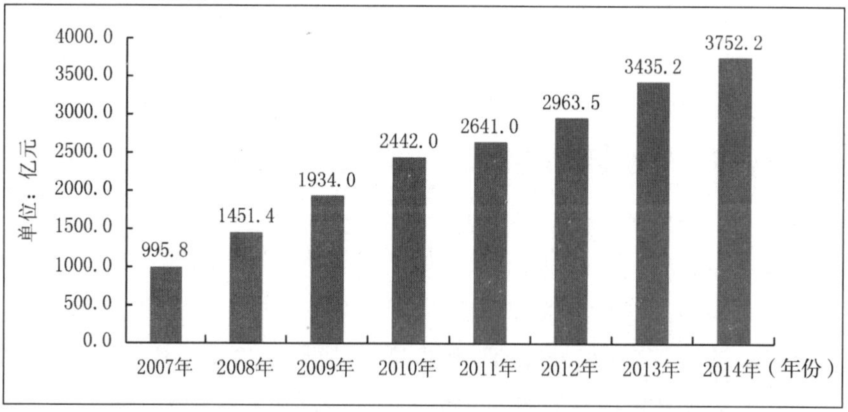

图3-1 2007—2014年我国环境保护财政支出

资料来源：国家统计局，2016年1月。

“十二五”期间我国的节能环保产业发展取得一定的成绩，但是也存在一些问题：一是我国节能环保产业体系虽门类齐全并具有一定规模，但是产业规模、产业结构和技术水平以及市场化程度还未出现大幅提升；二是尚未形成规范的市场秩序，存在地方保护和“劣币驱逐良币”的恶性竞争现象，污染治理过程中重建设、轻管理现象也导致设备的运行效率较低；三是节能环保产业的创新能力亟待提高，需要完善以企业为主体的创新体系、加大技术开发投入、加强产学研紧密结合、掌握核心技术以及提高关键装备的生产能力；四是产业集中度还需提高，企业规模普遍较小，节能环保服务业的比重偏低，尚未建立全面的服务体系；五是节能环保产业的资金投入不足，企业融资难度还比较大；六是法律法规缺乏执行力，财税优惠政策和引导机制尚不健全。

二、节能环保产业发展的主要推动措施

2015 年，国家实施了一系统措施推动节能环保产业的发展。

一是大力开展节能环保示范工程建设。发布《产业关键共性技术发展指南（2015）》，提出了 48 项节能环保与资源综合利用的关键共性技术；推动区域工业绿色转型发展试点工程建设，评审通过了 11 个试点；持续推动低碳园区和生态设计试点示范企业建设，已发布 39 家国家低碳工业园区试点和 41 家生态设计试点企业；召开了京津冀及周边地区工业资源综合利用产业协同发展行动计划启动会，协同发展京津冀及周边地区的工业资源综合利用；积极探索绿色金融与产业融合的工作；加紧制定《加快发展节能环保产业行动计划》。

二是着力培育节能环保装备制造和服务业。发布《工业领域煤炭清洁高效利用行动计划（2015—2020）》，加快工业领域燃煤锅炉的技术改造；落实《燃煤锅炉节能环保综合提升工程实施方案》，提升锅炉效率。积极组织行业协会落实《国家鼓励发展的重大环保技术装备目录》，开展了“国家鼓励发展的重大环保技术装备依托单位”征集工作，有针对性地选择了 148 家能够研发、生产符合《目录》各项技术指标要求的装备生产单位，开展新技术装备的研发；组织开展国际节能技术交流活动；培育节能评估、能源审计、清洁生产审核、节能诊断等第三方服务机构，探索第三方治理等工业企业污染治理新模式。

三、“十三五”节能环保产业发展预测

随着政府与社会资本合作（PPP）、绿色金融、第三方治理等机制的健全，

以及持续增加的市场和社会力量投入，预计“十三五”期间节能环保市场规模将更加庞大。环境服务价格市场化的改革为产业发展注入了强大的发展动力。“十三五”期间，各类资本加速进入节能环保领域的趋势已经凸显，众多的节能环保企业兼并重组动作频繁，积极为抢占市场而进行产业布局。未来，国家将引导加大对节能环保产业的有效投资。

在环保新常态的推动和新政策的刺激下，节能环保产业的节能、环保和综合利用三个领域将迎来新的发展空间。一是节能领域。合同能源管理将成为技术服务的重要运营模式，通过合同能源管理提高能效技术和推广能源清洁燃烧及高效利用技术；通过新清洁能源开发技术的研究改变现有能源结构。二是环保领域。环境污染物治理设备的开发和生产、工程施工设计及设施运营、污染治理服务；工业和生活污水污泥、生活垃圾和危险废物、噪声防治等老旧设备的技术更新、升级改造和成套化服务；环境检测技术服务；环境规划编制、环境健康风险评估、环境影响评价、现状调查、污染损害鉴定与评估、环境应急检测、环境数据统计分析管理、环境治理和生态修复绩效评估等相关服务；环境政策、法规、标准、技术、市场等的信息咨询服务；清洁生产的技术服务以及环境投资融资服务；环境领域的合同环境服务方式的推广。三是资源综合利用领域。工业固体废弃物资源化利用的技术装备升级和成套化服务咨询；各种废旧物资的回收处理、资源化利用服务、回收拆解等无害化处理服务。

第二节 节能产业

一、我国节能产业发展基本情况

节能产业是指以提高能源利用效率、节约能源和合理使用能源为直接或间接目的而开展的技术产品研发、设备制造、节能咨询以及节能改造和服务等一系列活动的总称，是为节能提供物质基础、技术装备和服务保障的跨产业、跨领域、综合性的新兴产业。“十二五”期间，随着各项政策的制定和实施，市场机制的逐步完善，节能服务产业进入迅速发展轨道，节能服务行业规模稳步增长。

目前我国的能源利用效率较低，节能市场具有巨大的发展潜力。大力发展节能服务企业，是促进节能减排的重要战略之一。节能服务企业也逐步从单一提供单项服务逐步向提供综合、整体的解决方案转变，“互联网 + 节能”也将为节能产业的创新发展带来新的机遇，促使节能服务企业开拓多样化的商业模式。目前，我国工业节能产业发展具有以下特点：一是我国节能产业规模持续增长，形成了一批龙头企业。由于国有大型企业开始大力发展节能产业，国家制定的一系列政策为产业发展提供良好环境，逐步形成了跨行业、跨区域的节能产业体系。二是节能工艺技术路线的综合性程度不足。综合的节能工艺技术路线应该贯穿于整个工业企业的生产过程，甚至包含为其提供服务的节能项目的生产流程。受工业系统本身的学科种类和专业分工的复杂程度影响，综合性的技术路线也是跨学科、跨专业的技术路线。由于缺乏系统、统筹和整体性，使得各环节的节能空间与整体节能空间不协调，使得节能项目的投入与节能量不相符合。三是系统集成的节能考虑比单纯节能设备的应用具有更大的效果。受工业流程动态性的影响，能源平衡与生产过程是紧密相连的。让能源消耗与生产流程或者生产节奏相匹配是工业节能要求，靠几个简单的节能设备拼凑是难以实现，必须采取系统集成来实现。

（一）节能服务业发展情况

随着“十三五”规划和《中国制造 2025》路线图的出台，节能产业在工业节能、建筑节能、民用节能等方面的节能市场潜力巨大，“互联网 +”将给节能产业带来的机遇大于挑战，会在节能产业掀起一场新的革命，同时在资金市场作用下，节能市场竞争加剧，节能企业想要占据市场，需要更长远的目光和敏锐的市场感觉。目前，来自工业部门的节能服务业业务占 70% 以上，另外的 30% 来自交通和建筑领域。其中余热余压回收利用是工业节能的重要手段之一，实现的节能量是所有节能项目的 40%。但是，我国的单位 GDP 能耗高于世界的平均水平，是美国单位 GDP 能耗的 3.3 倍，也高于墨西哥、巴西等发展中国家水平。其中，工业用能是我国能源消耗的大头，占比达 70%。由于我国能源利用效率相对较低，节能服务产业还有巨大的市场潜力。随着节能减排工作的不断开展，节能服务企业不但提供单项服务，还逐渐向提供综合、整体解决方案转变，甚至有些逐渐转变成为能源供应商。

在一系列国家节能减排政策的引导下，节能服务业整体保持较快增长态势。相关数据显示：截至 2015 年底，节能服务业企业数量为 5426 家，比上年同期增长 5.8%。目前，我国的节能服务企业中小企业居多，产值超过 1 亿元的企业只有 100 多家。节能服务业从业人员达 60.7 万人，比上年同期增长 8%；节能服务业总产值达 3127.3 亿元，比上年同期增长 18%。合同能源管理投资达 958.8 亿元，比上年同期增长 29.2%。

图 3-2 与图 3-3 分别是 2007 年到 2015 年我国节能服务业从业人员和总产值的情况。从图中可以看出，节能服务业的从业人员近年来呈现显著的增长趋势，总产值的增长也非常迅速。

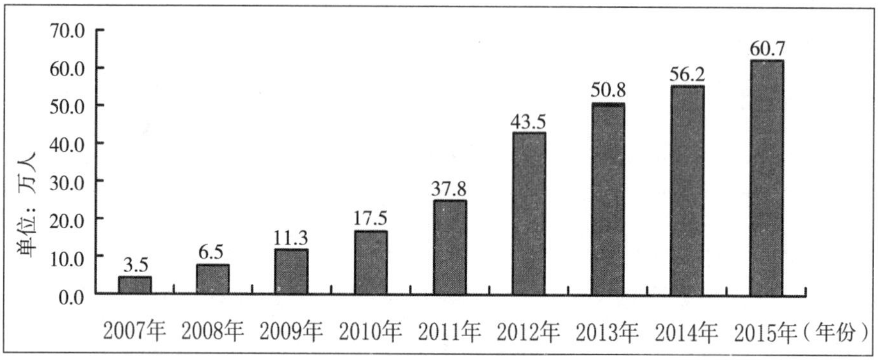

图3-2　2007—2015年节能服务业从业人员增长情况

资料来源：EMCA，2016 年 1 月。

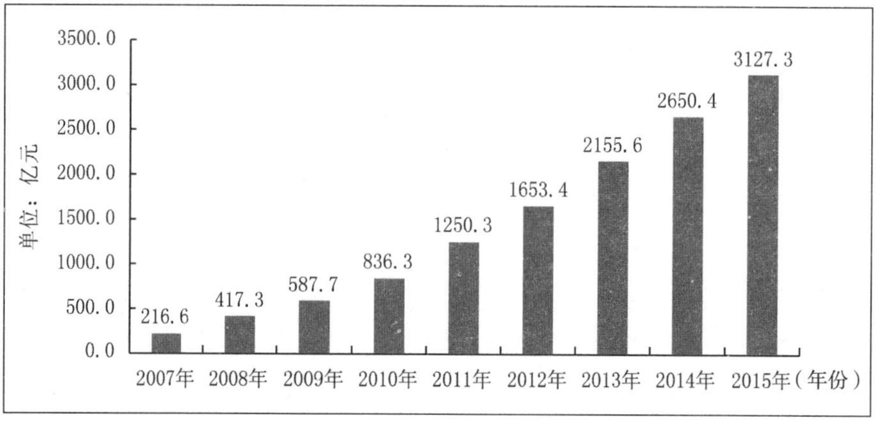

图3-3　2007—2015年节能服务业总产值情况

资料来源：EMCA，2016 年 1 月。

（二）合同能源管理专项资金补贴情况

2015 年，各省市为合同能源管理项目制定了一系列政策进行补贴。主要有河南省的 2016 年节能减排专项资金备选项目、湖北省的 2015 年度地产高效节能产品专项资金项目、上海市的2015年节能减排专项资金安排计划、莆田市的燃煤锅炉改造和节能循环经济专项资金项目、湖南省的2016年度技术改造节能创新专项资金项目。

二、节能上市公司

随着节能减排政策的不断推动，2015年节能减排目标基本完成。但随着工业增速下降，节能产业面临的市场压力逐步增大，总体来看，节能行业的上市公司业绩和节能行业的资产总额都呈现上升趋势。但是也存在净利润下降的情况，行业发展也面临着严峻形势。

（一）神雾环保

1. 公司介绍

神雾环保技术股份有限公司（神雾环保：300156）是电石领域专业化节能服务公司。该公司是由神雾集团通过并购上市公司天立环保工程股份有限公司，并无偿受让相关专利及其工艺包的方式打造。神雾环保是一家为全球的煤炭、石油、天然气及衍生燃料等化石能源的节能环保以及大气雾霾治理技术提供解决方案的企业，是专业从事矿产资源、化石能源及可再生资源高效清洁利用、实施新技术研发及产业化的行业领军企业。2015年前三个季度，公司实现营业总收入73642.88万元，较上年同期增长84.19%；实现营业利润13604.71万元，较上年同期增长106.65%；实现利润总额13527.54万元，较上年同期增长99.92%；实现净利润11873.09万元，较上年同期增长106.84%；归属于上市公司股东的净利润12387.88万元，较上年同期增长91.41%（见表3-1）。

公司营业收入实现增长的具体原因：一是由于神雾集团无偿赠与的“神雾热装式节能密闭电石炉”相关专利及其工艺包，大幅提升公司核心竞争能力；二是公司新增新疆胜沃项目工程总承包订单，项目的按计划有序施工给公司带来收入增长。

2. 业务组成

神雾环保提供的产品服务主要有：

（1）神雾蓄热式电石冶炼技术

该技术与传统电石生产工艺不同，采用低阶粉煤和石灰等廉价原材料，经过粉碎、混合、成型后经过预热炉热解处理后得到高温物料，然后将其热送入密闭电石炉中进行还原反应，生成的电石经冷却、破碎后就获得电石成品。

（2）高温尾气净化及综合利用技术

该技术解决了含尘量大、成分复杂的烟气净化处理难题。尤其解决了采用一般袋式净化含焦油成分的钢铁、冶金、化工尾气时高温下烧袋、低温下糊袋的难题，处理后的尾气可进一步得到气烧石灰或进入其他综合利用渠道。

（3）神雾热装式节能密闭电石炉

该技术由神雾集团自主研发而成，是一种基于入炉原料热送的新型电石制备系统。该电石炉包括预处理、螺旋送料、筛分、高温输送以及电石炉节能改造等装置。该技术对解决电石行业“高污染、高耗能、成本居高不下”的状况具有重要意义，极大地降低了电石生产过程中的电耗，达到污染低排和降低综合生产成本的效果，便于提升电石行业的抗风险能力和盈利能力。

（4）气烧石灰窑技术

气烧石灰窑广泛用于冶金、化工、钢铁、造纸等行业。神雾环保根据不同用户的需求，消化吸收国外先进技术，并在实际生产中不断改进与优化，成功开发了外火箱矩形气烧石灰窑、双套筒气烧石灰窑、各类混烧石灰竖窑等，气烧石灰窑是一种真正节能环保型窑炉，具有能耗低、工艺先进、自动化程度高、烧成品品质好、负压操作烟尘少、窑体设备简单、维护费用低、操作方便、占地面积小、投资少等特点。

表 3–1　2015 年上半年主营业务构成

分行业	主营业务收入（万元）	主营业务利润（万元）	毛利率
资源综合利用及其他	2148.91	1921.88	10.57%
炉窑工程总承包业务	27381.36	20053.79	26.76%

资料来源：神雾环保 2015 年半年度报告，赛迪智库整理。

3. 竞争力分析

公司一方面积极推动技术创新和业务合作，推广“新型电石生产新工艺”；另一方面也积极进行市场开拓，不断提升公司在电石行业节能减排领域的核心竞争力。

2014 年公司发行的招股说明书中首次披露公司的文化理念为“创绿色和谐生活”，并不断加强技术创新能力建设，推动技术产品结构的多样化，完善经营模式，开展产业链延伸业务，拓宽市场。

公司依托在工业窑炉节能环保领域的优势，为工业领域特别是高耗能、高污染行业的窑炉烟气的高温净化、清洁生产和综合利用提供一体化服务，把握国家政策带来的市场机遇；公司还不断纵向延伸产业链，在提供工业窑炉节能减排系统化解决方案的基础上，不断提高公司的管理水平、资金实力和技术研发能力，引入合同能源管理模式，扩大市场份额。

（二）达实智能

1. 公司介绍

深圳达实智能股份有限公司（达实智能：002421），是国内领先的建筑智能化和节能服务商。成立于1995年，并于在2010年6月上市，是国家高新技术企业和国家火炬计划软件产业基地骨干企业。公司以“让城市更智慧，让建筑更节能”为宗旨，通过物联网和信息化技术，为建筑提供全生命周期的智能化和节能服务，为智慧城市提供顶层规划设计以及总体解决方案。达实智能的用户遍及全国范围内，其中包括深圳地铁、深圳市民中心、沃尔玛、华为、长安标致雪铁龙、恒大地产以及大连万达等。由于工业主营业务稳定增长，利润提升，以及控股子公司达实联欣盈利能力的提升。2015年前三个季度，公司实现营业总收入41893.49万元，同比增长6.30%；实现营业利润5673.32万元，同比降低10.68%；利润总额6363.13万元，同比降低4.23%；归属于上市公司股东的净利润5327.81万元，同比增长26.67%。

2. 业务组成

公司的主要业务内容有：绿色建筑认证咨询服务，智能化系统专项设计及工程服务，供配电系统专项设计及工程服务，中央空调系统设计、工程及投资运营服务（合同能源管理），以及智能卡产品等，还包括中央空调系统节能改造和能源管理平台业务。

表3–2　2015年上半年主营业务构成

分行业	营业收入（万元）	营业成本（万元）	毛利率
建筑智能化及建筑节能	44426.80	33484.61	24.63%
绿色建筑公用工程	10845.47	8369.49	22.83%
工业自动化	1384.85	907.93	34.44%

（续表）

分行业	营业收入（万元）	营业成本（万元）	毛利率
终端产品及其他	2307.10	817.09	64.58%
融资租赁	1052.19	288.17	72.61%

资料来源：达实智能2015年半年度报告，赛迪智库整理。

3. 竞争力分析

（1）团队凝聚力

在公司“达则兼善天下，实则恒心如一”的企业文化背景下，有效规划，使员工需求与公司的远景目标相一致，营造牢固的团队凝聚力。公司现有员工1404人，人员素质普遍较高，具有丰富的行业从业经历。公司管理过程中推崇“分享”理念，其中有141名员工持有公司股份，使得个人利益与公司利益紧密相关。制定了激励性政策，有效地激发管理层以及核心员工的责任感和创造性，保持了团队的稳定性。

（2）自主创新能力

公司具有自己的研发体系，设有国家博士后科研工作站、深圳市自动化工程技术研究开发中心和解决方案研发中心；主持起草了四项国家重要的节能标准，并拥有“智能卡一卡一密方法”等多项国家发明专利和软件著作权。公司在自主创新、快速研发系统产品和产业化推广能力方面都具有一定实力，为公司在技术和应用创新的突破提供支撑。2014年，公司自主研发的Indas-ISCS平台软件成功在石家庄、南宁、成都等城市地铁的大型综合监控项目上应用，基于云计算技术的“C3一卡通云平台”在中国银行河北省分行正式上线运行，一卡通系统从企业内联网逐渐延伸至互联网平台。

（3）建筑全生命周期服务综合能力

公司经营宗旨是“让城市更智慧、让建筑更节能”，坚持以用户需求为中心，目标定位在降低建设以及日常运营成本、提升建筑形象和功能，通过物联网和信息化技术，为建筑提供全生命周期的智能化和节能服务。公司主编《智慧城市系列标准》助力智慧城市健康发展。

（4）商业模式整合能力

公司充分利用自身的专业能力和上市公司融资与资本平台的优势，将商业模式和金融创新相结合，在传统专业工程承包基础上，辅助合同能源管理、BT、买方信贷、融资租赁等创新商业模式，形成“技术＋金融”、“工程＋服务”的新型业务模式，提高大客户、大项目的服务能力。

（5）项目管理能力

公司项目管理系统自主开发而成，在项目立项之初就制定严格的项目质量策划，确保设计过程规范有序；制定严格的供应商标准，为采购产品和分包工程质量提供保障；严把合同关，加强施工现场的监督，保证工期；严格系统调试，遵守验收标准，从建立立项之初到最终项目竣工等环节实行全面监控。

（三）上海普天

1. 公司介绍

上海普天邮通科技有限公司（上海普天：600680）的其全资子公司上海普天能源科技有限公司（简称“普天能源”）是中国普天旗下唯一的一家从事能源集成综合运营服务的公司。普天能源是国家发改委 EMC 资质备案单位，2013 年获得“节能中国十大贡献单位”的荣誉。2006 年开始投身于节能减排领域，紧跟国家政策指引利用母公司的项目融资优势，采取合同能源管理和 BT/BOT 等创新型商业模式，为各个行业客户提供能耗审计、能耗调研、节能诊断、能源管理、评估优化、节能改造等能源系统的综合解决方案，为大型综合园区、公共建筑、大中院校、医院、工矿企业等提供最优化的节能解决方案和新城镇建设的整体能源规划建设运营一体化服务。

2015 年前三个季度实现营业总收入 96722.56 万元，同比减少 11.41%；实现营业利润亏损 3195.50 万元，同比减少 122.89%；利润总额亏损 2905.61 万元，同比减少 539.09%。其中归属于上市公司股东的净利润亏损 2823.86 万元（见表 3-3）。虽然公司亏损较严重，但是受到“充电桩”业务的鼓舞，市场对该公司的前景看好。

2. 主营业务分析

近年来，在国家政策带动和市场需求刺激下，公司坚持“创新、集成、资本”原则，立足上海普天生产基地和上海普天信息产业园的园区建设，将主营业务从通信行业逐渐拓展到电子领域。建立了轨道交通解决方案、商业自动化产业、能源集成解决方案、安防监控解决方案四个产业板块，取得了良好的经济效益和社会效益。

表 3-3　2015 年上半年主营业务收入构成

分行业	营业收入（万元）	营业成本（万元）	毛利率
能源配套产品收入	22775.48	19904.37	12.61%
能源集成工程项目	10247.21	9181.66	10.40%
通信电子设备收入	21350.90	18739.64	12.23%
非电子产品贸易	19602.51	18270.02	6.80%

资料来源：上海普天 2015 年半年度报告，赛迪智库整理。

3. 竞争力分析

一是公司的管理规范，其生产的产品和本身的品牌价值在同行业内具有一定的影响力。二是公司的产品研发能力和关键零部件的制造能力较强，并具有完整的销售渠道。三是公司建立了完整的合同能源管理业务系统和自主开发的能效管理信息系统，可以根据不同客户的要求，提供能源集成方面的业务和整体运营的解决方案。公司作为深圳市电动汽车充电桩供应商的合作者之一，能提供电动汽车充电设备的研发以及在制造领域都具有完整的解决方案。

第三节　环保产业

一、2015年我国环保产业发展基本情况

2015 年以来，国家制定一系列政策保障环保产业市场有序发展。环保政策密集出台，国家对环保问题的重视程度日益加大，在积极落实“水十条”和“大气十条”的同时，也加紧土壤十条的制定。4 月发布的《中共中央国务院关于加快推进生态文明建设的意见》中明确提出了“坚持绿水青山就是金山银山”的绿色理念；8 月发布的《党政领导干部生态环境要害责任追究办法（试行）》中提出“党政同责、终身追责、双重追责”;9 月，环保部提出建设环保八大工程体系，明确环保产业的重要地位；财政部制定的《水污染防治专项资金管理办法》与住建部制定的《城市黑臭水体整治工作指南》出台。坚持绿色发展，必须坚持节约资源和保护环境的基本国策。这是我国首次将环保产业列入“十三五”规划，对于整个行业发展将产生重要意义。

环保产业的并购案频发，据不完全统计，截至 2015 年 9 月，环保行业并购基金达到 346.26 亿元，并购案例 79 个，并购势头稳步上升。“十二五”期

间，我国环保投入约为10000亿元/年，在“大气十条”“水十条”以及“土壤十条”等环保法规颁布后，“十三五”期间环保投入将上升到约20000亿元/年。环保部巡视员胥树凡曾在经济发展新常态下环保产业发展特点及思路中提出，到2015年我国环保产业营业收入预计将超过50000亿元，超额完成《“十二五”节能环保产业发展规划》中“到2015年，节能环保产业总产值达到4.5万亿元”的目标。随着环保投入的增加，环保产业发展将会越来越顺利。

（一）污水处理行业

2015年5月国家发改委发布了1043个PPP推介项目，其中有约400个推介项目为环保类项目，占比超过35%，环保领域成为是PPP项目发展的重点领域。这些环保类项目中，城市给排水系统建设运营、流域水环境治理和生态建设类的水环境综合治理项目最多，约占环保类项目的70%，其整体投资额占比超过50%。

根据国家统计局数据：截至2014年，我国污水处理行业中规模以上企业数量为281家，有57家企业出现亏损，亏损金额达3.84亿元，行业总资产达到1219.51亿元，与2013年同期相比增长11.9%。2015年，国家发改委下达了10个省份的重点流域水污染治理投资计划，总投资额达99亿元。

全国城镇污水的处理能力较上年有所提高。截至2015年9月底，全国设市城市、县（以下简称“城镇”，不含其他建制镇）累计建成污水处理厂3830座，污水处理能力约1.62亿立方米/日。全国城市共有污水处理厂2163座，污水处理厂日处理能力1.33亿立方米。全国城镇污水处理厂累计处理污水480.6亿立方米，比2013年增长8.1个百分点。2009—2014年城市污水处理情况如表3-4所示。

表3-4　2009—2014年城市污水处理情况

年份	城市污水处理厂（座）	城市污水处理厂处理能力（万立方米/日）	城市污水处理率（%）
2009	1214	9052	75.3
2010	1444	10436	82.3
2011	1588	11303	83.6
2012	1670	11733	87.3
2013	1736	12454	89.3
2014	2107	12900	—

资料来源：住房和城乡建设部。

（二）大气污染治理行业

新修订的《大气污染防治法》明确提出了防治大气污染应当以改善大气环境质量为目标，提出了面向效果的环境治理，并规定了地方政府责任落实的一系列制度措施，为大气污染防治工作以质量改善为核心提供了法律保障。新《大气污染防治法》将VOCs纳入监测范围，为VOCs监测提供了有力的法律保障。

2015年11月，国家能源局、国家发改委、环保部等七部委联合发布了《燃煤锅炉节能环保综合提升工程实施方案》，这是国家第一次提出的针对其他燃煤工业锅炉的环保提标改造措施。其他重点行业也陆续出台了污染物排放标准，2015年已全部完成"大气十条"对25项重点行业制定大气污染物特别排放限值的要求。

"大气十条"强调区域共同推进，京津冀和长三角区域建立了区域协作机制。2015年，国家的多部法律、政策都提出要继续加强联防联控。新修订的《大气法》要求推行区域大气污染联合防治、5月出台《京津冀及周边地区大气污染联防联控2015年重点工作》、9月国务院印发《生态文明体制改革总体方案》以及党的十八届五中全会通过的《国民经济和社会发展"十三五"规划》也明确要求推进多污染物综合防治和环境治理，实行联防联控和流域共治。

整体而言，我国的大气污染防治取得了比较大的成效。但是也存在一些问题：一是原始技术创新能力有待进一步提高。目前，我国的环保产业普遍存在产业和产品结构不合理的现象，技术是提升产整体水平以及产品质量的总要手段。二是环保企业数量虽多，但是整体规模小。企业规模小抗风险能力低，并且低端和传统产品占比大，产品同质化严重。环保产业发展市场发展环境和激励措施亟待不断的优化和完善。

二、环保上市公司

2015年1月1日新环保法实施以来，环保行业面临着深刻的变革和机遇。2015年一整年，环保行业上市公司的表现比较平庸，但是在实体层面的变革也逐渐出现。一方面，PPP和海绵城市、智慧城市等正在成为环保公司未来发展的主要动力。随着经济形势的变革，环保行业的扩大和PPP的落实成为必然。另一方面，随着投资的增大，企业的规模逐步扩大，市场集中度也逐渐提高。一些行业龙头企业的对行业的带动和引领作用逐步凸显。

（一）碧水源

北京碧水源科技股份有限公司（碧水源：300070）是2001年由归国学者在中关村国家自主创新示范区创办的高科技企业。碧水源以技术创新为核心竞争力，研发出拥有完全自主知识产权的PVDF增强型微/超滤膜、超低压反渗透膜以及膜生物反应器（MBR）技术，攻克了“膜材料研发、膜设备制造和膜应用工艺”三大国际技术难题，是世界上同时拥有上述三项技术自主知识产权的少数企业之一。在国家大力发展战略新兴产业的政策背景下，公司抓住机遇，保持了持续增长的发展态势。

1. 公司经营情况

随着新《环境保护法》和《水污染防治行动计划》的推出，以及水处理标准即将升级等良好机遇的出现，针对地区对高品质再生水刚性需求、区域性污水排放标准更加严格、国家开始实施消灭黑臭水体和劣五类水体等难得机会，碧水源继续专注于主营业务的发展，不断巩固公司在膜技术领域的地位，积极开拓市场，加大技术创新研发和投入，提升产品和服务竞争力，注重PPP模式合作，取得较好的经营成果。

2015年前三个季度，公司实现营业收入170039.38万元，同比增长31.56%；实现营业利润35476.99万元，同比增长72.48%；归属于上市公司的净利润为25299.74万元，同比增长51.47%。

2. 主营业务

公司多年来一直致力于污水处理、污水资源化技术开发以及核心设备制造和应用，是一家专业的高科技环保企业。公司利用先进的膜技术，为客户一揽子提供建造污水处理厂或再生水厂的整体技术解决方案，主要业务包括技术方案设计、技术实施与系统集成、工程设计、运营技术支持和托管运营服务等，并且公司制造和提供核心的膜组器系统和核心部件膜材料；另外公司也研发、生产以及销售净水器产品，同时提供给排水工程服务。2015年上半年公司的主营业务构成情况见表3–5：

表 3–5　主营业务构成情况

分行业	营业收入（万元）	营业成本（万元）	毛利率
环保与市政行业	105379.35	66118.23	37.26%
分产品			
污水处理整体解决方案	67180.84	39396.68	41.36%
净水器销售	11319.40	5014.37	55.70%
市政与给排水工程	26879.11	21707.18	19.24%

资料来源：碧水源 2015 年半年度报告，赛迪智库整理。

3. 经营展望

未来公司将紧紧跟随一系列国家利好政策的落实，通过公司独特的市场和商业模式，继续推广膜技术，解决我国水污染、水资源紧缺及饮水安全隐患等问题，并在全国领域的各个行业推广应用。碧水源在多个中心城市建设地下式再生水厂的成功案例，为一些大中城市再生水厂建设提供重要参考，带动了城市再生水厂的发展趋势，给公司增添了商机。公司将在固有市场的基础上，采取混合所有制 PPP 模式，把公司膜技术推向新的水务领域，扩大市场份额，为公司的快速发展奠定基础。

公司发挥研发和自主创新优势，凭借公司在膜组器设备、超微滤膜和 DF 膜制造、工业污水处理等方面的技术取得的进展和突破，形成产业链完整、覆盖面广、多类别、多系列的高品质的产品和技术体系，引领行业发展方向。公司凭借在管理、人力、品牌等领域的优势，不断提升管理水平，增强员工素质和数量，提高品牌影响力。

（二）启迪桑德

启迪桑德环境资源股份有限公司（启迪桑德：000826）是在深圳主板上市的环保公司，公司一直以来都致力于废物资源化和环境资源的可持续发展，其主营业务涉及固体废弃物处置系统集成、环保设备研发制造与销售、城乡环卫一体化、再生资源回收与利用及特定区域市政供水、污水处理项目的投资运营服务等诸多领域。公司连续多年获得“固废行业十大影响力企业”、“上市公司中国成长百强”、“金牛上市公司百强”等荣誉称号。2015 年桑德集团与清华控股、启迪科服达成战略合作，启迪科服成为公司第一股东，桑德集团为第二股东，雄厚的股东实力为公司的未来发展奠定了坚实基础。

1. 公司经营情况介绍

2015 年 4 月，桑德集团把桑德环境 29.8% 的股份转让给启迪科服，启迪科服成为桑德环境的第一大股东。由于启迪科服的加入，桑德环境的企业性质由私营转为混合所有制，依托原桑德环境 20 年的业务优势和团队优势，借力启迪科服的优势，有利于部署更完整的生态环境产业链。公司在从固废投资运营商向综合化环境服务商战略部署转变取得积极成效。除了在传统的固废和水务板块保持增长外，在环卫、再生资源的业务板块也取得积极进展，呈现出四大业务板块齐头并进的局面。2015 年前三个季度，实现营业收入 415852.25 万元，比上年同期增长 44.98%；实现营业利润 71684.99 万元，比上年同期增长 24.91%；归属于上市公司股东的利润为 61675.713 万元，比上年同期增长 20.41%。营业收入的增加主要是固废处理业务、新环卫一体化及再生资源业务增加所带来的。

2. 业务发展情况

2015 年，公司加大了固废各细分领域的投资和市场开拓，上半年签订了 4 项生活垃圾焚烧发电类特许经营协议、1 项生活垃圾收集转运系统特许经营协议，并购获得 2 项生活垃圾处理项目，并在风险可控的情况下积极推进项目建设，加强对项目建设整体节奏的把控，为固废处理设施尽快投入运营创造良好条件。以湖北一弘水务有限公司为水务业务的实施平台，在现有规模基础上积极推进水务项目，提高管理效益，上半年整体运营平稳。公司的环卫业务通过现有的营销渠道和客户资源不断拓展，上半年签署了 7 项环卫类特许经营协议和委托运营协议，环卫规模得以迅速增长，同时公司还推广智慧环卫。同时，公司加大了对再生资源领域的投资力度，签订 1 项再生资源产业园项目合作协议，通过并购再生资源公司提升公司废旧家电拆解能力，在加大线下投资力度的同时，开拓线上再生资源交易服务平台，为业务子公司和供应商以及客户提供全程互联网服务。

3. 竞争力分析

（1）业务覆盖全面，可提供全产业链环境治理整体打包服务

启迪桑德是一家综合性的环境服务商，在预测行业发展趋势上具有敏锐的洞察力，在自身传统固废处置以及特定区域水务业务的基础上，精心布局餐厨垃圾处理、城乡环卫一体化、再生资源回收利用、环境修复等众多细分业务领域，具备业务覆盖全面、可提供全产业链环境治理整体打包服务的能力。

（2）具有规模与品牌优势

公司的生活垃圾处理、餐厨垃圾处理等众多环保业务都具备一定的规模，在同行业中处于前列。公司的固废处置业务开展已有十余年，在固废处置项目的实施过程中积累了丰富的经验，同时公司承建的项目在业内具有良好的示范效应；公司凭借较强的系统集成能力，无论是在工艺设计、施工安排、质量管理，还是资金支持和人员服务上都体现出规模经营的优势。

（3）具备较高的技术优势

公司作为国家级高新技术企业，人力资源配置结构是以高素质员工为基础、以精益化专业人才为中坚、以高层次带头人为领航。公司具有百余项专利，已经掌握了废物资源化和综合利用的前沿技术。特别是 2015 年，公司在环保设备制造特别是污泥脱水设备上取得重大技术突破，技术水平已处于国际领先地位。

（4）资金优势

公司的总资产和净资产规模均处于行业前列，公司具有丰富和灵活的融资方式和渠道，可根据公司需要，提供灵活及时的与业务需求匹配的资金支持。2015 年上半年，公司发行的三期超短期融资券都取得成功，共募集资金 13 亿元，发行一期短期融资券，募集资金 5 亿元；雄厚的资本实力及资金优势为公司业务的开展实施奠定了基础。

（三）高能环境

北京高能时代环境技术股份有限公司（高能环境：603588）于 1992 年成立，是一家专业从事环境技术研究和提供污染防治系统解决方案的高新技术企业。公司前身为中科院高能物理研究所垫衬工程处，现有固定员工约 900 人，总资产约 30 亿元。公司具有三大经营体系，分别是工业环境体系、城市环境体系和环境修复体系，主要业务包括固体废物、废液等污染防治技术及污染土壤、工业场地、矿山、水体等环境修复技术研发与环境工程技术服务、环保设施投资运营等。

1. 公司经营情况介绍

公司在 2015 年顶住了发展压力，抓住发展机遇，积极探索转型战略，坚持以市场需求为导向，加大环境修复、工业环境、城市环境三大主营业务板块的拓展力度。在经济不景气和地方财政压力凸显的情况下，公司部分项目实施情况低于预期。但是公司积极落实发展战略，加强在环保领域的收购兼并工作力度，设立了磐霖高能环保产业投资基金和上海高锦铧晟投资合伙企业两只并购基金。2015 年前三个季度，公司实现营业收入 55377.84 万元，比上年同期增长 39.20%；实现营业利润 4500.43 万元，比上年同期增长 10.57%；其中归属于母公司的净利润为 4391.80 万元，比上年下降 1.65%（见表 3–6）。

2. 主营业务介绍

2015 年上半年，公司的环境修复业务与上年相比增长了 194.68%，增长来源项目有：中卫工业园区氧化塘现存废水集中处理项目，长春市三道垃圾场环保生态公园项目，株洲清水塘重金属废渣综合治理一、二期工程项目，原吉林市晨鸣纸业污染场地修复工程，苏州安利化工厂原址场地污染土壤治理修复项目，武汉市原武汉药用玻璃厂（硚口）污染场地土壤修复项目等。工业环境领域收入增长来源项目是缅甸蒙育瓦莱比塘铜矿防渗项目。城市环境业务收入来源是珠海沥溪垃圾填埋场封场二期工程、灌南县田楼自来水厂（一期）工程、醴陵市城市垃圾处理二期工程项目等。

表 3–6　主营业务情况

分行业	营业收入（万元）	营业成本（万元）	毛利率
环境修复	10942.50	6963.17	36.37 %
工业环境	6950.00	4962.21	28.60 %
城市环境	13404.94	9463.81	29.40 %

资料来源：高能环境 2015 年半年度报告，赛迪智库整理。

3. 竞争力分析

（1）人才优势

公司具备成熟稳定的管理团队和高素质的技术研发团队。其中管理团队成在管理经验、专业技能和知识背景等方面形成互补，并具有多年从业经验能把握公司发展方向和制定发展战略，能够保证公司的产品和服务适应市场需求；技术研发团队的核心技术人员是具备丰富行业经验的技术专家，能够深刻理解行业的技术，同时公司注重引进国内外高端技术人才，保证研发队伍的创新能力。

目前公司的工程服务管理团队，有注册建造师 60 多人、工程师 100 多人、高级技师 30 多人，形成了经验丰富的高技能、高素质的技术工人队伍和施工管理队伍，为公司确保工程质量以及新领域、新工艺、新技术、新方法的开拓提供强大支持。

（2）技术优势

公司的前身为中科院高能物理研究所垫付工程处，公司传承其前身的科学理性，注重技术创新。目前已获得37项国家专利，6项软件著作，40多项专有技术，其成果已经在近百个国内外的重点工程项目中成功应用；同时积极参与标准制定工作，其中主编或参与编制的行业标准3项、国家及行业标准22项。公司具有垃圾焚烧、填埋场、工业废水、工业固废、危险废物等的技术中心，各中心相互协调配合形成强大的研发后盾。公司在城市环境、工业环境、环境修复板块都建立核心技术体系，保持自身技术的先进适用性，满足可持续的需求。同时，公司注重于国内外知名的环保企业、科研院所建立长期战略合作关系，进行业务拓展和技术交流，不断的吸收国内外先进技术并进行再创新，带动企业技术进步。

（3）产业整合优势

公司具备人才和技术优势，立足固废污染防治的技术研发和应用，在多年的实践中积累了丰富的经验，在多领域都提供系统化的解决方案，满足多领域客户的业务打包整合的需求，实现总体方案和独立项目有机结合。

（4）品牌优势

公司具有二十几年的固废污染防治专业技术和环境治理项目建设服务经验，注重技术的开拓和创新，积累项目实施经验，并且获得了国内外多项奖励，具有良好的市场声誉。

第四节　资源循环利用产业

一、资源循环利用产业发展基本情况

为发展壮大我国的资源循环利用产业，提升产业技术装备水平，国家发改委、科技部、工信部、财政部、环保部、商务部等六部委联合制定《重要资源循环利用工程（技术推广及装备产业化）》；工信部制定并发布了《京津冀及周边地区工业资源综合利用产业协同发展行动计划（2015—2017）》，推动区域资源综合利用产业发展；工信部组织开展国家资源再生利用重大示范工程建设，通过示范工程带动产业发展，提高行业整体水平，以培育新的经济增长点；工信部、财政部、商务部、科技部联合组织开展电器电子产品生产者责任延伸试点工作，提升生产

者的责任意识，提供更多的生态产品，促进我国生态文明建设；国家发改委、工信部联合制定了《电动汽车动力蓄电池回收利用技术政策（2015年版）》，引导电动汽车动力蓄电池有序回收。在一系列国家政策的刺激下，来自国家统计局的数据显示，2015年1—10月份，废弃资源综合利用业的规模以上工业企业的主营业务收入达2986.9亿元，同比增长2.3%，利润总额达148.8亿元，同比增长31.7%（见表3–7）。

在“十二五”期间，国家鼓励原始创新和集成创新，制定了一系列政策文件指导产业发展，同时加大了产业关键环节的技术和装备的研发力度，推广了一批先进适用技术。在大宗固废综合利用方面，开展了第一批12个大宗工业固废综合利用产业基地的建设，大宗固废的综合利用取得了良好的效果；同时制定了《赤泥综合利用指导意见》《工业副产石膏综合利用指导意见》《煤矸石综合利用管理办法》等文件对固废综合利用行业发展进行指导。同时，在再生资源回收体系建设、再生资源产业园区建设、“城市矿产”示范基地建设都方面都取得进展，再生资源回收行业的整体规模也在不断的持续扩大（见表3–8、表3–9）。

表3–7 废弃资源和废旧材料回收加工业规模以上工业企业发展基本情况

指标	2014年	2013年	2012年	2011年	2010年	2009年	2008年	2007年
单位数（个）	1490	1366	1192	1077	1302	1165	1087	652
主营业务收入（亿元）	3668.6	3443.8	2920.6	2645.3	2381.8	1453.1	1158.3	682.5
营业利润（亿元）	188.2	178.7	189.2	194.4	161.1	84.6	69.0	38.3

资料来源：国家统计局。

表3–8 2010—2015年我国大宗固废综合利用相关产业政策梳理

时间	政策或工作名称	发布机构
2010年4月	《金属尾矿综合利用专项规划（2010—2015年）》	工信部
2010年8月	《赤泥综合利用指导意见》	工信部、科技部
2010年12月	《金属尾矿综合利用先进适用技术目录》	工信部
2010年12月	《废旧轮胎综合利用指导意见》	工信部
2011年2月	《关于工业副产石膏综合利用的指导意见》	工信部

（续表）

时间	政策或工作名称	发布机构
2011年3月	组织开展工业固体废物综合利用基地建设试点工作	工信部
2012年3月	《大宗工业固体废物综合利用“十二五”规划》	工信部
2012年8月	《废物资源化科技工程“十二五”专项规划》	科技部、国家发改委、工信部、环保部、住建部、商务部、中科院
2013年3月	《工业固体废物综合利用先进适用技术目录（第一批）》	工信部
2014年12月	第二批循环经济试点示范单位	国家发改委、环保部、科技部、工信部、财政部、商务部、国家统计局
2015年1月	发布尾矿综合利用项目列为示范工程名单（第一批）	工信部、国家安全监督管理总局
2015年1月	《煤矸石综合利用管理办法》	国家发改委、科技部、工信部、财政部、国土资源部等十部委
2015年1月	《重要资源循环利用工程（技术推广及装备产业化）实施方案》	国家发改委、科技部、工信部、财政部、环保部、商务部
2015年4月	开展水泥窑协同处置生活垃圾试点及评估工作	工信部、住建部、国家发改委、科技部、财政部、环保部办公厅
2015年7月	《京津冀及周边地区工业资源综合利用产业协同发展行动计划（2015—2017）》	工信部
2015年9月	制定《电动汽车动力蓄电池回收利用技术政策（2015年版）》，已向社会公开征求意见	国家发改委、工信部

资料来源：赛迪智库，2016年1月。

表3-9　2010—2015年我国再生资源回收利用相关产业政策梳理

时间	政策或工作名称	发布机构
2010年9月	《废弃电器电子产品处理目录（第一批）》（以下简称《目录》）和《制订和调整废弃电器电子产品处理目录的若干规定》	国家发改委、环保部、工信部
2011年2月	2011年2月，国家发改委发布了《关于进一步加强高铝粉煤灰资源开发利用的指导意见》	国家发改委
2012年7月	《废钢铁加工行业准入条件》	工信部
2012年8月	《轮胎翻新行业准入条件》和《废轮胎综合利用行业准入条件》	工信部

（续表）

时间	政策或工作名称	发布机构
2012年8月	《废弃电器电子产品处理基金征收使用管理办法》	财政部、环保部、国家发改委、工信部、海关总署、税务总局
2012年10月	《废钢铁加工行业准入公告管理暂行办法》	工信部
2014年12月	《轮胎翻新行业准入条件》、《废轮胎综合利用行业准入条件》企业名单（第二批）	工信部、科技部、环保部
2014年12月	《废弃电器电子产品规范拆解处理作业及生产管理指南（2015年版）》	环保部、工信部
2015年4月	2015年4月，国家发改委制定《2015年循环经济推进计划》	国家发改委
2015年5月	组织开展国家资源再生利用重大示范工程建设	工信部
2015年6月	开展电器电子产品生产者责任延伸试点工作	工信部、财政部、商务部、科技部

资料来源：赛迪智库，2016年1月。

二、资源循环利用上市公司

近年来，通过一系列资源综合利用试点和示范的带动作用，资源综合利用的理念得到广泛传播，技术装备水平也得到大幅提高，资源循环利用产业得到发展壮大。伴随着政策机制的不断完善和商业模式的不断创新，资源综合利用企业的积极性得到调动。整体上，资源循环利用上市公司在市场的表现很好。

（一）格林美

1. 经营状况

2015年前三个季度，公司实现营业收入321747.08万元，较上年同期增长11.24%；利润总额26181.90万元，较上年同期增长26.82%；归属于上市公司股东净利润18852.80万元，较上年同期增长21.05%。

公司积极应对市场变化，电子废弃物、钴镍铜钨、报废汽车、电池材料等各项业务的产能快速释放。其中，与上年同期相比，电子废弃物拆解量增长22.24%，钴镍销量增长42.52%，报废汽车处理量增长613.75%，电池材料销量增长15.93%。公司第三个季度用电量同比增长50%以上，产能得以大幅度释放，有效遏制了因为有色金属、废钢、废塑料等大宗商品价格大幅下降引起的下滑趋势，保证了公司经营业绩的稳定与增长。

2. 业务拓展情况

废旧家电和汽车回收拆解业务是格林美的重点回收业务。目前公司的家电回收渠道不断延伸，拆解能力也不断提升。截至目前，公司已经建立线上和线下回收渠道，家电回收半径不断扩大。格林美已经完成多个拆解基地布局，2015 年已实现 800 万台的拆解规模（见表 3–10）。

表 3–10　格林美的废弃电器电子产品拆解处理产业布局

区域	项目	拆解/生产产能	状态	基金补贴资质
湖北荆门	家电拆解	200万台	已投产	有
	电路板处理/稀贵金属回收	20吨	调试	
	电解钢	3万吨	部分投产	
湖北武汉	家电拆解、武汉城市圈（仙桃）城市矿产资源大市场	100万台	已投产	有
江西丰城	家电拆解、城市资源循环利用产业基地	200万台	已投产	有
河南兰考	家电拆解	100万台	已投产	有
扬州宁达	家电拆解、危废处理、锗回收	100万台	正常生产	有
天津子牙	家电拆解、城市矿产循环产业园		规划	

资料来源：赛迪智库，2016 年 1 月。

2015 年，一系列报废汽车拆解行业政策利好有力促进了行业整合。一是“五大总成再制造”解禁，系统性提升行业盈利水平。二是将开展“以旧换再”企业补贴，消费者购买相关产品将享受补贴。三是黄标车淘汰政策越来越严，2014 年、2015 年合计将达到 1200 万辆，正规企业回收报废汽车量大增。四是增值税即征即返 50% 的政策有望落地。

2012 年，格林美开始布局报废汽车拆解处理业务。目前，已经在江西、湖北武汉、湖北荆门、天津等省市取得报废汽车处理资质，有三个基地报废汽车循环利用项目已投产或已在筹备投建之中。江西丰城投资建设报废汽车循环利用项目设计年处理能力 30 万吨，总投资额达 2.27 亿元。天津和湖北武汉的报废汽车循环利用项目也在紧锣密鼓的建设之中，2015 年后半年和 2016 年也将投产（见表 3–11）。

表 3-11 格林美的报废汽车拆解基地

地区	报废汽车和废钢年处理能力	总投资	状态
江西丰城	30万吨	2.27亿元	已投产
天津	30万吨	3.82亿元	2015年投产
湖北武汉	30万吨	3.86亿元	2016年投产

资料来源：赛迪智库，2016 年 1 月。

3. 公司未来发展方向

随着公司家电回收渠道的不断延伸和拆解能力的扩张，废旧汽车拆解市场爆发性增长的形势逐渐明朗，以及国家政策导向和再生资源行业的资金密集属性都有利于格林美的发展。在此基础上，公司着眼未来，重点关注以下几个方面的变化：一是废旧电器补贴基金对应的产品目录可能扩容，报废家电的数量将大大提升；二是零部件再造业务也将提升公司盈利能力；三是公司资金实力有利于产业延伸和并购等业务的拓展。因此，将从整个产业布局来规划公司未来。

（二）怡球资源

怡球金属资源再生（中国）股份有限公司（怡球资源：601388）隶属于马来西亚的怡球集团，于 2001 年 3 月在中国太仓成立，2003 年正式投产。怡球资源自进入中国市场后，其品牌已经成为我国铝合金锭同行业的佼佼者。目前是中国最大的铝合金锭生产商，规模达年产能 30 万吨铝合金锭，凭借其固有的品质和服务在铝合金行业以及压铸行业都有较高的知名度。2012 年 4 月 23 日怡球资源在上海证券交易所上市。公司主营业务是利用汽车零部件、机械、五金、电器、设备、包装等及生产过程中产生的铝渣、边角料等废铝资源，生产再生铝产品，实现铝金属资源循环利用。公司是目前国内仅有的三家铝合金锭产品在 LME 注册并能实际交割销售的生产企业之一。

1. 公司经营情况介绍

2015 年上半年，公司实现营业收入 190822.86 万元，比上年同期减少 17.43%；利润总额 5862.33 万元，比上年同期增加 495.63%；归属于母公司所有者净利润 3942.89 万元，比上年同期增加 598.89%，公司经营受到以下几方面因素的影响：一是外汇汇率变化和利息收入增多，导致财务费用同比减少 3000 万元；

二是公司积极开拓销售市场，东南亚地区的市场占有率大幅提升，公司毛利率略有上涨；三是公司投资的有价证券业务收益同比增加约1800万元。2015年7月28日公司发布资产重组停牌公告，至今未开市（见表3–12）。

2. 业务发展情况

2015年上半年，受到全球宏观经济下跌和欧美国家升息的影响，有色金属价格下跌加剧。中国经济亦受到国际市场行情的影响，由于外部需求下跌和内部成本上升影响了企业的开工率。上半年大宗商品价格呈小幅下跌趋势。LME六种基本金属价格走势分化，所有品种较上年同期进一步回落。

表3–12　主营业务情况

主营业务分行业情况			
分行业	营业收入（万元）	营业成本（万元）	毛利率（%）
汽车	94117.55	86342.46	8.26
电器	17903.12	16471.39	8.00
五金	32031.77	30255.75	5.54
机械设备	10916.73	10736.23	1.65
家具	1435.67	1369.95	4.58
其他	34418.02	34196.38	3.55
合计	190822.86	178372.16	6.52
主营业务分产品情况			
分产品	营业收入（万元）	营业成本（万元）	毛利率（%）
铝锭	176403.16	164377.31	6.82
边角料	13984.74	13708.31	1.98
其他	434.95	286.55	34.12
合计	190822.86	178372.16	6.52

资料来源：赛迪智库，2016年1月。

3. 公司核心竞争力

（1）行业地位

公司在再生铝行业的从业经验已达三十年，无论在生产管理、技术革新方面，还是在市场营销和原材料采购等方面都具有丰富的经验。怡球资源是国内技术领先的大型再生铝生产企业，在废铝采购、分类处理以及熔炼等方面具有丰富的经验。公司是江苏省循环经济标准化试点企业，也是中国有色金属工业协会再生金属分会的理事单位。

（2）工艺技术

公司经过三十年来的持续研发积累，自主研发的非专利核心技术是公司赖以生存和发展,并在市场立足的核心竞争力之一。在工艺技术上,公司不断追求创新，生产设备先进，利用自身优势及时进行工艺改良，不断改进生产流程、工艺方法及参数，提高节能降耗水平；同时，不断提高产品质量和生产效率，降低生产成本、减少原材料使用、降低能耗，提升企业环保水平，增强公司盈利能力。公司的生产设备和工艺技术水平均处理行业领先地位。

（3）原材料采购

原材料采购对再生铝企业的发展至关重要。公司在再生铝行业已经三十年，在加拿大、马来西亚、美国、墨西哥、欧洲等国家和地区都建有废铝采购网络。在美国采购业务量最大，专门设立了分公司负责采购业务，在洛杉矶和纽约均设立采购分中心，负责不同地区的采购。公司也根据国内的回收特点，逐步建立切合自身的原材料采购系统，先在江浙等经济发达地区建立采购基地，后逐步向华北及中部扩展。

（4）客户

公司的产品遍及汽车、电子电器、五金等领域，在行业内具有较高的信誉和知名度，已经成为本田、马自达、丰田、三菱、东风汽车、博世、松下电器等知名汽车生产商、电气电子产品、五金器具、通信设备等生产企业的供应商。

（5）管理

公司管理层是具有国际化经验的职业管理团队，大部分人具有二十年左右的再生铝从业经历或者企业的管理经验，在技术研发、采购、质量控制、销售等方面具有丰富经验。公司非常注重信息化和制度化在管理中的应用，建立 ERP 管理系统，对原材料采购、物流、销售等方面进行实时分析，为公司管理和发展规划制定提供数据支撑。公司已经通过了 ISO14001:2004、ISO9001:2000、ISO/TS16949:2002 体系认证，在质量管理、环境保护、汽车零部件原材料管理等方面均达到国际标准。公司还建立了全面的内部控制制度，使公司在系统化、制度化的框架下规范运营。

（6）国际化经营

随着国内外市场的联系更加紧密，再生铝行业的原材料和产品的价格走势趋同，全球市场的竞争更加激烈。怡球资源通过多年的国际化经营经验积累，公司现在具备良好的管理体系、国际化的原材料采购体系和销售网络，又拥有美国AME公司、马来西亚怡球等境外经营实体公司，使得公司在国际市场的竞争中具备一定的优势。

（三）万容科技

湖南万容科技股份有限公司（万容科技：833311）是一家专注于固体废物的环保处置和资源化利用的公司，致力于打造一条集“环保装备研发制造”“电子废弃物及报废汽车回收拆解”“产业废弃物及生活垃圾资源化利用”“金属资源”“绿色能源”开发于一体的循环经济产业链。公司于2006年成立，2015年8月正式在新三板挂牌上市。

1. 公司经营状况

2015年上半年，公司实现营业收入12，478.82万元，比上年同期下降16.41%；营业总成本9489.59万元，比上年同期下降20.99%；实现营业利润326.74万元，比上年同期下降76.70%；归属于母公司股东的净利润为579.61万元，比上年同期下降71.37%

截至2015年6月30日，公司总资产为614671425.61元，较年初增长8.52%；归属挂牌公司股东的净资产为293809382.42元，较年初增长17.00%；资产负债率为51.08%。

2. 公司主营业务情况

（1）环保装备与系统服务

2015年上半年，公司的环保装备与系统服务业务实现营业收入1596.18万元，同比下降18.12%，业务下降的原因是公司下游所属的废钢加工行业、废旧电器电子产品处理行业、报废汽车回收拆解行业的整体发展持续低迷，造成公司下游客户投资积极性受挫，给公司产品的销售带来持续的不利影响。

（2）产业废物和危险废物回收处置

自2012年起，公司注重在产业废物和危险废物处理业务方面的投入，业务实现持续增长。2015年上半年，公司产业废物和危险废物处理业务实现营业收入6920.86万元，同比增加27.94%，毛利率从上年同期的7.92%上升到17.81%，收入增加的主要原因是随着公司产业废物和危险废物处理业务产能的逐步释放，业务步入正轨，盈利能力得以提升。

（3）电子废弃物处置

2015年上半年，公司的该项业务实现营业收入3749.66万元，同比下降49.13%。业务收入大幅下降的原因如下：一是享受电子废弃物拆解处理基金补贴的企业已达106家，企业之间的竞争越发激烈，导致回收价格上升；二是本年度，国家基金补贴资金到位比预期的时间晚，资金周转能力制约公司回收能力，导致上半年回收量大幅下滑近50%；三是报告期内钢铁、铝、铜、塑料等大宗商品价格下滑，拆解产物销售额下降。

3. 竞争力分析

一是公司具有完善的核心技术研发体系。公司拥有“废弃电器电子产品及报废汽车工程研究中心”、“城市矿产研究院”、“装备与系统服务研究中心”等科研机构，自主开发“废旧冰箱无害化处理设备”、“废印制电路板环保处理设备”、“报废汽车快速解体机”、“报废汽车破碎及废钢加工一体化设备”等拥有自主知识产权系列核心产品。现在公司拥有技术专利106项（其中发明专利14项），建立了完善的核心技术研发体系。

二是具备固废处置和资源化能力。2006年，公司在东莞投资建设了第一家现代化的PCB生产企业废弃物处置利用基地；2009年，建成中西部地区第一个省级电子废弃物处理中心；2012年，在汨罗建成全国第一个机械化报废汽车拆解示范基地；2013年，在郴州投资建设废旧线路板处置基地；2014年，公司又率先建设第一个生活垃圾社区化处置生态工厂；另外，公司还在无锡、香港等地建设了固废协同处置基地。目前，公司建成了以东莞、汨罗、长沙、郴州为中心的四大固废处置及资源化利用产业基地，拥有固废回收及处置资质13项，形成了较为全面的固废处置及资源化利用能力。

三是具备较强的综合治理技术和系统服务能力。固废治理是系统工程，从事该行业的技术人员需要掌握环境科学、生物学、生态学、物理化学、材料学等领域的技术并需要具备系统化的技术集成能力和技术创新能力。围绕固废处置，公司的工程技术团队是以高级人才为骨干，以中青年专业技术人才为主体建设而成，目前拥有各类型技术专家60余人，涵盖了环境、机械、冶金、材料、物理、化学、工程等学科领域，逐步形成了较强的综合治理技术和系统服务能力。

重点行业篇

工业是能源资源消耗的主要领域，同时也是各种污染物排放的主要来源，工业节能减排是破解能源资源瓶颈和环境约束的关键。本部分重点分析钢铁、石化化工、有色金属、建材、电力等高能耗、高污染行业近年来特别是2015年节能减排总体情况及典型企业节能减排动态，探讨这些行业节能减排之道。

第四章　2015年钢铁行业节能减排进展

钢铁行业是国民经济的重要基础产业，是支撑工业化的重要产业，是技术集中、资金密集型产业，同时也是资源、能源密集型产业。其生产规模大，工艺流程长，资源和能源消耗巨大，是能源资源消耗大户，也是污染物排放的大户，钢铁行业能源消耗量占全国能耗总量接近五分之一。钢铁行业的节能减排对工业整体节能减排的开展具有重要意义。

第一节　总体情况

一、行业发展情况

“十一五”以来，我国钢铁行业保持较快发展，以粗钢为例，其产量由2005年的3.53亿吨持续上升到2014年的8.22亿吨，为建筑、机械、汽车、家电、船舶、铁路等行业发展提供了重要的原材料保障。2015年粗钢产量为8.04亿吨，同比下降2.3%，是近30年增速首次下降。

2015年，国内市场钢材需求变缓，钢铁产量回落，钢材价格继续下滑，以上海期货交易所的螺纹钢为例，2015年8月初下降到1800元/吨，折合每斤钢材0.9元，还不如同期每斤白菜价格。钢铁生产企业经营困难，部分企业停产、减产。

2015年全国粗钢产量同比下降2.3%，为8.04亿吨，是近30年增速首次下降（见图4-1）；钢材产量同比增长0.6%，增速同比回落3.9个百分点，为11.24亿吨；

焦炭产量同比下降 6.5%，降幅扩大了 6.4 个百分点，为 4.48 亿吨；铁合金同比下降 2.6%，为 3666 万吨。2015 年钢材出口增长 19.9%，为 11249 万吨，进口下降 11.4%，为 1278 万吨。铁矿砂进口增长 2.2%，为 9.53 亿吨。

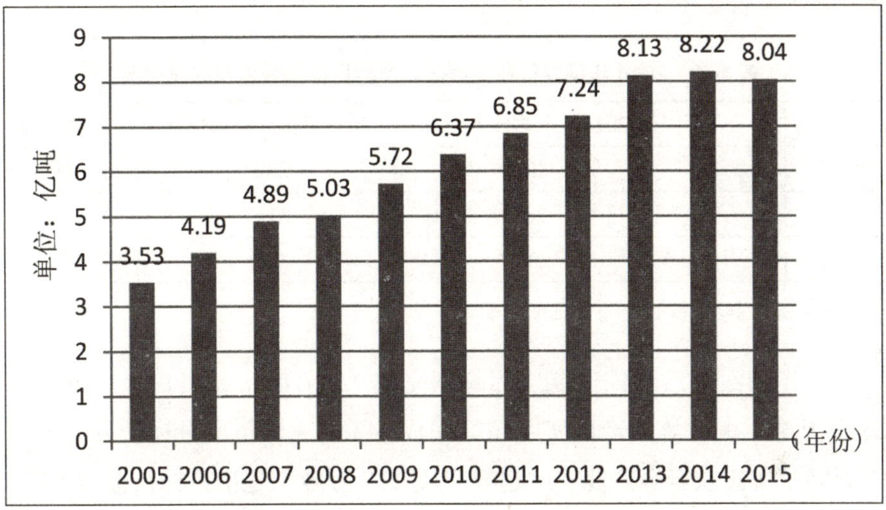

图4-1　2005—2015年我国粗钢产量

资料来源：国家统计局，2016 年 1 月。

2015 年 1—9 月份，钢铁工业（包括炼铁业、炼钢业、钢加工以及黑色金属矿采选业）实际完成固定投资同比下降 15.54%，减少 621.28 亿元，为 3377.40 亿元。钢铁工业 1—9 月份新开工项目比上年减少 141 个，为 2987 个；其中炼钢业减少 63 个，黑色金属矿采选业项目减少 183 个，钢加工业增加 104 个。

在投资方向方面，2015 年 1—9 月份，黑色金属矿采选业完成投资比上年下降 2.09 个百分点，占 2015 年钢铁工业总投资的 31.52%，为 1064.58 亿元。炼钢业完成投资比上年下降 0.95 个百分点，占钢铁工业总投资额的 14.91%，为 503.53 亿元。炼铁业完成投资比上年提高 0.86 个百分点，占钢铁工业总投资额的 4.91%，为 165.70 亿元。钢铁加工业完成投资比上年提高 2.18 个百分点，占钢铁工业总投资额的 48.66%，为 1643.58 亿元。

二、行业节能减排主要特点

（一）落后产能淘汰超额完成

钢铁行业按照“控制增量、优化存量”的原则，不断加大淘汰落后产能工作力度。近年来，钢铁行业淘汰落后产能主要集中在淘汰落后装备和生产工艺上，2014 年目标任务为淘汰落后产能炼铁 1900 万吨，比 2013 年增加 1637 万吨；炼钢 2870 万吨，比 2013 年增加 2089 万吨；铁合金 234.3 万吨，比 2013 年增加 61.8 万吨（见表 4–1）。

表 4–1　2014 年钢铁行业淘汰落后产能目标任务以及完成情况

行业	单位	2014年下达任务情况	2014年实际完成情况	超额完成量
炼铁	万吨	1900	2823	923
炼钢	万吨	2870	3113	243
铁合金	万吨	234.3	262	27.7

资料来源：工业和信息化部，2016 年 1 月。

2014 年淘汰落后炼铁产能实际超额完成 923 万吨，超出目标任务的 49%，为 2823 万吨；淘汰炼钢产能实际超额完成 243 万吨，超出目标任务的 8%，为 3113 万吨；淘汰铁合金产能实际超额完成 27.7 万吨，超出目标任务的 12%，为 262 万吨。

（二）能耗指标持续改善

2015 年主要钢铁企业节能工作继续推进，吨钢综合能耗、吨钢可比能耗与上年同期相比均呈下降趋势。据中国钢铁协会统计，会员单位生产企业总能耗同比下降 6%，吨钢可比能耗同比下降 0.44%，吨钢综合能耗同比下降 2.13%，吨钢耗电同比升高 0.78%。烧结、炼铁、电炉炼钢和钢加工等工序能耗比上年同期继续降低，各工序能耗同比下降幅度分别是：烧结 2.64%、炼铁 1.45%、转炉炼钢 17.17%、钢加工 1.93%。球团、焦化和电炉炼钢等工序能耗较上年略有上升，各工序能耗同比上升幅度分别为球团 1.36%、焦化 1.81%、电炉炼钢 2.02%。

（三）外排废水及废水中主要污染物排放量持续降低

2015 年钢铁行业继续加大废水处理和回用力度，实现水重复利用率不断提高和外排废水中悬浮物、氨氮、化学需氧量、挥发酚、石油类等主要污染物排放量持续下降。其中累计悬浮物排放量同比下降 24.35%；累计石油类排放量同比下降 25.82%；累计挥发酚排放量同比下降 15.06%；累计化学需氧量排放量同比下降 25.44%；累计氨氮排放量同比下降 31.27%；累计总氰化物排放量同比下降 30.49%。累计外排废水同比下降 13.37%。

（四）外排废气中主要污染物排放总量持续下降

2015 年主要钢铁企业外排废气中二氧化硫和烟粉尘排放量同比继续降低。主要钢铁企业废气排放总量同比下降 0.98%，外排废气中烟粉尘排放量同比下降 12.62%，外排废气中二氧化硫排放量同比下降 23.59%；吨钢烟粉尘排放量同比下降 1.89%，环比下降 0.52%；吨钢二氧化硫排放量同比减少 17.58%，环比增长 2.51%。

（五）资源二次利用水平进一步提高

主要钢铁企业钢渣利用率、高炉渣利用率、含铁尘泥利用率、高炉煤气利用率、转炉煤气利用率和焦炉煤气利用率等均保持较高水平。2015 年主要钢铁企业钢渣产生量同比下降 9.42%，钢渣利用率比上年同期提高 1.51 个百分点；高炉渣产生量同比减少 10.45%，高炉渣利用率比上年同期提高 0.84 个百分点；含铁尘泥累计产生量同比下降 9.1%，含铁尘泥利用率比上年同期提高 0.02 个百分点。高炉煤气产生量同比减少 10.45%，利用率比上年同期提高 0.84 个百分点；转炉煤气产生量同比下降 4.68%，利用率比上年同期下降 0.33 个百分点；焦炉煤气产生量同比减少 4.04%，利用率比上年同期下降 0.57 个百分点；高炉煤气利用率比上年同期提高 0.8 个百分点。

第二节　典型企业节能减排动态

一、宝钢

（一）公司概况

宝钢集团有限公司（简称宝钢）建设于 1978 年，经过三十多年的发展，宝钢已成为我国现代化的钢铁联合企业。宝钢以钢铁为主业，生产高技术含量、高附加值钢铁产品，形成普碳钢、特钢、不锈钢三大产品系列。广泛应用于汽车、机械制造、家电、金属制品、航天航空、石油化工、交通、核电、电子仪表等行业。

2014 年，宝钢股份实现销售收入 1878 亿元，销售商品坯材 2182 万吨，实现利润总额 82.8 亿元，吨钢盈利居世界钢铁行业第三位。宝钢集团 2014 年获中国知识型企业组织奖，“600℃超超临界火电机组钢管创新研制与应用”项目获国家科技进步一等奖。2015 年，宝钢连续第十二年进入美国《财富》杂志评选的世界500强榜单，位列第218位。

宝钢围绕钢铁主业的发展需求，以建设绿色制造、循环经济示范企业为目标，在钢铁供应链、技术链、资源利用链等方面，着力发展相关产业，加大内外部资源整合力度，提高综合竞争力及行业地位，形成了资源开发及物流、钢材延伸加工、工程技术服务、煤化工、金融投资、生产服务等六大相关产业板块，并与钢铁主业协同发展。

（二）主要做法与经验

加强节能减排知识培训。2014年，宝钢重点围绕能源环保管理体系能力提升、新《环境保护法》宣贯落实、清洁生产与节能减排项目推进等开展培训。在决策与管理层面，组织管理人员开展环保新法规、新标准和新政策的宣贯与研修，对基层管理者加强能源环保管理知识和依法依规行使责任培训。在技术业务方面，开展环保法规政策与标准、节能环保技术、能源环保管理、碳减排与碳交易、绿色产品等方面的专题培训；对能源环保管理人员开展专业管理技能提升培训，对体系审核员实施能源环保体系知识和新法新规等内容培训。在生产操作层面，加强对一线技能人员的节能环保知识和环境经营理念的培训。

提高环保设施运行管控水平。宝钢通过加强对环保设施运行维护管控力度，高标准严要求应对环保压力。公司通过环保设备管控指标报表，对电厂、烧结脱硫装置等重点管控设备的运维状态进行定期跟踪，对设备劣化趋势进行预判及倾向性管理，确保脱硫等关键环保设施运行状态稳定。2014年，宝钢股份电厂3台脱硫装置的平均投运率、综合脱硫效率分别达到99.5%、97.3%（上海市同期电力行业的综合脱硫效率为93%），脱硫旁路烟气挡板开启次数同比减少；宝钢烧结3台脱硫装置的平均综合脱硫效率高于年度目标85%的要求，为92.6%。

完善副产资源过程管理。2014年，宝钢经过多次优化与讨论，确定钢渣加工和转底炉项目选址、工艺设计、经营模式，大力推进工业固废返生产加工项目建设，完成钢渣加工项目、冶金尘泥渣配套项目的可研方案调整及专业评审等，形成冶金尘泥渣配套项目本身公辅及相关设施改造方案。工业垃圾等综合固废项目根据公司计划将调整至现干煤棚内进行并形成了初步方案。稳步推进固废堆场环境综合整治，逐步开展道路路面硬化、增加围挡、作业场地优化等工作。

开展碳减排和碳排放权交易试点。宝钢结合国家对温室气体特别是二氧化碳排放管理及交易试点工作进展，于2013年初成立了碳减排办公室，对公司的碳排放和碳交易实施归口管理和业务指导。2013 年，公司跟踪、分析国际、国内碳减排和碳交易发展趋势和政策，研究公司碳排放、碳资产管理思路和管理方法，通过借鉴国际经验，配合上海市政府相关部门完成了钢铁行业碳排放量核算方法，确定了上海的钢铁行业碳排放的“度量衡”。2014 年，宝钢股份在上海环境能源交易所出售富余的碳排放额度，获得相应的碳排放权收益。

通过绿色产品促进社会节能减排。宝钢大力推进在设计、制造、运输、使用、回收、再利用和废弃的全生命周期内节省能源，降低消耗，减少污染物排放，并生产改善环境质量和减少对人体健康危害的绿色产品。宝钢股份明确了绿色产品定义和分类原则，继续将所有产品分成三类：第一类是符合各国环保法规要求的基本型（BASE 型）产品，第二类是具有良好环境绩效的优良型（BETTER 型）产品，第三类是具有优越的环境绩效，采用突破性技术，环境绩效和经济绩效俱佳的全球领先的尖端型（BEST 型）产品，建立绿色产品经营目标，持续为社会提供绿色产品。2014 年宝钢股份销售绿色产品 725 万吨，同比增长 11.01%。

积极发展绿色产业。宝钢通过整合节能环保技术，扩大钢铁业自身积累的节能及环境改善技术在行业内、外的应用，发展节能环保产业，对节能环保技术进行系统的商业化开发，形成了为钢铁行业以及其他行业提供节能环保解决方案的能力，为社会提供有价值的产品和服务，实现企业经济效益和社会效益。

在推进绿色产业发展方面，2014 年，梅钢公司 20MW 光伏发电项目正式并网发电，预计年发电量 1841 万度，总发电量 46025 万度，与火电相比，可节约标准煤 15.9 万吨。宝钢股份通过对电厂锅炉燃烧系统进行变频改造，年均节电量在 1000 万度左右；完成电厂燃煤机组烟气脱硝改造项目，烟气脱硝效率可达 80% 以上，NO_x 排放浓度控制在 $100mg/Nm^3$ 以下。

（三）节能减排投入与效果

2014 年，宝钢结合《宝钢集团有限公司 2013—2018 年发展规划》，推进环境经营和绿色制造。2014 年全年消耗能源 1332 万吨标准煤，实现工序节能 1.93 万吨标准煤，技术节能 14.27 万吨标准煤，吨钢综合能耗比年度目标下降了 3 千克标准煤，二氧化硫排放比年度目标下降了 1197 吨，比 2013 年下降了 13%，废水中 COD 排放量同比下降 2%。副产资源综合利用率达到 99.15%，副产资源返生产利用率达到 26.76%。

二、太原钢铁

（一）公司概况

太原钢铁（集团）有限公司（简称太钢），始建于1934年，位于山西太原。太钢是集铁矿山采掘和钢铁生产、加工、配送、贸易为一体的特大型钢铁联合企业。2014年太钢产能为1000万吨/年（其中400万吨不锈钢），营业收入连续八年超过1000亿元人民币。公司有全资子公司24个，直属单位14个，控股子公司3个，员工近2万人。

太钢主要业务领域是不锈钢、特殊钢和高等级碳素钢的研究开发和生产加工，目前形成了以不锈钢、冷轧硅钢、高强韧系列钢材为主的高效节能长寿型产品集群，重点产品进入石化、造船、铁路、汽车、城市轻轨、电力、航空航天、军工等重点领域和新兴行业。铁路行业用钢、耐热钢、双相钢、车轴钢等在国内具有较强竞争力。2014年，太钢产钢1072.31万吨，其中不锈钢380.50万吨；营业收入共867.66亿元，实现利润总额为3.06亿元。

太钢以科技创新和技术进步为支撑，不断推进绿色发展，倡导文明、节约、低碳、环保的生产方式，先后实施了干熄焦、煤调湿、高炉煤气余压发电、饱和蒸汽发电、高炉煤气联合循环发电、钢渣处理、焦炉煤气脱硫制酸、烧结烟气脱硫脱硝制酸、城市生活污水处理、膜法工业用水处理、冶金除尘灰资源化、钢渣肥料制造等节能环保项目，吨钢综合能耗、新水消耗、化学需氧量排放、烟粉尘排放、二氧化硫排放等主要指标排在行业前列。

（二）主要做法与经验

太钢通过全方位对标找差，不断提高环保设施运行效率，逐渐优化能源结构，降低能源消耗。

不断加强环境管理创新。通过开展能源环保体系一体化管理，创新管理体系；不断推进环境管理由治标向治本转变，转变管理方式；将环保指标考核转变成能源成本考核指标，并分解到各单位和工序，变革考核模式；通过改变公司内部能源价格机制，推动能源价格与市场接轨，利用市场化手段推进节能减排；引导全体员工开发节能降耗和环境保护工艺技术，加快先进适用节能环保技术的推广应用。

加强环境污染防控。围绕绿色发展战略目标，强化节能环保法制意识，确保达标排放，以厂区环境质量改善、风险防范和污染物总量控制为主要内容，提高管控水平，推进节能环保项目。通过提升环保设施运行管理水平，实现控制污染物排放量，提高环保设施投运率和污染物去除率；通过强化危险废物无害化处置和废物资源化利用，实现环境风险有效管理和废弃物资源化水平不断提高。

强化固体废弃物循环经济产业链建设。太钢持续提高高炉矿渣、粉煤灰、冶金钢渣、除尘灰、含铁尘泥等资源处理利用项目的管理和运行水平，与美国哈斯科公司实施钢渣综合利用项目，实现全部钢渣高效循环利用并且零排放。开展不锈钢渣处理技术创新工程，建设高炉渣超细粉生产线、高炉热熔渣制棉工程、冶金除尘灰资源化利用、脱硫石膏生产线、发电机组脱硫以及粉尘无组织排放综合治理项目等。

强化气体废弃物循环经济产业链建设。太钢通过建设气态废弃物处理项目，减少有害气体排放，化害为利。公司自主集成建设煤调湿系统每年可节约 1.3 万吨标煤，减少 2600 吨二氧化硫排放；建有干熄焦、烧结烟气脱硫脱硝制酸、焦炉煤气脱硫脱氰制酸、燃气蒸汽联合循环发电、高炉煤气回收和余压发电、饱和蒸汽发电等工程，有效降低了二氧化硫、氮氧化物、烟粉尘等气态污染物排放，减少环境污染。

强化液体废弃物循环经济产业链建设。太钢通过实施干法除尘、高炉冲渣水回收利用、蒸汽冷凝水回收利用、冷轧酸碱废水及碱油废水处理回收利用等先进适用的节水工艺技术，实现废水的循环利用。公司率先采用双膜法处理城市污水回用于循环补给水，建有焦化废水活性炭粉深度处理系统、硫酸钠净化回收系统、轧钢含油废水处理回收系统、硅钢盐酸再生系统、不锈钢废混酸再生系统、厂区废水综合治理系统等。

大力推进绿色产品制造。太钢实施创新驱动战略，发挥技术创新支撑作用，开发生产节能、高效、长寿型绿色产品，为重点行业提质增效转型提供材料支持，促进资源节约和环境友好型社会建设。公司研制开发了铁路货车车厢用不锈钢、节能型汽车系统用钢、造船和海水淡化工程用钢、高端电器材料系列用钢、抗菌不锈钢等绿色产品，并实现工业化生产，不断推广应用。

（三）节能减排投入与效果

2014 年太钢环境保护投资及支出 15 亿元，主要用于新项目建设和已投产环保设施的运行维护。太钢本部二次能源年回收量占总能耗的 50.1%，比 2013 年提高了 1.1 个百分点；余热余压年发电量占总用电量的 25.3%，比 2013 年提高了

4.3 个百分点。

2014 年太钢的吨钢综合能耗比 2013 年降低了 0.18%，工业水循环利用率保持在 98% 的水平。由于城市工业中水和生活污水处理能力提高，可供公司处理的城市工业废水和生活污水下降，补充新水量减少，从而使公司吨钢新水量消耗比 2013 年上升（见表 4–2）。

表 4–2　2010—2014 年太钢能耗、水耗指标情况

项　目	2010年	2011年	2012年	2013年	2014年
吨钢综合能耗（kgce）	554	542	542	542	541
吨钢新水消耗（m^3）	1.91	1.80	1.46	1.45	1.96

资料来源：太钢 2014 年社会责任报告。

2014 年太钢吨钢二氧化硫排放量比上年下降 18.37%，氮氧化物排放量比上年下降 1.37%，化学需氧量排放量比上年下降 5.66%，氨氮、吨钢粉尘排放量与上年基本持平（见表 4–3）。

表 4–3　2010—2014 年太钢主要污染物排放指标情况

项　目	2010年	2011年	2012年	2013年	2014年
吨钢烟粉尘排放量（kg）	0.44	0.42	0.38	0.377	0.38
吨钢二氧化硫排放量（kg）	0.82	0.57	0.50	0.49	0.40
吨钢氮氧化物排放量（kg）	1.848	1.659	1.406	1.385	1.366
吨钢化学需氧量排放量（kg）	0.030	0.029	0.027	0.0265	0.025
吨钢氨氮排放量（kg）	0.009	0.008	0.007	0.0067	0.0067

资料来源：太钢 2014 年社会责任报告。

2014 年太钢固废综合利用率比上年提高 0.04%，返回生产利用率比上年提高 1.38%；危险废物安全处置率为 100%（见表 4–4）。

表 4–4　2010—2014 年太钢副产品综合利用指标

项　目	2010年	2011年	2012年	2013年	2014年
固废综合利用率（%）	92.2	92.55	94.09	94.26	94.30
返回生产利用率（%）	22.1	23.2	28.48	28.67	30.05
危险废物安全处置率（%）	100	100	100	100	100

资料来源：太钢 2014 年社会责任报告。

第五章　2015年石化行业节能减排进展

石油和化学工业（简称石化行业）是国民经济重要支柱产业和基础产业，石化行业资金、资源、技术密集，经济总量大，产品应用范围广，产业关联度高，在国民经济中占有十分重要的地位，目前我国已成为世界石油和化工产品生产和消费大国，成品油、乙烯、合成树脂、无机原料、化肥、农药等重要大宗产品产量位居世界前列，基本满足国民经济和社会发展需要。2014 年石油和化工行业能耗量约 5.3 亿吨标煤，仅次于钢铁行业，约占全国能耗总量的 13%。

第一节　总体情况

一、行业发展情况

“十一五”以来，我国乙烯产量由 2005 年的 755.54 万吨上升到 2015 年的 1714.6

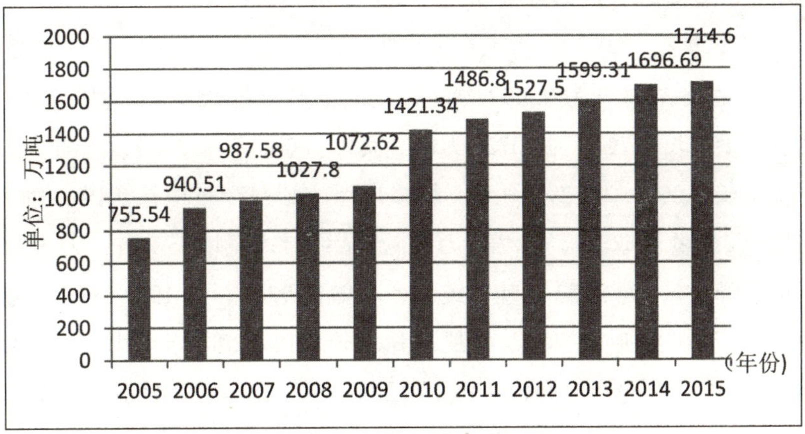

图5-1　2005—2015年我国乙烯产品年产量

资料来源：国家统计局，2016 年 1 月。

万吨，占全球乙烯产量的 11%（见图 5–1）；在世界排第二位，比第一位的美国（18%）少 7 个百分点，比第三位的沙特（10%）高 1 个百分点。

“十一五”以来，我国合成氨产量由 2005 年的 4596.25 万吨上升到 2015 年的 5791.39 万吨（见图 5–2）。“十二五”期间全球新建合成氨装置中有 1/3 来自我国。我国是世界上以煤为原料的合成氨产地，合成氨产业规模已居世界第一。

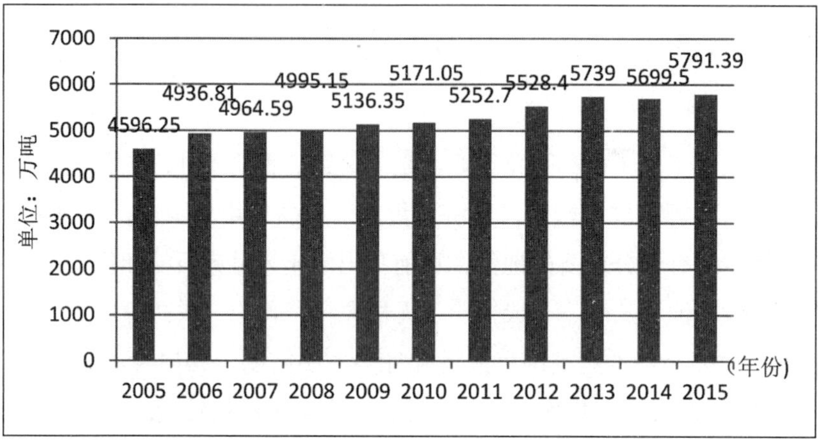

图5–2　2005—2015年我国合成氨产品年产量

资料来源：国家统计局，2016 年 1 月。

2015 年石化行业在国际原油价格大幅下跌的情况下运行基本平稳，转型升级稳步推进，产能过剩不断化解；虽然生产增长，进出口平稳，但效益下滑，投资动力不足，安全环保压力继续加大。

生产稳步增长。2015 年前三季度原油产量同比增长 2.5%，为 15973 万吨；原油加工量增长 3.2%，为 35482 万吨，成品油产量增长 4.7%，为 22368 万吨；成品油消费量增长 2.7%，为 20728 万吨，其中，柴油下降 2.4%，汽油增长 9.2%。乙烯产量增长 2.2%，为 1292 万吨，初级形态的塑料产量增长 9.1%，为 5643 万吨；合成橡胶产量下降 1%，为 381 万吨；合成纤维产量增长 12%，为 3235 万吨。烧碱产量下降 2%，为 2262 万吨；纯碱产量增长 2.9%，为 1936 万吨。化肥产量增长 8%，为 5704 万吨，其中，钾肥产量增长 4.1%，氮肥产量增长 6.4%，磷肥产量增长 13.7%。农药产量增长 3.1%，为 274 万吨。橡胶轮胎外胎产量下降 1.9%，为 69579 万条。电石产量增长 2%，为 1850 万吨。

行业效益继续下滑。2015 年三季度末，烧碱（片碱）平均价格同比下跌 2.2%，为 2250 元 / 吨；纯碱同比下跌 13.4%，为 1380 元 / 吨。尿素同比下跌 1.2%，为 1590 元 / 吨；国产磷酸二铵同比上涨 4%，为 2860 元 / 吨。电石同比下跌 10.8%，为 2320 元 / 吨。

二、行业节能减排主要特点

石化行业对能源的依赖度高，能源不仅为石化行业提供燃料和动力，也是某些产品的重要原料。其中，作为原料的能源量约占行业总能耗的 40%（不含原油加工）。2015 年石化行业围绕《石化和化学工业“十二五”发展规划》、《工业节能“十二五”规划》的目标任务，不断推进节能减排工作，具有以下特点。

（一）加大落后产能淘汰工作力度

近年来石化行业不断淘汰落后产能。2014 年目标任务为淘汰落后产能焦炭 1200 万吨；化纤 3 万吨；电石 170 万吨（见表 5–1）。

表 5–1　2014 年石化行业淘汰落后产能目标任务以及完成情况

行业	单位	2014年下达任务情况	2014年实际完成情况	超额完成量
焦炭	万吨	1200	1853	653
化纤	万吨	3	11	8
电石	万吨	170	194	24

资料来源：工业和信息化部，赛迪智库整理，2016 年 1 月。

2014 年淘汰落后焦炭产能实际超额完成 653 万吨，超出目标任务的 54%，为 1853 万吨；淘汰化纤产能实际超额完成 8 万吨，为 11 万吨；淘汰电石产能实际超额完成 24 万吨，超出目标任务的 14%，为 194 万吨。

（二）产品结构进一步优化

石化行业以实现总量平衡和行业的合理布局为目标，控制“三酸两碱”[硫酸、盐酸、硝酸和烧碱（氢氧化钠，NaOH）、纯碱]、电石等高能耗大宗基础化学品总量，改造或淘汰能耗高、污染重的落后产能和装置，促进先进产能置换落后产能。发展国民经济建设急需的新型专用化学品、化工新材料及中间体等高端石化化工产品以及工程塑料、特种合成橡胶等结构材料；加速发展高性能纤维及其增强复合材料以及以氟硅材料、功能性膜材料为代表的非金属功能材料、电子化学品、水处理化学品、环保型塑料添加剂等绿色低碳的高端产品，高性能、本质安全、环境友好的新型专用化学品成为石化行业新的增长点。

（三）主要工艺技术水平不断提升

石化行业立足现有企业和基础，加快新工艺、新技术、新材料、新装备的升级，加大技术改造投入，推进涉及硝化、光气化等15种危险化工工艺装置的重大危险源配套监控、设备自动化改造以及企业安全生产标准化工作。大型乙烯冷箱、乙烯裂解炉、聚丙烯成套设备、大型空气分离装置、化肥关键技术与装置已基本实现自主化；百万吨乙烯“三机”（裂解气、乙烯、丙烯压缩机）、循环氢压缩机、千万吨级炼油加氢反应器等关键设备实现国内制造；30万吨合成氨、百万吨乙烯、千万吨炼油等形成了成套工程化技术；甲醇制烯烃、煤制油、膜极距复极式离子膜电解槽、大规模二苯基甲烷异氰酸酯（MDI）、全氟离子膜工程技术、多喷嘴对置式水煤浆气化以及粉煤加压气化技术等一批关键技术及成套设备取得突破，相继建设了煤制油、煤制天然气、煤制烯烃、煤制乙二醇等示范工程。乙烯生产领域继续推广瓦斯回收、裂解炉空气预热、扭曲片强化传热等，氯碱生产领域膜极距离子膜电解槽、氧阴极低槽电压离子膜电解技术、低汞触媒技术、氯化氢合成余热利用技术得到推广，电石生产领域，电石炉尾气利用、空心电极等节能技术逐步推广，黄磷生产领域重点黄磷尾气深度净化及利用技术逐步推广。

（四）产品能耗不断降低

2015年石油和化学工业通过组织实施能效领跑者活动，石化行业产品能效水平不断提高，并且与国际先进水平之间的差距不断缩小，其中部分企业的能效已接近或达到了世界先进水平。本次能效领跑者活动涵盖乙烯、烧碱、纯碱、合成氨、硫酸、磷酸一铵、钛白粉、氧化铁系颜料、电石、黄磷、甲醇、磷酸二铵、原油加工、醋酸、聚氯乙烯等15个产品。通过组织开展能效领跑者活动，石化行业节能管理体系初步形成，节能技术创新取得新进展。全行业2014年万元收入能耗比上年下降0.1%，为375千克标准煤，其中化学工业万元能耗比上年下降2.7%，为412千克标准煤。

（五）节能管理不断加强

为推动企业持续推进节能减排，加强节能减排管理，2015年中国石油和化学工业联合会在前三年发布能效领跑者的基础上，组织开展了2014年度的石油和化工行业重点耗能产品能效领跑者评选，发布了《2014年度石油和化工行业重点耗能产品能效领跑者标杆企业名单和指标》。石油和化工行业以控制能耗总量、优化能源结构、提高能源利用效率、减少污染物排放为重点，分行业提出平均标准和先进标准，确立追赶的标杆，引导和组织企业开展能效和污染物排放强度对标工作。工业和信息化部牵头制定了高耗能行业能效“领跑者”制度实施细则，在乙烯、合成氨等行业先行开展能效“领跑者”，推动石化行业持续节能减排。

第二节　典型企业节能减排动态

一、中国石油

（一）公司概况

中国石油天然气集团公司（简称中国石油）于1999年组建，是国有重要骨干企业，以油气业务、石油工程建设、工程技术服务、金融服务、石油装备制造、新能源开发等为主营业务，是中国主要的油气生产商和供应商之一。2014年中国石油资产总额达3.9万亿元；实现营业收入2.7万亿元，净利润1238亿元，分别比上一年下降1.1%和12.1%；实现税费4070亿元。2014年，在世界50家大石油公司综合排名中位居第三，在《财富》杂志全球500家大公司排名中位居第四。中国石油目标是建成世界水平的综合性国际能源公司，实施战略发展，坚持创新驱动，注重质量效益，加快转变发展方式，努力实现到2020年主要指标达到世界先进水平，全面提升盈利能力和竞争能力，促进公司绿色发展和可持续发展。

2014年，中国石油国内外油气权益当量产量比2013年增长5.1%，接近25494万吨，其中，国内原油产量为11367万吨，国内天然气产量为955亿立方米，分别占全国原油总产量的54.2%，天然气总产量的74.8%。中国石油2014年有9项成果获得国家科技奖，其中“油气战略通道建设与运行关键技术”获得国家科技进步一等奖。2014年，中国石油运营油气管线延展长度达到7.9万千米；成品油销售量占国内市场份额40%以上，销售11702万吨；天然气销量比上年增长8.1%，达到1195亿立方米；车用柴油全部达到国Ⅳ标准。

（二）主要做法与经验

大力推行绿色发展。中国石油通过创新节能减排的理念、管理、技术和机制，不断提高能效和降低污染排放，继续以“十大节能工程”和“十大减排工程”为重点，推进公司节能减排工作。

加强节能新技术推广应用。强化能源评价管理和节能标准体系建设，加强节能技术示范工程建设，加快推广炼化能量系统优化等节能新技术，投入专项资金实施56项重点节能工程。实施中国石油宁夏石化“260万吨/年重油催化装置CO余热锅炉节能改造”等13项系统优化工程。举办重点装置流程模拟和系统优化技术培训，对炼化企业进行培训。

强化结构减排措施，加大污染物减排实施力度。对辽河油田热电厂、塔里木油田塔西南石化厂尿素生产装置实施关停；将重点减排工程纳入HSE信息系统进行调度，加强监控；加大对污染减排工作的考核力度，创建环境友好型企业。建成投运10项催化裂化烟气脱硫工程和3项炼化废水治理工程。

实施全产业链、全生命周期的生态环境管理。通过分析和评估上中下游各业务链条所面临的环境风险，调整优化工艺流程、技术和设备。对建设项目开展全过程环境管理，推行前置环评试点，严格执行环境保护设施与主体工程同时设计、同时施工、同时投产使用的“三同时”制度。

积极应对气候变化。主动适应全球绿色低碳发展趋势，通过调整业务结构，开发清洁低碳能源代替石油和煤炭，积极推动常规和非常规天然气开发利用。控制生产过程碳排放，实现产品生产、使用过程清洁化。提高能效，强化低碳科技攻关，增加碳汇，积极参与构建中国碳交易市场化机制，推动市场化节能减排，努力减少温室气体排放。

（三）节能减排投入与效果

2014年，公司全年未发生重大及以上环境污染和生态破坏事故，主要污染物排放量分别同比下降，实现节能量126万吨标准煤，节能量增加6.8%；节水量2462万立方米，节水量增加1%；节地1232公顷；主要污染物排放量实现同比下降（见表5-2）。

表5-2　近五年来中国化工节能减排相关指标情况

指标	单位	2010年	2011年	2012年	2013年	2014年
废水中石油类排放量	吨	778	721	650	624	507
节能量	万吨标准煤	187	122	131	118	126
节水量	万立方米	3821	2353	2435	2440	2462
节地	公顷	963	1080	1200	1225	1232

资料来源：2014年中国石油社会责任报告。

二、中国化工

（一）公司概况

中国化工集团公司（简称中国化工）是经国务院批准，于2004年5月组建的国有大型企业，隶属国务院国资委管理。2014年中国化工在世界500强中排名276位，比2013年提升79位，是我国最大的基础化学的制造企业。中国化工秉承“化工让生活更精彩”的发展理念，实现了超常规跨越式发展。2014年资产总额2936亿元，营业收入2545亿元，比2013年增加105亿元。中国化工目前主业为化工新材料及特种化学品、石油加工、化工装备、基础化学品、农用化学品、橡胶制品6个业务板块。

中国化工在全球140个国家和地区拥有生产、研发基地，并有完善的营销网络体系，集团有3家直管单位，6家海外企业，9家A股控股上市公司，24个科研、设计院所，106家生产经营企业，已形成集科研开发、工程设计、生产经营、内外贸易于一体的比较完整的化工产业格局。中国化工正在加快产业结构调整，以“新科学，新未来”为战略定位，逐步打造以材料科学为核心，以培育生命科学、环境科学为未来，以基础化工为战略保障支撑的“3+1”主业格局，努力持续创造经济价值和社会价值，成为资源节约、环境友好、本质安全型企业，以科学发展为主题，通过整合内部资源，优化产业布局和业务结构，淘汰落后产能，形成业务组合优化、世界级制造、投资和项目管理、营销和应用开发“四大核心能力”，创建国际一流企业。

（二）主要做法与经验

中国化工推进“零排放”管理，践行绿色低碳可循环的生产理念。充分发挥科技研发优势，提供节能环保产品与服务，以先进的管理和技术，实现污染排放最小化和资源效益最大化，为同行业企业发挥示范作用，推进化工行业的绿色转型。公司重视生产过程的清洁化，加大节能减排技术研发，从源头控制污染物的产生，积极发展循环经济，推进资源高效利用和循环利用，实现低消耗、低排放、高效率。

中国化工建立了覆盖集团的三级管理架构网络平台，建立了“对比先进、分析差距、持续改进、不断超越”的长效对标管理工作机制，不断优化完善环境管理模式，推进绿色工厂建设。针对氯碱行业高耗能的特点，中国化工组织集团内的13家氯碱企业和氯碱装备研发制造单位开展对标交流活动，共有180多个产品纳入对标范围。中昊晨光积极建设“绿色工厂”，投入近亿元，建成氟辛酸回收装置、生化处理装置、等离子焚烧装置等二十多套环保装置，遵循以前段综合利用为主、末端处理为辅的原则；建设2000吨等离子焚烧等项目，提高“三废”处理能力；通过实施源头综合利用项目——全氟辛酸回收新工艺项目，每年可节约资金1000万元以上。

中国化工以“开拓创新，持续改进，清洁生产”循环经济为理念，按照循环经济“减量化、再利用，资源化和减量化优先”的原则，推广先进的生产方式，从制度、技术、管理等方面提高资源利用效率，构建完善循环的经济产业体系，实现废弃物减量化和资源化，培育低消耗、低排放、低投入、高效率的增长型生产企业。进行节能宣传教育活动，提高员工节约用能和合理用能意识，从用水、用电、用纸、车辆使用、废弃物回收再利用等方面推进绿色办公，努力打造良好的生产建设环境和人居生活环境。

研发绿色环保产品，推广和应用环保新技术，促进化工行业低碳发展。积极研发、推广具有良好环境效益和应用前景的环保技术，例如光明院和大连工业大学联合研发纤维与成衣超临界二氧化碳无水染色技术，充分利用工业排放的二氧化碳替代传统水介质，通过生物色素超临界二氧化碳拔白、萃取、染色的方法，完成纤维材料染色过程的清洁化生产，从源头上解决水污染，实现资源合理循环利用；发挥化工专业技术优势与能源管理，加大低排放、低能耗产品开发，促进化工产业节能环保能力提升，实现“我投资、你节能、三方受益”的共赢局面。由天华院、浙江大学和天通吉成机器技术有限公司等共同完成的“污泥搅动型间接热干化和复合循环流化床清洁焚烧集成技术”项目，具有热利用率高、能耗低、投资小、易于实施等优点，能实现污泥的减量化、无害化、资源化与能源化综合利用，获2014年国家科技进步二等奖。

（三）节能减排投入与效果

中国化工2014年继续推进“零排放”管理，合理利用资源，通过技术创新、装置升级、“脱瓶颈”改造、淘汰高耗能产品、调整产品结构等途径，促进节能减排，完成各项节能减排预定目标。

2014年，中国化工万元产值综合能耗同比下降3.7%，废水排放总量同比下降2.2%，COD排放量同比下降2.4%（见表5-3）。

表 5-3 近五年来中国化工节能减排相关指标情况

指标	单位	2010年	2011年	2012年	2013年	2014年
营业收入	亿元	1402	1724	2017	2440	2545
科技研发投入	亿元	26.06	40.32	40.66	41.50	38.83
万元产值综合能耗	吨标煤/万元	1.52	1.23	1.18	1.09	1.05
废水排放总量	万吨	11295	11042	10799	10502	10270
COD排放量	吨	13401	13079	12804	12462	12168

资料来源：2012—2014 年中国化工社会责任报告。

第六章　2015年有色金属行业节能减排进展

有色金属工业以开发利用矿产资源为主，是国家经济、国防建设、科学技术等发展的重要物质基础，对提升国家综合实力和保障国家安全等方面具有重要作用。有色金属行业能源消耗总量约占工业能源消耗总量的 6%，是我国能源资源消耗和污染物排放的重点行业之一。

第一节　总体情况

一、行业发展情况

自 2002 年我国十种有色金属产量超越美国，成为世界上第一大有色金属生产国，有色金属产量已连续 13 年位居世界第一，2015 年产量达到 5090 万吨，继续保持世界有色金属生产大国地位。2005 年以来有色金属产量变化如图 6-1 所示。

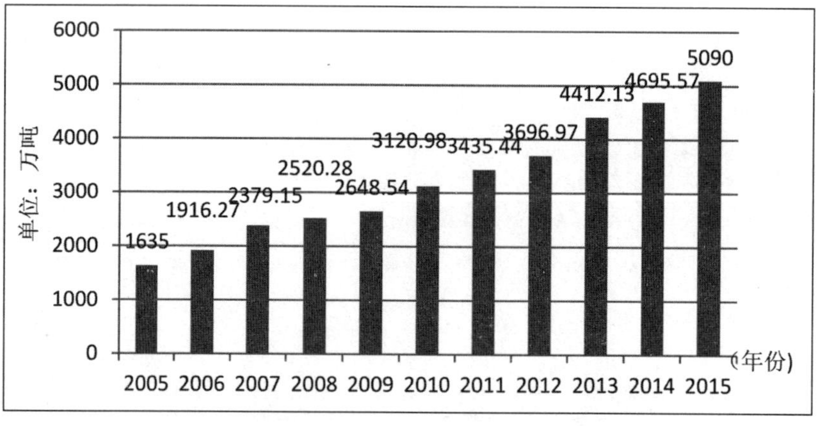

图6-1　2005—2015年我国十种有色金属产量

资料来源：国家统计局，2016 年 1 月。

2015 年，全国十种有色金属产量同比增长 5.8%，为 5090 万吨，增速同比回落 1.4%。电解铝产量增长 8.4%，为 3141 万吨，提高 0.7 个百分点；铜产量增长 4.8%，为 796 万吨，回落 9 个百分点；铅产量下降 5.3%，为 386 万吨，降幅同比收窄 0.2 个百分点；锌产量增长 4.9%，为 615 万吨，回落 2.1 个百分点。氧化铝产量增长 9.6%，为 5898 万吨，提高 2.5 个百分点。

主要有色金属价格略有下跌。12 月份，上海期货交易所电解铝平均价格为 10180 元 / 吨，比 2014 年同期下跌 24.7%；铜平均价格为 34820 元 / 吨，比上年同期下跌 26.3%；铅平均价格为 12606 元 / 吨，比上年同期下跌 5.7%；锌期货平均价格为 12659 元 / 吨，比上年同期下跌 24.5%。

二、行业节能减排主要特点

（一）产业结构进一步优化

《有色金属工业“十二五”发展规划》提出“十二五”末，前 10 家企业的冶炼产能占全国的比例为铜 90%、电解铝 90%、铅 60%、锌 60%，明确了有色金属行业在调整优化产业布局、推进企业重组方面的具体任务。2015 年企业避免破产清算，推动依托资本市场进行兼并重组，有色金属优质矿山和冶炼资产整合，加强了大集团对金属资源和产能的控制能力，改善行业有序竞争，加速过剩产能退出。有色金属行业骨干企业采取限产保价，精炼铜规划减产 35 万吨，约为国内需求的 5%；电解铝规划减产 50 万吨，约为国内需求的 2%；精炼锌规划减产 50 万吨，约为国内需求的 8%。有色金属行业继续推动国有企业上市公司合并重组，不断加快央企集团内部的整合步伐，加速央企之间合并重组。

（二）落后产能淘汰工作取得新进展

近年来有色金属行业不断淘汰落后产能。2014 年目标任务为淘汰落后产能铜冶炼 51.2 万吨，电解铝 42 万吨，铅冶炼 11.5 万吨（见表 6–1）。

表 6–1　2014 年有色金属行业淘汰落后产能目标任务以及完成情况

行业	单位	2014年下达任务情况	2014年实际完成情况	超额完成量
电解铝	万吨	42	50.5	8.5
铜冶炼	万吨	51.2	76	24.8
铅冶炼	万吨	11.5	36	24.5

资料来源：工业和信息化部，2016 年 1 月。

2014 年淘汰落后电解铝产能实际超额完成 8.5 万吨，超出目标任务的 20%，为 50.5 万吨；淘汰铜冶炼产能实际超额完成 24.8 万吨，为 76 万吨；淘汰铅冶炼产能实际超额完成 24.5 万吨，为 36 万吨。

（三）不断加大技术引导力度

有色金属工业积极推进落实《工业节能“十二五”规划》提出的全面推广、重点推广、示范推广、研发推广的技术装备，以及《有色金属行业“十二五”科技发展规划》提出行业由能源消耗型向节约型转变，落实提出的“五个重大基础科学问题、开展十项前沿技术研究、突破十项行业重大关键技术、建设十个产业技术示范工程、建设十个资源综合利用基地、形成十个有色金属战略新型产业基地”等具体目标和实现途径。重点推广铜冶炼先进熔池熔炼技术、新型铝电解节能技术、铅冶炼液态高铅渣直接还原技术、新型蓄热竖罐还原炉炼镁技术，高浓度氨氮废水资源化处理技术、非皂化萃取分离稀土技术、锌精矿焙烧烟气净化除汞技术等一批先进适用的节能减排技术等。

（四）不断加强节能管理

有色金属行业积极开展能源管理体系和能源管控中心建设，组织企业开展能效对标达标等，不断深化企业节能管理工作。2009 年以来，工业和信息化部在有色金属行业开展了能源管理中心示范建设项目，有效提高了有色金属参与企业能源管理水平和能源利用效率，取得了良好的示范效应。2014 年为了进一步加强有色金属行业能源管理水平，提高能源利用效率，制定了有色金属行业能源管理中心建设实施方案，明确行业能源管理中心建设的基本要求、建设内容、验收标准等事项。计划在 2020 年前，在有色金属行业建设 80 个企业能源管理中心，其中，铜冶炼企业约 15 个，铅锌冶炼企业约 20 个，铝（含氧化铝）冶炼企业约 30 个，其他有色金属企业约 15 个。

（五）再生有色金属行业管理日趋规范

再生金属回收利用是有色金属工业节能减排的重要途径，随着再生有色金属企业的利润率不断降低，倒逼企业注重内部挖潜，不断提高精细化综合管理水平，有效提高资源回收率和综合利用率，降低能耗水平和生产成本。一方面，下游企业积极尝试向上拓展，如一些铝合金压铸企业建设再生铝项目、铅电瓶企业建设再生铅项目等。另一方面，上游企业逐渐意识到再生行业的潜力，开始向下延伸，如一些钢铁企业改变了简单外售烟道灰 / 瓦斯泥的模式，采取自建或合作的方式综合回收利用，提取锌等有价金属；而再生铜企业也在向铜深加工方向发展，如生产铜杆、铜板带等。“十二五”以来，国家加大了对再生有色金属行业重点领域和重点项目政策和资金的支持，将一批有一定规模的再生金属企业列入循环经济试点。再生金属大中型企业通过增大在自动化技术和资源综合利用技术方面的投资力度，自主创新能力不断增强，国产装备的技术水平逐步提升，部分企业的技术和装备已经接近或达到国际先进水平。据统计，我国年产量规模 30 万吨以上再生铝企业（集团）5 家；10 万吨以上再生铜企业有 6 家；产能 2 万吨以上的再生锌企业超过了 15 家，已有 8 家再生铝企业通过铝行业规范条件；2 家再生铅企业通过行业准入；行业管理日趋规范。

第二节　典型企业节能减排动态

一、中国铝业

（一）公司概况

中国铝业公司（简称中国铝业）成立于 2001 年 2 月 23 日，为中央直接管理的国有重要骨干企业。公司主要从事非石油、天然气矿产资源的勘探、开发以及矿产品经营；有色金属冶炼与加工；相关贸易及工程技术服务等。目前公司设有铝业、铜业、稀有稀土三大主业板块以及矿产资源、工程技术、能源、资产、海外业务、国际贸易、金融等相关业务板块。拥有 6 个国家级企业技术中心和分中心，1 个国家铝冶炼工程技术研究中心，在国内外搭建了 3 个产学研合作平台，拥有 6 家上市企业，国内企业分布在 23 个省（自治区、直辖市），在 12 个国家和地区设有分支机构，海外资产 1495 亿元，业务遍布全球 20 多个国家和地区，2014 年公司资产总额 4863.37 亿元，完成工业总产值 1664.31 亿元，实现销售收入 2800.08 亿元，在世界 500 强企业中排名第 227 位，连续七年入选。

中国铝业“十二五”前四年实现节能量 365 万吨标煤，能效水平由行业落后上升到中上水平，正在向一流水平迈进。“十二五”以来，中国铝业以项目制抓重点能效指标改善，取得了显著的能效提升业绩，提前完成国资委要求的到 2015 年吨氧化铝综合能耗下降 2.5%、吨铝锭综合交流电耗下降 1.65%、吨铜冶炼综合能耗下降 16.64% 的目标。

（二）提升绿色发展品质

中国铝业以保护生态环境，促进清洁生产，提高资源利用效率，促进可持续发展为宗旨，坚持“预防为主、源头控制、综合利用、持续改进”的原则，把环境保护与生产发展相结合，将环境保护管理指标纳入公司发展规划和生产经营计划，逐步完善环境管理体系，实行节能环保目标责任制，建设环境管理的绿色平台。2014 年，积极探索，通过将职业健康安全和环境管理体系、安全生产标准化和精益生产理论进行有机整合，形成了具有中国铝业特色的一体化安全环保健康管理体系，编制完成了《中国铝业公司 HSE 管理体系标准（初稿）》。公司将污染防治融入企业运营全过程，规范废水、废气和固体废弃物管理，减少“三废”排放，最大限度地降低运营对环境的不良影响，制定了严格的废水、废气和固体废弃物排放制度，且标准高于国家和行业的相关标准。

中国铝业以“善待资源、善用资源”的理念，通过强化资源管理、推进技术改造、发展循环经济，提高资源利用效率，合理开发、使用和保护有限的自然资源。公司通过转变生产方式，改进工艺技术，提高尾矿回采率和矿石综合利用率，实现资源的合理开采和高效利用；建设数字化矿山，促进信息化与工业化结合，走新型工业化道路。2014 年，中国铝业山西分公司孝义铝矿、云铜集团旗下云南思茅山水铜业公司大平掌铜矿、楚雄矿冶郝家河铜矿获得“第四批国家级绿色矿山试点单位”称号。云铜集团为了突破环保和成本双重“瓶颈”，通过校企合作，找到了将危险固体废弃物转变为一般固体废弃物进而资源化的方法，把危险固体废弃物无害化、稳定化，从根本上消除了危险源，降低了处理成本。

中国铝业持续推进能效提升，从能源生产到消费的各个环节，降低能源资源消耗、减少损失和污染物排放，有效、合理地利用能源。不断提升能效管理水平，持续推进能效管理，实行节能目标责任制和节能考核评价制度；鼓励支持节能环保新技术的研发、示范和推广，在生产的各个环节关注能源消耗，不断减少损失、制止浪费，有效、合理地利用能源，例如广西分公司通过实施《创建能源效率“模范车间”和“示范工厂”工作规划（2013—2015 年）》，在占能耗较大并与能耗紧密相关的 17 个车间中开展“能效达标车间”创建评比活动，以能效培训、能源成本及损失点分析、KPI 管理、建立业绩对话机制、操作管理、设备维护等为重点，推动创建工作的开展；由创建“能效达标车间”的分厂负责人、能源业务主管负责督导工作，促进能源管理效率提升。2014 年，中国铝业持续推进能效模块化管理，对公司电机等五大重点用能部位进行识别，发布了《中国铝业公司能源效率模块应用手册》，推进58个能效改善项目，产生了100万吨标煤节能量。

中国铝业以打造绿色产业链为目标，致力于最大限度开发利用可再生能源，实施源头节能减排战略。截至2014年，中铝宁夏能源集团建成风、光新能源发电装机容量1411兆瓦，约占宁夏回族自治区全区新能源发电装机容量的25%。每年向社会提供绿色电力约24亿度，相当于每年可节约标准煤量约79万吨，减少主要污染物排放量二氧化碳约240万吨，二氧化硫约7.2万吨，氮氧化物约3.6万吨，为宁夏的节能环保作出了突出贡献

中国铝业发挥在国内有色金属冶炼技术研发和应用方面独有的专业优势，围绕降低有色金属生产过程中的温室气体排放，强化技术创新，推进低碳产业和技术。2014年，公司积极参与碳资产的开发与应用，推动低碳产业的发展。中铝宁夏能源集团在联合国CDM执行理事会注册了28个CDM项目，签发的减排量累计达228.5万吨，公司碳资产开发收益1.09亿元。

（三）节能减排投入与效果

2014年，中国铝业坚持绿色发展、生态发展的理念，推进节能减排，保护生态环境，促进清洁生产，发展低碳经济，实现企业与自然的和谐发展。公司优先安排环保资金8.5亿元，重点推进了一批环保提标改造和山东、中州、山西、广西、河南分公司赤泥堆场建设项目。强化节能减排和能效提升，全年实现同比节能117万吨标煤（见表6-2）。

表6-2 2013—2014年中国铝业节能减排相关指标情况

指标	单位	2013年	2014年
固体废物综合利用率	%	24.5	25.61
二氧化硫排放量同比下降	%	—	6.21
化学需氧量排放量同比下降	%	3.03	5.56
氨氮排放量同比下降	%	—	3.67
氮氧化物排放量同比下降	%	5.01	4.67

资料来源：2013—2014年中国铝业社会责任报告。

中国铝业通过降低电解铝综合能耗，提高能源利用率，为实现节能减排、降本增效提供了技术保障。2014年，氧化铝综合能耗同比下降11.19%，铝锭综合

交流电耗同比下降142kW·h/t，铝加工材综合能耗同比下降28.24%，铜材综合能耗同比下降12.90%，精炼铜综合能耗同比下降1.45%。

二、中国黄金

（一）公司概况

中国黄金集团公司（简称中国黄金）是国务院国资委管理的中央企业，其前身是1979年成立的中国黄金总公司，2003年初组建为中国黄金集团公司。中国黄金是中国黄金协会会长单位，是世界黄金协会在中国的会员单位。

中国黄金主要从事金、银、铜、钼等有色金属的勘察设计、资源开发、产品生产、工程总承包以及贸易等业务。公司拥有分布于国内26个省区以及部分海外地区的二级子公司57家，其中上市公司2家（“中金黄金”以及“中金国际”）；下设中金黄金、中金国际、中金珠宝、中金建设、中金资源、中金辐照、中金贸易7大板块；在我国重要成矿区带，规划了20个黄金生产基地和3个有色生产基地；拥有我国黄金行业唯一的国家级黄金研究院、黄金设计院和两个高新技术产业示范基地；拥有独立自主知识产权的生物氧化提金技术和原矿焙烧技术，以及代表我国同行业最高水平的“99.999极品黄金”精炼技术。

（二）坚持绿色和谐发展

中国黄金以优化采矿损失率、矿石贫化率、选矿回收率、设备运转率和劳动生产率为手段，抓好生产各环节的节能工作，通过精细化管理、采用先进技术装备和生产工艺推进节能工作。健全了能源管理体系，企业各种能源消耗规范计量，健全能源计量体系和统计监测体系，企业每月向集团公司报送节能减排监测报表，集团公司定期总结分析企业能源消耗情况。

中国黄金把利用可再生能源作为节能减排措施之一，鼓励下属企业应用可再生能源，支持和扶持坐落在山区，水资源丰富的矿山企业，通过建设水电厂和改造扩大发电能力等措施，有效利用区域水能资源，在降低企业生产成本的同时，解决了附近农民用电，带动了当地经济发展。鼓励企业利用太阳能加热、采暖和照明等，通过汇总各企业总结可再生能源的利用情况，选择节能成果好的技术产品在集团公司组织推广。中国黄金下属冶炼企业已全部将焙烧炉余热回收利用，解决了冶炼企业冬季取暖问题，节约了大量原煤。

中国黄金将水的循环利用、节约用水作为优先原则，积极减少废水排放，公司大力推广尾矿压滤干排技术，要求采用氰化工艺产生的尾矿必须干排，最大限度地实现水的循环利用；采用浮选工艺产生的尾矿原则上应实现高浓度排放，回收尾矿中的水送回选矿流程循环使用；通过各种节水措施，公司的水循环利用率达到96%，达到国际先进水平。企业生活污水经污水处理站处理后，用于采矿场洒水、车间地面冲洗、矿区道路洒水、排土场洒水及工业场地绿化等；选矿厂工艺水和尾矿浓缩水，分别直接返回或通过选矿厂回水系统返至选矿厂高位水池内重复利用，不向外环境排水。

中国黄金开展绿色矿山建设，组织了30家企业申报并获准了国家级绿色矿山试点单位，占全国黄金行业绿色矿山数量的45%。在已获准的30家国家级绿色矿山试点单位中，铁矿企业2个，铜钼企业3个（不含2个金铜共生企业），黄金生产矿山25个。分布在河北、内蒙古、吉林、辽宁、河南、湖北、安徽、江西、广西、贵州、甘肃、陕西、新疆等13个省区。

中国黄金积极发展清洁生产工艺，加强“三废”治理，有效地消除、削减控制重金属污染源，从原料到产品最终处理的全过程中减少“三废”的排放量，从源头减少土壤污染，以减轻对环境的影响。例如内蒙古太平公司通过引进埋管滴淋技术和贵液池覆盖技术，采用大规模露天开采及单体堆浸技术，在保证矿山在北方寒冷地区全年候生产运营的同时采用全密闭循环工艺系统，实现了生产废水的零排放，为矿山行业节约水资源和环境保护树立了典范。

（三）节能减排投入与效果

中国黄金2014年环境保护总投入2亿元。全年能源消耗总量29.3964万吨标煤，排放温室气体208225吨，单位工业增加值新鲜水耗23.54立方米/万元。公司权属企业排放二氧化硫483吨，比2013年减少10吨；排放化学需氧量1980吨，比2013年减少45吨。2011—2014年中国黄金新能源和可再生能源使用情况如表6-3所示。

表6-3　2011—2014年中国黄金新能源和可再生能源使用情况

指标	单位	2011年	2012年	2013年	2014年
新能源和可再生能源使用量	吨标煤	6221	6754	13558	13610

资料来源：2014年中国黄金社会责任报告。

第七章　2015年建材行业节能减排进展

建材行业是我国重要的原材料工业，也是我国能源资源消耗和污染物排放的重点行业之一。建材产品包括建筑材料及制品、非金属矿及制品、无机非金属新等，广泛应用于建筑、环保、军工、高新技术产业和人民生活等领域。我国是世界上最大的建筑材料生产国和消费国，主要建材产品如水泥、平板玻璃、建筑卫生陶瓷、石材和墙体材料等产量多年居世界第一位。

第一节　总体情况

一、行业发展情况

“十一五”以来，我国水泥和平板玻璃产量大幅提升、经济规模有所扩大。中国水泥产量保持较高的增长速度，水泥产量长期稳居世界第一位。2014 年水泥产量达到 24.92 亿吨，2015 年水泥产量为 23.48 亿吨，占全球水泥产量的 60% 以上（见图 7–1）；2014 年平板玻璃产量为 8.31 亿重量箱，2015 年平板玻璃产量为 7.39 亿重量箱（见图 7–2）。

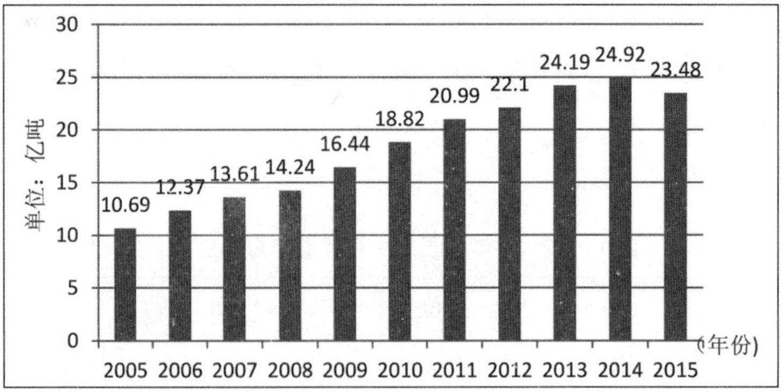

图7–1　2005—2015年我国水泥产品年产量

资料来源：国家统计局，2016 年 1 月。

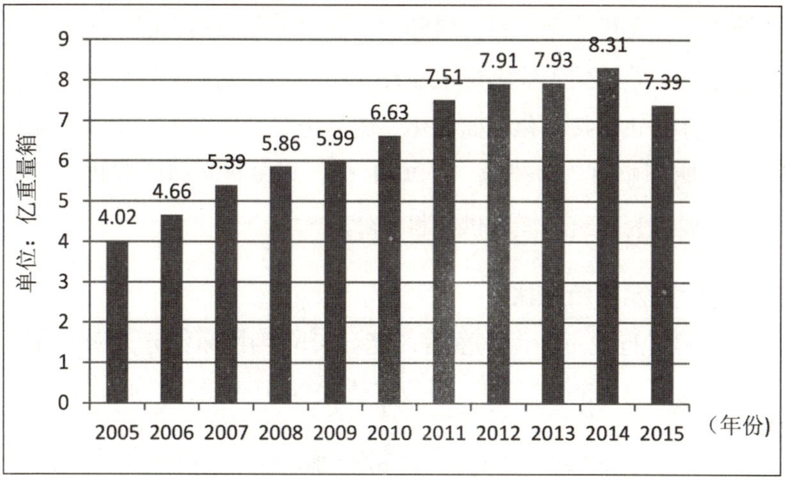

图7-2　2005—2015年我国平板玻璃产品年产量

资料来源：国家统计局，2016年1月。

2015年，全国水泥产量同比下降4.9%，为234796万吨，上年为增长1.8%；商品混凝土产量增长2.1%，为164131万立方米，增速同比回落9.3个百分点。平板玻璃产量下降8.6%，为73863万重量箱，而上年增长1.1%。

水泥价格略有回落，平板玻璃价格略有回升。12月份，全国水泥市场（P.O 42.5散装）平均价格同比下跌65元/吨，为242元/吨，跌幅为21.2%。平板玻璃（原片）出厂价同比下跌0.87元/重量箱，为56.51元/重量箱，跌幅为1.5%。

二、行业节能减排主要特点

2015年是落实《工业节能“十二五”规划》《建材工业“十二五”发展规划》收官之年，产业结构进一步优化，产能严重过剩的水泥、平板玻璃等产业新增势头得到一定遏制；落后产能不断淘汰；技术进步步伐加快；节能管理不断加强，节能减排具有以下特点。

（一）产业结构进一步优化

“十二五”以来，建材行业将控制新增产能作为行业结构调整的重点，促进低排放、低能耗、高附加值新兴产业的发展，大力推广节能减排技术，提升产业技术水平；大力发展加工制品业和高附加值产品。不断推进上下游协同联动，加快新技术、新产品、新工艺和新装备的开发，扩大低消耗和低排放的绿色建材、非金属矿深加工、无机非金属新材料和生产性服务业规模，削减主要污染物排放总量，降低建材工业单位工业增加值能耗、物耗和二氧化碳排放量。积极推进水泥行业向“高标号化、特种化、商混化、制品化”方向发展，提高产品品质和附加值。引导玻璃行业向“高档化、LOW-E 化、超薄化、高性能化”的节能和高附加值方向发展，为建筑节能提供材料保障。

（二）落后产能不断淘汰

近年来，建材行业不断淘汰落后产能。2014 年目标任务为淘汰落后产能水泥（熟料及粉磨能力）5050 万吨，平板玻璃 3500 万重量箱（见表 7-1）。

表 7-1　2014 年建材行业淘汰落后产能目标任务以及完成情况

行业	单位	2014年下达任务情况	2014年实际完成情况	超额完成量
水泥	万吨	5050	8773	3723
平板玻璃	万重量箱	3500	3760	260

资料来源：工业和信息化部，赛迪智库整理，2016 年 1 月。

2014 年淘汰落后水泥（熟料及粉磨能力）产能实际超额完成 3723 万吨，超出目标任务的 73.7%，为 8773 万吨；淘汰平板玻璃产能实际超额完成 260 万重量箱，超出目标任务的 7.4%，为 3760 万吨。

（三）技术进步步伐加快

在《建材行业“十二五”发展规划》的基础上，建材行业协会制定了建材主要产业的科技创新与结构调整的工作路线图，从高温窑炉节能、环保和低碳化技术，材料绿色、低碳、高性能化的基础理论研究，大型节能粉磨技术与装备，非金属矿物材料开采及深加工技术，战略性新兴产业新材料技术，高性能绿色节能建材及其先进制造技术等七个方面开展大宗废物无害化安全处置和资源化综合利用。发布了水泥、平板玻璃、建筑卫生陶瓷、墙体材料等重点产业新技术新产品推广目录，加速推广除尘、脱硫、脱硝等适用技术应用，利用水泥窑协同处置城市垃圾和产业废弃物呈现良好发展势头，闪烁晶体、耐高压复合材料气瓶、精细陶瓷等产业化技术逐渐成熟，制造执行系统（MES）、企业资源计划（ERP）在骨干企业推广应用，信息化技术渗透加快，电子商务发展快速，两化融合不断深化。

（四）促进绿色建材生产和应用

工业和信息化部会同住房和城乡建设部为更好地服务新型城镇化建设和绿色建筑的发展，促进绿色建材生产和应用，制定发布了《促进绿色建材生产和应用行动方案》。行动方案以绿色建材生产和应用突出问题为导向，通过实施建材工业绿色制造行动、绿色建材评价标识行动、水泥与制品性能提升行动、新型墙体和节能保温材料革新行动、陶瓷和化学建材消费升级行动等，实现建材工业和建筑业稳增长、调结构，从而实现转发展方式，推动绿色建筑发展、绿色城市建设。方案提出到 2018 年，绿色建材在行业主营业务收入中占比提高到 20%，品种质量满足绿色建筑需要，与 2015 年相比，建材工业单位增加值能耗下降 8%，氮氧化物和粉尘排放总量削减 8%；新建建筑中绿色建材应用比例达到 30%，绿色建筑应用比例达到 50%，试点示范工程应用比例达到 70%，既有建筑改造应用比例提高到 80%。

第二节　典型企业节能减排动态

一、中国建材

（一）公司概况

中国建筑材料集团有限公司（简称中国建材）是 1984 年经国务院批准设立，2003 年成为国务院国有资产监督管理委员会直接监督管理的中央企业。中国建材集科研、制造、流通于一体，拥有产业、科技、成套装备、物流贸易四大业务板块，是中国综合性建材产业集团。中国建材拥有成员企业 1100 余家，控股上市公司 6 家，成员企业遍布全国 30 个省区市，业务覆盖全球 120 多个国家和地区。

2014 年，中国建材集团资产总额 4069.31 亿元，营业收入 2504.3 亿元，利润总额 130.1 亿元，上交税金 146.4 亿元，员工总数 17.7 万名，根据《财富》杂志全球企业 500 强排名，中国建材集团位列第 267 位，成为全球第二大建材产业集团，中国企业 500 强第 41 位。

（二）助力绿色工业

中国建材通过源头削减、过程控制和末端治理三大途径，在技术改造、智能控制和精益管理三大领域内，为工业企业提供检测诊断、改造升级、智控系统、专家咨询和融资管理五大低碳服务，持续提升工业能效与环保水平、实现可持续发展，实现全生命周期的绿色制造。

中国建材矿山爆破采用多排孔微差爆破方式，减少爆破震动及资源浪费；矿山开采采用横向采剥，自上而下分水平台阶进行，防止地质灾害发生。同时重视矿山复垦和厂区绿化，打造国家级绿色矿山和花园式的生态工厂。在运输方面建设封闭式皮带长廊，避免汽车运输造成的扬尘和耗能。及时淘汰落后生产设备，通过窑炉改造升级，提高燃烧效率。

中国建材在污染物控制方面，通过建设脱硝系统，大幅削减氮氧化物排放量；采用信息化控制技术，合理控制还原剂使用量，延长系统使用寿命、控制还原剂耗用量和脱硝成本；实施分级燃烧技术改造，提高能效的同时，控制氮氧化物等污染物的生成；采用袋式除尘技术，废气中工业粉尘、烟尘等达标排放。在应用能源方面采购清洁能源，减少废气中的二氧化硫等污染物的形成和排放；同时充分利用低品位能源和可再生能源，实现生产线综合利用煤矸石、污泥、城市垃圾等可燃废物替代煤炭等化石能源。

中国建材通过实施电机系统变频改造、建设专家控制系统、实施错峰生产等电力节能措施，提升用电效率和用电安全。在符合建设条件的生产线建设余热发电装置，将生产过程中的废热转化为电能，回供到生产线上使用，减少外购电力的使用量。协同处置工业固体废弃物，减少天然矿产资源的消耗和使用。

中国建材准确测定不同批次矿产资源的成分数据、制定合理的原料配比方案，有效使用低品位矿石，提高均化效果，充分发挥矿产资源价值。重视水资源的保护，余热系统及冷却系统用水均实现循环利用；冲洗等辅助工艺用水也通过沉降和污水处理系统实现有效回用。对生产过程中产生的废渣、回收的产品外包装、不合格产品等进行加工再处理，经检验合格后作为原材料循环利用，实现自产固体废弃物回收利用。协同处置工业固体废弃物，减少天然矿产资源的消耗和使用。

中国建材一方面通过坚持绿色制造降低建材生产能耗，另一方面研发生产绿色建材、新型房屋体系，打造“零排放”、“加能源”、“未来芯”住宅。从节能、安全、舒适、生态四个核心理念出发，研究开发新型建筑材料。提高产品的保温、隔热性能，比如在墙体板材中加入混合相变微胶囊的相变石膏板，可以将室内温度控制在较窄的变化范围内，增加居住环境的舒适性并降低建筑能耗。选用环保安全的原材料，保证使用和居住安全，比如研发生产净醛石膏板，添加甲醛分解剂，有效分解环境中的甲醛，净化率高达93.9%。提高产品质量、延长使用寿命，减少重复生产；开发使用工业废弃资源作为原材料生产建材产品，减少天然矿产的耗用量；生命周期结束后可最大限度循环使用或有效处置。

（三）节能减排投入与效果

2014年，中国建材能源消耗总量为3073万吨标煤，节能减排投入18亿元。固体废弃物消纳能力为1亿吨；厂区平均绿化率为22.2%；荣获国际级绿色矿山称号8个。

2014年水泥产品单位能耗为64.45千克标煤/吨，万元产值新鲜水耗为6.2吨/万元，吨水泥熟料新鲜水耗为0.4吨/吨水泥熟料，循环水利用率90.3%；固体废弃物消纳量77881.7万吨，其中消纳污泥137万吨，危险固体废弃物无害化处置量42.3万吨，自产固体废弃物消纳率为98%。余热发电装机容量为2003兆瓦，余热发电实际发电量为72.3亿千瓦时（见表7–2）。

表7–2　近五年来中国建材节能减排相关指标情况

指标	单位	2010年	2011年	2012年	2013年	2014年
万元产值综合能耗	吨标准煤/万元	2.15	1.97	2.17	2.04	2.03
万元产值二氧化硫排放量	千克/吨	2.33	1.60	1.45	1.39	1.36
万元产值COD排放量	千克/吨	0.12	0.12	0.07	0.07	0.06
吨水泥综合能耗	千克标准煤/吨	76.73	61.33	62.06	63.53	64.45
吨水泥熟料氮氧化物排放量	千克/吨	1.45	0.92	0.78	0.89	0.76

资料来源：2014年中国建材社会责任报告，赛迪智库整理，2016年1月。

二、海螺水泥

（一）公司概况

安徽海螺水泥股份有限公司（简称海螺水泥）成立于1997年9月。同年10月21日在香港上市，公司主要从事水泥及商品熟料的生产和销售。海螺水泥先后建成了铜陵、英德、池州、枞阳、芜湖5个千万吨级特大型熟料基地，在安徽芜湖、铜陵兴建的3条12000吨生产线，能够代表当今世界先进水平。公司下属100多家子公司，分布在安徽省内基地和12个区域，形成了集团化管理和国际化、区域化运作的经营管理格局。

2014 年，海螺水泥着力转变企业发展方式，充分利用国内外两个市场、两种资源，加快海外发展步伐，转移国内过剩产能，培育新的增长点，海外首个项目——印尼南加海螺一期 3200t/d 水泥熟料生产线顺利建成投产，印尼孔雀港粉磨站等工程项目建设有序推进；缅甸皎施水泥项目 BOT 合作协议正式签署，新建 5000t/d 熟料生产线正式开工建设。

2014 年，海螺水泥主营业务收入 589.65 亿元，较上年增长 8.79%，实现归属于上市公司股东的净利润 109.93 亿元，较上年增长 17.19%；上缴各类税费 87.13 亿元。新建和收购兼并共计新增熟料产能 2450 万吨、水泥产能 3693 万吨；熟料产能达 2.12 亿吨，水泥产能达 2.64 亿吨。

（二）促进绿色发展

海螺水泥坚持生产经营和环境保护相协调的原则，水泥工厂从设计到建设，注重与周边生态环境的协调统一，保持周边地区原生态不变，最大限度地实施美化绿化。公司注重环保设施投入，做到环保设备与主体工程同时设计、同时施工、同时投入使用，真正从硬件上确保做到清洁生产，保护环境。

海螺水泥大力推进清洁生产审核，通过节能、降耗、减污、增效，宗旨是提高资源利用效率，减少或避免生产过程中的污染物的产生和排放。截至 2014 年年底，共有 53 家子公司通过了地方环保部门组织的清洁生产审核评估、验收。公司创新低氮分级燃烧技术，实施氮氧化物减排技改，共有 119 条熟料生产线完成了脱硝项目的技改，综合脱硝效率达 60%，排放浓度均符合新的排放标准，即公司提前半年实施环保部颁布的新标准。公司通过加强收尘设备的精细化管理、优化操作，更换滤料或技改等措施进一步降低颗粒物排放浓度。

海螺水泥发展循环经济，引领产业升级。在国内率先开发利用水泥窑无害化处置生活垃圾技术、水泥纯低温余热发电技术，公司注重资源的综合利用，将工业固体废弃物变废为宝，推动中国水泥工业的可持续发展。利用新型干法水泥窑协同处理城市生活垃圾技术可彻底降解二噁英、吸纳固化重金属、无害化处理污水，真正实现垃圾处理的零排放，是水泥工业发展循环经济，打造绿色环保产业的突破。2014 年，公司在有条件的地区大力推广应用水泥窑处理垃圾系统，尤其是西部部分地区是特殊的喀斯特地貌，贵定海螺、遵义海螺、平凉海螺的垃圾处理项目已建成投入运行，运行状况良好。重庆海螺、贵阳海螺、石门海螺等 9

个水泥窑处理垃圾项目已开工建设。这些项目建成后，海螺水泥日处理垃圾量可达 3000 吨。海螺水泥大力推广余热发电技术，公司于 2005 年开始大规模建设余热发电，目前所有熟料生产线均已配套纯低温余热发电，新建项目同步配套建设余热发电。截至 2014 年底，公司共建成投产余热发电机组 75 套，总装机容量达 968 兆瓦。

（三）节能减排投入与效果

2014 年，海螺水泥余热发电 71 亿度，可节约标煤 256 万吨，减排二氧化碳 684 万吨。铜陵海螺于 2010 年 4 月建成投运的日处理 600 吨水泥窑协同处理垃圾示范项目，自投运以来，系统运行平稳，截至 2014 年底已累计处理垃圾 55 万吨。

2014 年，海螺水泥在综合利用工业废弃物方面，消纳电厂、钢厂生产过程中产生的粉煤灰、脱硫石膏、铁矿铜矿尾渣、柠檬酸渣、硫酸渣等工业废渣约 3915 万吨，较 2013 年增加 830 万吨。

第八章　2015年电力行业节能减排进展

电力行业是由发电、输电、变电、配电和用电等环节组成的电力生产与消费系统。电厂发电、供热用煤约占全国煤炭消费总量的50%以上。目前我国发电装机容量、电网规模居世界首位，电力系统的可靠性、安全性、经济性和资源配置能力得到全面提高，满足了经济社会发展的用电需要，电力工业支撑经济社会发展的能力显著增强。

第一节　总体情况

一、行业发展情况

“十二五”以来，全国总发电装机容量不断增加，但受电力投资增速放缓，火电机组“上大压小”，电力工程建设投资结构调整等因素影响，发电装机容量同比增速逐年下降（见图 8-1）。

2015 年 1—11 月份，全国电力供需形势总体宽松。全社会用电量增速同比回落，工业用电量继续负增长；高耗能行业用电量继续负增长，钢铁和有色行业用电量环比下降，制造业用电量同比降幅扩大；而三产用电量保持较快增长。核电、风电发电量增长显著，火电发电量连续 13 个月负增长，各类型发电设备利用小时均同比降低，利用小时降幅继续扩大；跨省输送电量负增长，跨区输送电量低速增长；火电新增装机规模同比上升，水电新增装机规模同比下降。

据中国电力企业联合会统计，2015 年，我国全口径发电量 56045 亿千瓦时，同比增长 0.6%，为有统计数据以来最低增速。

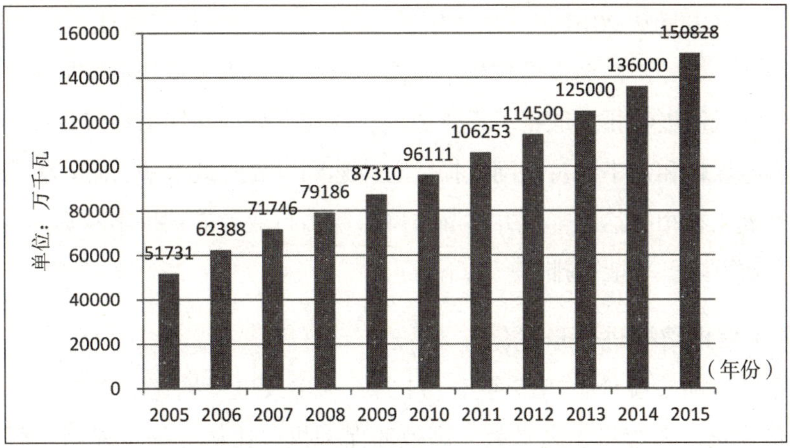

图8–1　2005—2015年国内装机容量

资料来源：中国电力企业联合会、国家统计局，2016 年 1 月。

2015 年 1—11 月，第一产业用电量为 953 亿千瓦时，同比增长 3.0%，占全社会用电量的比重为 1.9%；第二产业用电量为 36330 亿千瓦时，同比下降 1.1%，对全社会用电量增长的贡献率为 –113.2%，占全社会用电量的比重为 72.0%；第三产业用电量为 6524 亿千瓦时，同比增长 7.3%，增速同比提高 1.2 个百分点，对全社会用电量增长的贡献率为 122.2%，用电量占全社会用电量的比重为 12.9%；城乡居民生活用电量同比增长 4.7%，为 6686 亿千瓦时，增速同比提高 2.7 个百分点，对全社会用电量增长的贡献率为 83.4%，占全社会用电量的比重为 13.2%。

2015 年 1—11 月，化学原料制品、非金属矿物制品、黑色金属冶炼、有色金属冶炼四大高耗能行业用电量合计 15287 亿千瓦时，同比下降 2.7%，增速同比回落 6.6 个百分点；合计用电量对全社会用电量增长的贡献率为 –118.1%，占全社会用电量的比重为 30.3%。其中，化工行业用电量同比增长 2.3%，为 3910 亿千瓦时，增速同比回落 2.4 个百分点；建材行业用电量同比下降 6.4%，为 2842 亿千瓦时，增速同比回落 12.5 个百分点；黑色金属冶炼行业用电量同比下降 8.4%，为 4634 亿千瓦时，增速同比回落 9.8 个百分点；有色金属冶炼行业用电量同比增长 2.7%，3901 亿千瓦时，增速同比回落 1.8 个百分点。

二、行业节能减排主要特点

我国电力工业持续快速发展，结构不断优化，电网规模从 2009 年开始位居世界第一，发电量从2010年开始位居世界第一，发电装机容量从2013年开始位居世界第一，为经济社会发展作出了重要贡献。在电力工业快速发展的同时，提高能效、降低污染物排放取得了显著成就，应对气候变化能力持续提高。我国燃煤机组供电煤耗和效率以及电网线损率总体达到世界先进水平；排放的二氧化硫、烟尘、氮氧化物相继达到峰值并不断下降。电力行业节能效果不断提高，污染物排放量大幅下降，节能减排具有以下特点。

（一）发电结构进一步优化

据中电联初步统计，2015年1—11月，火电发电量同比下降2.4%。火电结构进一步优化，大容量、高参数、高效环保型机组比例进一步提高。截至2015年11月，全国6000千瓦及以电厂装机容量为14.1亿千瓦，同比增长9.7%。

2015年1—11月，我国再生能源发电量快速增长，全国水电发电量同比增长3.6%，为0.92万亿千瓦时，水电设备平均利用率同比下降139小时，为3256小时；并网风电发电量1659亿千瓦时，同比增长20.4%。

（二）发电及电网技术水平不断提高

发电企业积极实施设备改造与技术升级，大力发展和建设高参数、大容量、环保型机组，不断推进机组大型化，热电联产占火电装机容量的比重显著提升。开展泵与风机变频改造、现役机组汽轮机通流改造、微油点火改造、等离子点火改造、变压器改造、电网升压改造、配电线路改造等节能技术改造。据统计，2015年1—11月，全国火电机组供电标煤耗同比下降2克/千瓦时，为316克/千瓦时，煤电机组供电煤耗继续保持世界先进水平。截至2015年11月，全国电网新增220千伏及以上输电线路回路长度29565千米，新增220千伏及以上变电设备容量19529万千伏安；全国电网输电线路损失率6.2%，同比降低0.4个百分点。

（三）电力需求侧管理不断加强

通过峰谷/差别电价引导电网企业、电力用户、能源服务企业提高终端用电效率和改变用电方式，达到节约资源和保护环境。2015年工业和信息化部印发《关于组织推荐2015年全国工业领域电力需求侧管理示范企业的通知》，进一步推进工业领域电力需求侧管理工作，经对各地单位电耗产值处于同行业领先水平且用电量达到3000万千瓦时以上的企业进行评选，将中芯国际集成电路制造有限公司等25家企业列为全国工业领域电力需求侧管理第二批示范企业，帮助企业深度挖掘能源价值，促进工业资源生产率和能效持续改进。对示范企业进行宣传推广，并从产业政策、有序用电、参与电力直接交易等方面给予政策支持。

（四）电力行业节能效果不断提高

电力行业积极发展清洁能源发电，加快小火电机组关停、采用先进适用技术加大污染防治力度，减轻电力建设、生产和供应活动对环境的影响，节能减排效果显著。电力行业节能进展主要体现在供电煤耗下降等方面。

中国火电机组平均供电标煤耗从 2005 年的 370gce/kW · h 下降到 2015 年的 316 gce/kW · h，“十一五”累计下降 52 gce/kW · h。中国供电煤耗低于美国（356 gce/kW·h，2006 年）、澳大利亚（360gce/kW·h，2006 年），已处于世界先进水平。如图 8–2 所示。

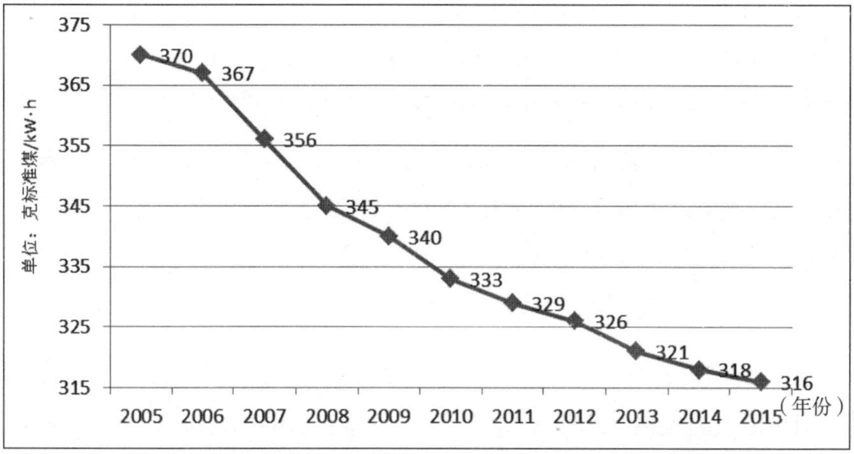

图8–2　2005—2015年火电机组平均供电标煤耗变化情况

资料来源：中国电力企业联合会，国家统计局，2016 年 1 月。

（五）节能减排升级改造不断加强

2015 年国家能源局下发华能、大唐、华电、国电、中电投、神华、华润、国投 8 家中央发电企业煤电节能减排升级改造目标任务，实施节能改造 8974 万千瓦，环保改造 4093 万千瓦。实施煤电节能减排升级改造，进一步提高燃煤发电机组能效水平，降低污染物排放。

第二节　典型企业节能减排动态

一、中国华能

（一）公司概况

中国华能集团公司（简称中国华能）是经国务院批准成立的国有重要骨干企业。中国华能 1985 年创立，至今已有 20 多年。在全国 30 个省区市及海外拥有全资及控股装机容量 1.51 亿千瓦，居世界第一。为电力主业发展服务的煤炭、金融、科技研发、交通运输等产业初具规模。公司为世界 500 强企业，2014 年排名第 221 位，比 2013 年上升 10 位。主营业务是电源开发、投资、建设、经营和管理，电力（热力）生产和销售，煤炭、交通运输、新能源、环保相关产业及产品的开发、投资、建设、生产、销售，实业投资经营及管理。

2014 年，中国华能境内外全资及控股电厂装机容量为 15149 万千瓦，其中水电 2045 万千瓦、火电 11867 千瓦、风电 1151 万千瓦、光伏 85 万千瓦，低碳能源发电比重为 27.1%；供电煤耗 310 克 / 千瓦时，厂用电率 4.4%，灰渣综合利用率 79.5%，单位发电水耗 1.15 千克 / 千瓦时。

（二）绿色发展

中国华能大力发展风电、水电、核电、太阳能等清洁能源，推进装机结构战略性调整；严格执行国家环保法律法规，大力实施燃煤机组环保升级改造，进一步提高清洁生产水平；加强节能精细化管理，研发应用先进节能技术，努力降低发电煤耗；加大科技创新力度，加强前沿技术创新与应用，推动能源生产方式转变，促进公司绿色发展。

中国华能大力发展清洁能源。认真贯彻落实国家能源发展战略，抓住能源结构战略性调整机遇，加快转变发展方式，全力推进低碳清洁能源项目开发。结合输电通道建设，稳步发展水电项目；立足基地布局优化，加快风电项目建设；依托投资战略调整，积极发展太阳能等清洁低碳发电项目。2014 年公司低碳清洁能源装机规模超过 4100 万千瓦，其中水电装机容量突破 2000 万千瓦，风电机容量突破 1100 万千瓦、太阳能机容量突破 80 万千瓦，清洁能源装机同比提高 2.4

个百分点，比重达到 27.1%，较 2010 年提升近 10 个百分点。

中国华能不断提升清洁水平。公司发布《关于提升重点控制区域燃煤机组环保水平的通知》，制定实施《典型机组提升环保清洁化水平改造技术路线》。加大供热和节能环保改造资金投入，2014 年投入资金 153 亿元，同比增加 47.5 亿元，占总投资的 16.7%。深入开展脱硫、脱硝和除尘改造工程，提高建设项目环保设计标准；编制重点地区提升排放限值改造技术方案，建设煤电机组超低排放改造示范工程，黄台 9 号等列入国家超低排放示范项目，12 台 444 万千瓦机组达到超低排放标准。

中国华能大力挖掘节能潜力。公司强化精细管理，以主力机型指标创优和创建优秀节约环保型企业为抓手，进一步加强节能精细化管理，落实各项节能措施，深化节能对标分析，完善节能激励机制，调动各方积极性，促进机组能耗指标持续改善，通过推进小指标达标治理工作，以小指标的提升促进大指标的持续优化和改进，打造行业标杆示范机组，实现主力机型特别是高效大机组能耗指标行业领先。2014 年，24 个电厂供电煤耗同比下降超过 5 克 / 千瓦时，13 家发电企业厂用电率同比下降超过 0.3 个百分点。公司深化节能改造，坚持“以制度为引领、以创新为保障、以落实为重点”的节能改造方针，制定《节能升级改造行动计划（2014—2020 年）》，积极采用供热改造、汽轮机通流改造等技术手段，推动公司系统节能改造深入开展。

中国华能不断推进科技创新。公司紧追能源技术变革趋势，完善科技创新体制机制，进一步明确西安热工院、清能院科技创新功能定位，制定《中长期科学技术发展规划（2014—2030）》，发布《关于加强专利等知识产权管理的指导意见》，设立科技创新专项奖，加强公司重大科技项目立项管理，鼓励多层次技术创新。持续推进太阳能光热发电、波浪能发电、页岩气、煤层气开采等新能源和可再生能源等前沿技术研究。

（三）节能减排投入与效果

2014 年中国华能全年供热和节能环保改造投资 153 亿元，再创历史新高，有利推动节能环保水平进一步提升。

2014 年中国华能完成供电标准煤耗 310 克 / 千瓦时，同比下降 2.89 克 / 千瓦时，达到世界先进水平。完成厂用电率 4.40%，同比下降 0.19 个百分点；单位发电水耗 1.15 千克 / 千瓦时，比 2013 年下降 0.07 千克 / 千瓦时；灰渣利用率 79.50 %，比2013年提高1.36%，单位发电量二氧化硫同比下降33%，氮氧化物同比下降32%，烟尘排放同比下降21%（见图8-3、图8-4）。

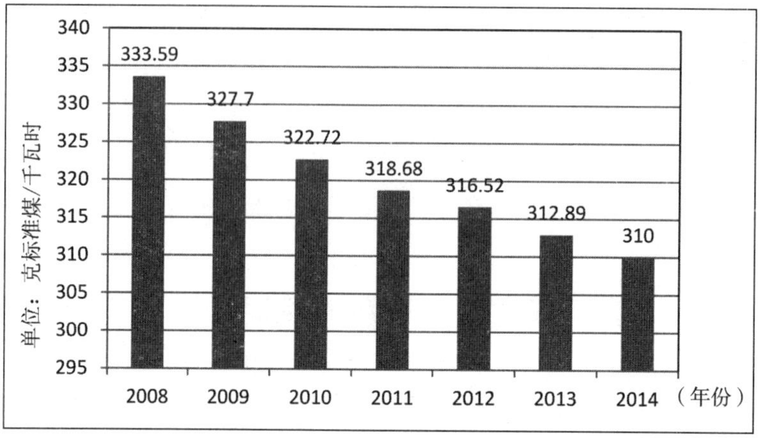

图8-3　2008—2014年中国华能供电煤耗变化情况

资料来源：中国华能2012—2014年可持续发展报告。

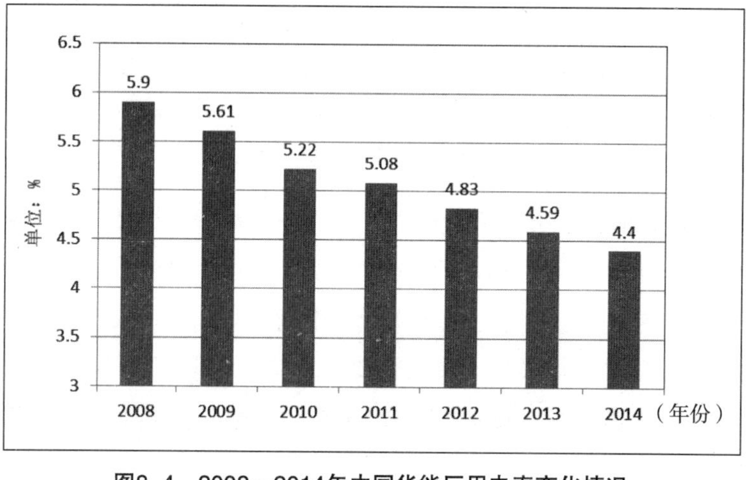

图8-4　2008—2014年中国华能厂用电率变化情况

资料来源：中国华能2012—2014年可持续发展报告。

二、中国大唐

（一）公司概况

中国大唐集团公司（简称中国大唐）是2002年12月29日在原国家电力公司部分企事业单位基础上组建而成的特大型发电企业集团，中央直接管理的国有独资公司，国务院批准的国家授权投资的机构和国家控股公司试点单位，注册资本金 180.09 亿元。主要业务范围为：电力能源的投资、开发、建设、经营和管理；新能源开发；组织电力（热力）生产和销售；电力技术开发、咨询；电力设备制造、设备检修与调试；电力工程、电力环保工程承包与咨询等。

中国大唐拥有大唐华银电力股份有限公司、大唐国际发电股份有限公司、广西桂冠电力股份有限公司以及中国大唐集团新能源股份有限公司 4 家上市公司。中国大唐的内蒙古赤峰赛罕坝风电场为世界最大在役风电场，内蒙古大唐国际托克托发电有限责任公司为国内最大的火力发电厂，以及大唐龙滩水电站等大型水电设施。截至 2014 年底，中国大唐员工超过 10 万人，资产总额为 7357.88 亿元，在役及在建资产分布在全国 31 个省区市以及境外的缅甸、柬埔寨、老挝等国家，发电装机规模 12048 万千瓦，其中水电 1979 万千瓦，风电 1006 万千瓦，火电 9000 万千瓦，新能源和可再生能源占总装机容量的 25.3%。2014 年中国大唐居世界 500 强排行榜第 392 位，已连续 6 年入选世界 500 强企业。

（二）清洁节约发展

中国大唐作为能源转换企业，以清洁发展为理念，坚持把降低排放、保护生态融入企业发展与生产、经营、管理的各环节。通过完善节能管理体制机制，狠抓节能精细化管理，大力推进节能技术应用，推进公司节能降耗；通过加强环保监管，减少污染物排放；深入推进“三废”（灰渣、粉煤灰、脱硫石膏）综合利用，发展循环经济。

中国大唐不断加强节能管理。完善节能管理体制机制，通过建立优化运行研究中心，开展行业新技术的收集、企业共性问题研究；通过建立“三层三级”的对标体系，查找存在问题，提升管理能力；强化集团公司节能领导小组的作用，落实责任，形成考核机制，开展能效管理全过程移交验收，严格重大节能技改项目的管理，建成重大节能技改项目承诺制和后评价体系。通过设备改造升级，实现机组能耗指标持续下降。大力推进技能技术应用，按照“先进性、适用性、统筹性”的原则，编制了《2015 年节能综合治理重点计划》，制定 23 台机组综合升级改造计划；编制公司 2014 年节能推广、示范、试点技术，形成 46 项技术成果。

中国大唐不断加强环保监管。公司全面开展污染物总量核查核算内部检查，通过内部检查发现整改环保管理及设备存在的问题，2014 年下发 17 期《环保整改意见书》，有效提升环保管理水平和环保设施健康水平。公司通过安全生产调度中心平台，不断提高对环保设施运行情况的监控能力，建立和完善了环保超标的日分析、周排名、月点评机制，及时约谈超标排放问题单位。积极响应国家环保新要求，推进超低排放项目改造，进一步强化环保设备运行管理，主要污染物排放指标满足新排放标准要求。

中国大唐大力发展循环经济，不断推进生产“三废”（灰渣、粉煤灰、脱硫石膏）综合利用，通过“拓宽粉煤灰渣市场，提高销售量”、“优化标砖加气块工艺，提高综合效益”等举措，提升自身循环发展能力，建设“资源节约型、环境友好型”企业。

（三）节能减排投入与效果

中国大唐 2014 年投资 66.96 亿元，完成 42 台共计 1500 万千瓦脱硫改造、47 台共计 1928 万千瓦脱硝改造和 87 台共计 3401 万千瓦除尘改造项目，完成了环保部脱硝改造责任书目标任务，超额完成国家《“十二五”主要污染物总量削减目标责任书》规定的年度脱硫、脱硝改造任务。公司火电机组脱硝装备率达到 96.3%，脱硫旁路封堵率达到 97.2%，脱硫装备率达到 100%。公司二氧化硫污染物排放为 0.97 克 / 千瓦时，二氧化硫减排 50.84 万吨；氮氧化物污染物排放为 1.73 克 / 千瓦时，氮氧化物减排 77.18 万吨；烟尘污染物排放为 0.23 克 / 千瓦时，废水污染物排放为 155 克 / 千瓦时，均全面完成了年度目标值。

中国大唐 2014 年火电企业共产生灰渣 5636 万吨，通过直接利用、合作利用和无害化利用三种方式共消化 4740 万吨，综合利用率达到 84%，同比提高 4 个百分点；年产脱硫石膏总量 899 万吨，利用总量 748 万吨，综合利用率 83%，同比提高了 3 个百分点。

中国大唐 2014 年落实通流改造、热泵技术和烟气余热利用等技术改造 260 项，全年实现节约标煤量 30 万吨。39 台机组大修后，机组热耗平均下降了 164 千焦 / 千瓦时，机组煤耗平均下降约 6.56 克标准煤 / 千瓦时。发电油耗、厂用电率继续保持行业先进水平。在全国火电大机组竞赛上，公司有 26 台机组荣获全国“能效对标优胜机组”称号，占全国获奖机组总数的 13%。

中国大唐 2014 年供电煤耗为 312.86gce/kW · h，比 2013 年同比下降 3.73gce/kW · h。综合厂用电率为 5.73%，同比下降 0.18 个百分点。单位发电油耗为 4.44 吨 / 亿千瓦时，同比下降 1.08 吨 / 亿千瓦时。单位发电水耗为 1.12 千克 / 千瓦时，同比下降 0.05 千克 / 千瓦时。

第九章 2015年装备制造业节能减排进展

装备制造业是为国民经济和国防建设提供生产装备的制造业，是制造业的核心组成部分，是国民经济发展特别是工业发展的基础。国家统计局发布的《2014年国民经济和社会发展统计公报》显示，2014 年国内装备制造业增加值增长 10.5%，增速比规模以上工业快 2.2 个百分点，占规模以上工业增加值的比重为 30.4%。其产值占全球 1/3，规模居世界首位，其中我国机电产品进出口总额 2.16 万亿美元，占全球 55.7%。然而，我国装备制造业大而不强，尤其在能耗与废弃物排放方面，制造同样产品的能耗水平和物耗水平普遍较高，对于某些产品甚至是发达国家的 4—10 倍。

第一节 总体情况

一、行业发展情况

由于装备制造的最主要部分是机械制造，因此装备制造业的发展情况可参照机械行业。2015 年机械行业的主要经济指标同比增幅在 2014 年已大幅回落至 10% 左右的基础上继续下滑。工业增加值增速降至 5.5%，特别是前三季度下行速度出乎意料，工业增加值 8 月当月增速曾一度跌至 3.7%，四季度略有小幅回升。机械工业主营业务收入 22.98 万亿元，同比增长 3.32%，高于全国工业（0.8%）2.52 个百分点。主营业务收入占全国工业的比重为 20.83%。实现利润总额 15992.38 亿元，同比增长仅为 2.46%，高于全国工业（–2.3%）4.76 个百分点。实现利润总额占全国工业的比重为 25.16%。实现税金总额 8868.91 亿元，同比增长 5.08%，高于全国工业（3.1%）1.98个百分点。实现税金占全国工业的比重17.77%。资产总计192668.89亿元，同比增长7.96%，高于全国工业（6.9%）1.06个百分点。实现资产总额占全国工业的比重19.27%。

2015年机械工业外贸进出口呈减速下行趋势。机械工业外贸进出口总额6665.06亿美元，同比下降8.13%；其中进口2777.46亿美元，同比下降14.06%；出口3887.6亿美元，同比下降3.36%，出口出现自2009年以来少有的下降。

二、行业节能减排主要特点

装备制造业节能减排主要有三方面：一是装备产品制造过程中的节能减排，包括在零件成型加工、切削加工、装配等生产环节中减少材料消耗、能源消耗及废液、废气、固体废弃物等污染物排放；二是装备产品使用过程的节能减排，包括装备产品的轻量化、使用过程的能效提升、排放减量及优化报废处置等；三是研发推广节能环保装备。我国政府高度重视装备制造业的节能减排工作，《中国制造2025》的二十字基本方针“创新驱动，质量为先，两化融合，绿色发展，结构优化”中把“绿色发展”作为未来的发展方式。

（一）能耗排放水平与发达国家差距较大

一是制造精度低，原材料及能源消耗大。我国铸件尺寸精度低于国际标准1—2个等级，废品率高出5%—10%，加工余量高出1—3个等级。国内铸造行业每生产一吨铸铁件能耗为0.55—0.7吨标准煤，国外为0.3—0.4吨标准煤。国内锻造行业单位产值能耗约为发达国家的3倍，每吨锻件平均能耗约为1.4吨标准煤，日本每吨锻件平均能耗仅0.515吨标准煤；国内锻造行业材料利用率比国外发达国家低4%—10%，国内代表行业技术水平的大中型企业模锻件的材料利用率一般仅为73%—78%，日本丰田公司模锻件的材料利用率为76%—93%。我国热处理平均每吨工件能耗为660千瓦时，发达国家平均在450千瓦时以下。

二是废弃物排放量大，环境污染严重。我国吨合格铸件与锻件的三废排放量为发达国家的10倍，发达国家铸造旧砂基本上是再生回用的。电镀和涂装行业每年排放4亿吨含重金属废水、50000吨固体废物和3000万m^3酸性气体等大量污染物，有机溶剂挥发量至少在751000吨以上，我国汽车涂装用的中涂面漆和底色漆还是采用VOC排放量极高的传统有机溶剂型工艺，相当于欧美10年前的水平。焊条作为典型高污染焊接材料可产生大量焊接烟尘，我国目前应用比重达高达 50% 左右，而日本则仅为 15%。

（二）节能减排取得一定成效

一是生产过程能源利用水平有所提高。2015 年，随着大批节能减排技术在装备制造业的推广应用，节能管理工作的持续加强，生产过程能源利用水平不断提高。2015 年装备制造业万元增加值综合能耗 0.31 吨标准煤，钢材利用率 85% 以上。

二是清洁生产取得实效。2015 年，装备制造业落实《电镀行业清洁生产推行方案》，实现钨基合金镀层技术在石油开采领域普及率达到 50%、镍钴铁代铬镀层普及率达到 30%、微氰镀金技术普及率达到 20%、环保型化学镀镍技术普及率达到 60%、镀铬液净化回用技术在大型镀铬企业中普及率达到 20%、非六价铬转化膜普及率达到 60%。以上清洁生产技术的推广，实现每年可回收铬酐约 960 吨，减少电镀废水中六价铬产生量约 3600 吨、铅使用量 0.36 吨、镉使用量 0.36 吨、含铬电镀污泥（含水量 80%—90%）25000 吨、铬酐使用量 4000 吨、氰化物使用量 100 吨。

三是装备产品能效不断提升。燃煤工业锅炉运行效率提高到 85% 以上；工业炉窑运行效率比 2014 年提高了 3% 左右；中小电动机设计能效指标达到 95%，风机设计能效指标达到 92%—95%，泵设计能效指标达到 87%—92%，气体压缩机设计能效指标达到 85%%—90%；内燃机油耗比 2014 年降低 5% 左右。

四是节能环保装备的研发推广加速进行。截至 2015 年，工信部已发布六批《节能机电设备（产品）推荐目录》，共收录节能环保装备 1136 项，涉及变压器、电动机、工业锅炉、电焊机、制冷机、压缩机、塑机、风机、泵、热处理、干燥设备等。从第一批的 47 项到第六批 434 项，可见节能环保装备的研发推广正加速进行。

（三）绿色制造成为未来节能减排重点

一是精密制造。毛坯制造工艺开始向精密成型方向发展，形状、尺寸精度正从粗放走向近净成型，毛坯已接近或达到零件的最终形状和尺寸，磨削后即可装配。通过以铸代焊、以铸代锻等工艺，精密成形零部件。如汽车罩横梁传统由 70 个钢质材料零件通过焊接或机械紧固件连接组成，采用压铸镁合金工艺直接成形汽车罩横梁，由原来 70 个零部件集成为现在的一个整体，比钢制汽车罩横梁减重 30%，拥有 5 星的安全等级。载重汽车 EQ140 十字轴锻件采用闭式温精锻工艺，与普通热模锻相比，锻件的工作部位仅留0.30mm余量，可直接进行磨削加工，单件用料由1.7kg减少到1.15kg，加热温度由1240℃降至800℃，通过减少坯料重量和降低加热温度而减少电能0.35kW·h/单件以上。

二是制造过程数字化、智能化。数字化、智能化的应用不但降低了工人的劳动强度，实现了清洁化生产，同时有助于节能减排。据统计，模拟仿真可提高产品质量5—15倍，增加材料出品率25%，降低工程技术成本13%—30%，降低人工成本5%—20%，提高投入设备利用率30%—60%，缩短产品设计和试制周期30%—60%等。数字化、智能化电源控制的电弧焊机大大提高焊接的控制精度、产品的一致性和可靠性，逆变式焊接电源可节能20%—30%、省材80%—90%。

三是产品轻量化。采用高强韧的优质材料满足铸件薄壁化、轻量化要求，如发动机制造，以高强度、韧性好、耐磨性、抗冲击/抗爆压能力强的高牌号蠕墨铸铁代替HT250灰铸铁，轻量化同时提升产品质量。广西玉柴某气缸体，传统灰铸铁铸造，基本壁厚为4—4.5㎜，毛坯重258kg。采用蠕墨铸铁铸造后，基本壁厚仅为2.5—3㎜，毛坯重222kg，减重35kg，降幅13%。通过对气缸体、气缸盖、曲轴、壳体等零部件综合减重，某发动机整机减重100kg，降幅为12%。

四是短流程、无废弃物制造。典型的短流程绿色制造技术，如数字化无模铸造技术、增材制造技术等。典型无废弃物绿色制造技术，如干式切削加工技术、微量润滑切削技术、低温微量润滑切削技术、余热时效热处理技术等等，加工过程中不产生废弃物，或产生的废弃物能被整个制造过程中作为原料而利用，并在下一个流程中不再产生废弃物。

第二节　典型企业节能减排动态

一、徐工集团

（一）公司概况

徐工集团是中国装备工业标志性品牌。1989年组建来，秉承“担大任、行大道、成大器”核心价值观，实现年营业收入从3.5亿元到历史性突破1000亿元，海外收入突破23亿美元；主要指标连续26年全国工程机械行业第一，跻身全球工程机械行业前5强。在快速壮大的同时，徐工围绕转型升级和行稳致远总体战略，大力推进绿色产品、绿色制造、绿色工艺、绿色产业的绿色发展战略，使节能减排与绿色发展在全价值链各环节实现全面渗透融合，全面提升了企业综合竞争力，初步走出一条较成熟可行、综合效益显著的绿色发展之路。

（二）主要做法与经验

徐工全系列工程装备产品从设计源头推行“绿色研发”的最优化设计，重点强化节能、环保、智能化、轻量化等核心技术突破，开发形成的一大批绿色产品已赢得国内外用户青睐好评。

一是突破新能源应用技术。为让大型装备告别燃油污染，实现“绿色能源”的广泛应用，徐工多年来一直致力于 LNG 动力、电驱动、混合动力等联合开发，以 LNG 燃料应用技术突破为例，徐工已形成起重机、挖掘机、混凝土搅拌车、牵引车、渣土车、平地机、重卡等全系列 LNG 动力产品。如 2010 年，徐工率先研发推出全球第一台 LW500K-LNG 天然气装载机以来，已陆续推出 3—9 吨各型 LNG 和 CNG 装载机，并实现了在港口、矿山、煤电等领域的迅速推广应用。这些产品具有零污染排放、燃烧完全、无结炭、无爆震等优点，其燃烧后颗粒物排放量比柴油机减少 50%—70%，二氧化碳排放量减少 25%—30%；并能有效减轻零部件磨损，延长发动机寿命，降低机器使用成本。

二是突破电驱动应用技术。徐工实现电驱动技术突破的主要有大型矿山机械和环卫机械两类产品。如已开发形成载重 100 吨到 400 吨全系列电传动自卸车产品，拥有世界最小的 XDE110 交流传动自卸车和世界上最大的 XDE400 交流传动自卸车，并实现了变频牵引系统的高功率密度和轻量化，其中功率密度提高了 3.6 倍，体积减小 65%；这些产品已批量装备国内外大型矿山。

三是突破能量回收和混合动力技术。徐工围绕油 / 液混合和油 / 电混合等核心技术研发，形成了系列轮式起重机、液压挖掘机等新一代混合动力产品。如液压混合动力起重机能量回收技术的突破，使徐工拥有了该项全球首次研发的轮式起重机原创技术，主要利用液压回收系统，回收行驶制动动能、起吊重物与臂架下落势能，能有效降低传动车辆作业燃油消耗 20% 以上。21 吨正控制混合动力挖掘机则采用油电混合技术，利用发电机回收工作装置、回转制动惯性势能，用以减轻或平均发动机载荷，达到节能目的；液压系统采用三泵三回路系统，正流量控制减少能量损失；其整机可节能 25% 以上。

四是突破轻量化技术。徐工轻量化技术的突破，使起重机起重臂实现减重

15% 以上，轻量化油缸则实现变幅缸、伸缩缸、支腿缸减重 15%—20% 等。徐工的国内最大吨位 LW1200K 装载机实现了在动臂上开孔的“全球首创”，此举在满足结构强度和刚度要求的前提下，提高了整车作业灵活性，并直接减少燃油消耗 3%。

五是突破新材料及负荷能力提升技术。在新材料及产品负荷能力提升上，徐工持续三十多年与鞍钢、宝钢等联合攻关高强度钢材，最早从 600 级强度钢材自主研发起步，使原本完全依赖进口的核心原材料实现自主制造，完成突破性的国产替代；目前，700 级国产高强钢替代率达 100%，960 级国产高强钢替代率逐年上升，推动了我国高端特种原材料自主研发的大步发展。

六是推动全产业链节能减排。2014 年，徐工集合起全产业链的力量，携手中石化、采艾孚、康明斯、米其林等启动“携手创想，绿动世界”倡议，约定到 2020 年达成绿色创新研发投入占比提高 18.3%，绿色新产品销售收入占比提高 77.9%，甲醛排放量降低 30.8%，废水回收利用率提高 2% 等目标。

（三）节能减排投入与效果

徐工集团将节能减排指标逐级分解，层层落实，严格考核管理，加强监督检查，促进节能减排工作全面开展。2011—2014 年，徐工自身累计节能量 2691tce，完成“十二五”序时进度的 90%。能耗、水耗、“三废”排放达标率 100%。

二、中船重工

（一）公司概况

中国船舶重工集团公司（简称中船重工，CSIC）成立于 1999 年 7 月 1 日，是由原中国船舶工业总公司部分企事业单位重组成立的特大型国有企业，是国家授权投资的机构和资产经营主体，主要从事海军装备、民用船舶及配套、非船舶装备的研发生产，是中国船舶行业唯一一家世界 500 强企业，现有总资产 4127 亿元，员工 15 万人。2014 年，集团公司实现经济总量 2290 亿元，同比增长 8.7%；营业收入 2015 亿元，同比增长 7.6%；增加值 354 亿元，同比增长 6%；利润总额 103 亿元（其中，主营业务利润 68 亿元、投资收益 35 亿元），同比略有增长；承接合同金额 2451 亿元，同比增长 14%。军工、民船、非船三大产业协调推进，三大产业之比为 16.4 ∶ 27.7 ∶ 55.9，结构进一步优化。

（二）主要做法与经验

一是巩固节能工作三大保障体系建设。中船重工加强节能工作组织管理体系、考核奖惩体系和统计监测体系三大保障体系建设，不断细化和完善节能管理规章制度，努力提升节能工作管理水平。其中，四〇八厂继续完善《能源管理制度》、《动能费考核标准》、《节能奖罚办法》、《能源计量器具管理规定》等多项管理办法，并针对节能项目采用合同能源管理，制定了《合同能源管理办法》，使得合同能源管理规范化。四六六厂修订完善了《重点耗能单位电费考核办法》和《重点耗能单位时段用电考核办法》等，明确了奖惩办法，有力保证工厂节能管理工作的顺利开展。六二二一厂修订了《节约管理规定》、《现场检查能源浪费处罚规定》、《动能使用管理规定》，制度的完善保证了日常节能管理工作的顺畅有效。

二是进一步加大节能减排技术改造力度。2014 年，中船重工切实发挥了科技进步对节能的支撑作用，积极引导成员单位应用先进的节能新工艺、新技术和新设备。据不完全统计，各成员单位累计自筹资金 11790 万元用于节能减排技术改造。如四三一厂投入 500 多万元，进行了吊车变频、节能变压器、变电所节能装置、厂房及场地节能灯等项目的节能改造。四〇四厂累计投入 3300 余万元进行的变压器、输电线路更新改造，改造后节能效果明显；争取设备改造专项资金 7000 万元，购置大、中型节能型生产设备 20 多台。四〇七厂开展压缩空气精益用能管理，合理调整压缩空气站房螺杆式空压机的开机运行方式和运行时间，调整后月节电量 2 万千瓦时，降幅近 20%，节电效果明显。四〇八厂投资 138 万元，对铸造空压机系统余热进行回收利用。三七四厂计划投入 6.6 万元对总装测试工房、装配工房和生产运行部库房暖气进行改造，降低能源消耗；投资 2 万元对动力中心的两座蓄水池泵站控制系统进行改造，降低电能消耗；等等。

三是注重全员节能。为持续增强全体员工的节能意识，2014 年，中船重工按照国家发改委等 14 部委要求，在全集团范围内组织开展了以“携手节能低碳，共建碧水蓝天”为主题的节能宣传周活动，并对活动内容进行了统一部署。一是要求各成员单位结合本单位特点和实际情况，以多种宣传形式，普及节能低碳知识，倡导勤俭节约的生产方式、消费模式和生活习惯；二是在成员单位中继续开展“我为节能减排降碳作贡献”提合理化建议活动；三是结合本单位实际，在“全国低碳日”当天，组织开展一项主题活动；四是在《中船重工》报开辟“节能宣传周专栏”，宣传报道成员单位节能宣传周活动动态，并要求各单位要围绕节能宣传周活动主题，结合本单位节能工作实际，加强对节能宣传周活动的组织和领导，制订并落实活动计划。

（三）节能减排投入与效果

2014 年，中船重工工业企业总产值 1096.11 亿元，同比增长 2.78%；综合能耗为 66.18 万吨标准煤，同比下降 1.50%；万元产值综合能耗 0.0604 吨标准煤，同比下降 4.13%。中船重工所属企业目前主要排放污染物是 SO_2 和 COD。2014 年，SO_2 排放总量为 1406.75 吨，COD 排放总量为 1102.77 吨，分别比 2013 年下降 1.97% 和 1.98%。

区 域 篇

2015 年是“十二五”收官之年，我国经济发展全面步入新常态，经济从高速增长转为中高速增长，产业结构不断优化升级，经济发展动力逐渐从要素驱动、投资驱动转向创新驱动。在国内外新的发展环境下，我国节能减排工作也出现了新的情况。从区域层面上看，我国幅员广阔，各地区经济结构、发展阶段、发展水平和资源禀赋存在较大差异，在新常态下，节能减排也表现出不同的特点。因此，研究各地区节能减排现状、特点，分析各地区在结构节能、技术节能、管理节能、污染物减排以及低碳发展方面取得的成效和不足，对促进区域经济可持续发展具有重要意义。

本篇根据国家统计局对我国区域的划分，按照东部、中部、西部和东北地区四大区域来分析研究，具体划分为：东部地区包括北京、天津、河北、上海、江苏、浙江、福建、山东、广东和海南，中部地区包括山西、安徽、江西、河南、湖北和湖南，西部地区包括内蒙古、广西、重庆、四川、贵州、云南、西藏、陕西、甘肃、青海、宁夏和新疆，东北地区包括辽宁、吉林和黑龙江。以 2015 年我国东、中、西、东北地区工业经济运行、节能减排、技术进步等基本数据为基础，分析东、中、西、东北地区节能减排总体情况，研究各地区经济结构调整趋势，展示重大节能减排技术在区域推广应用情况和效果，剖析区域重点用能企业节能减排管理现状，总结各地区节能减排取得的成效，比较各地区节能减排的差异性，为国家区域节能减排政策的制定提供依据。

第十章　2015年东部地区工业节能减排进展

2015 年，东部地区节能减排成效显著。北京、天津、河北、辽宁、上海、江苏、浙江、山东、广东、福建等省份节能工作进展顺利，各种能耗指标下降均十分明显，各省份二氧化硫、氮氧化物、化学需氧量、氨氮排放量同比均有较大大幅下降，京津冀、长三角、珠三角等重点区域 $PM_{2.5}$ 浓度持续降低，完成《大气污染防治目标责任书》的目标进度任务。北京和河北跨区域碳交易市场取得实质进展，上海、广东、深圳等碳排放权交易试点运行稳定。低能耗高技术行业增长较快，高耗能行业增速明显放缓，结构节能效果显现。煤电超低排放、全负压焦化工艺、固废渣资源化、精制氢回收等节能降耗和绿色低碳技术产业化应用并取得了良好效果。河北钢铁、上海石化、沙钢等大型企业节能减排管理水平进一步提升。

第一节　总体情况

我国东部地区多数省份工业发展水平较高，处于工业化中后期阶段，尤其是北京、上海等地高技术制造业和高端服务业占比较高，节能环保产业发展较快。大部分东部省份总体上节能工作进展顺利，主要污染物排放量持续降低，但大气污染治理压力仍然较大。

一、节能情况

根据国家发改委发布的《各地区 2015 年前三季度节能目标完成情况晴雨表》，2015 年 1—9 月，东部地区的北京、天津、河北、辽宁、上海、江苏、浙江、山东、广东、福建等地区节能预警等级为三级，表明东部地区的这些省份节能工作进展顺利；海南省节能预警等级为一级，表明海南省节能形势十分严峻。福建省的预警等级由上年的一级转变为三级，主要有两方面原因：一是受 2015 年 4 月福建漳州古雷腾龙芳烃 PX 项目燃爆事故影响，腾龙芳烃漳州有限公司减产，与之配套的翔鹭石化等公司停产，导致福建省工业能源消费量同比下降幅度较大；二是市场需求不足导致石化、化工、冶金等高耗能行业生产明显下滑，2015 年 1—9 月，福建省石化行业增加值同比下降 25.3%，化工行业增加值同比下降 10.6%，钢铁行业增加值下降 9.2%，电力行业增加值同比下降 8.3%，高耗能行业生产下滑使福建省工业能源消费量与 2014 年相比大幅降低。

对照《2014—2015 年节能减排低碳发展行动方案》中各地区的能耗控制目标，2014 年到 2015 年 1—9 月，东部地区的福建、山东 2 个地区能耗增速预警等级为一级，天津能耗增速预警等级为二级，北京、河北、辽宁、上海、江苏、浙江、广东、海南等 8 个地区能耗增速预警等级为三级。1—9 月，山东省规上工业增加值增速为7.4%，比全国平均水平和东部地区整体水平分别高1.2个、0.8个百分点，且高于广东、浙江的工业增加值增速，原因如下：虽然山东省2015年前三季度煤炭、钢铁、建材等部分高耗能行业生产下滑，但石油加工、化工、有色金属等行业生产势头良好，尤其是前三季度十种有色金属产量比上年同期增长了170%，因此，石化、化工和有色金属行业生产增长带动了山东能源消费量的增长，导致山东省能耗增速预警等级达到一级。

二、主要污染物减排情况

（一）主要污染物排放量明显下降

2015年上半年，东部地区各省二氧化硫、氮氧化物、化学需氧量、氨氮排放量与上年同期相比均有不同程度的下降。上半年，东部地区的化学需氧量排放量为457.55万吨，同比下降2.98%，降幅高于全国平均水平0.08个百分点，占全国化学需氧量排放总量的40.20%。其中，上海化学需氧量排放量同比下降7.11%，降幅居东部地区之首；福建化学需氧量排放量同比下降1.4%，低于东部地区平均降幅1.5个百分点，在东部地区下降幅度最小。

2015年上半年，东部地区氨氮排放量50.29万吨，同比下降3.33 %，降幅比上年同期扩大0.35个百分点，占全国氨氮排放总量的42.4%。其中，北京地区氨氮排放量为0.85万吨，排放量仅相当于广东的1/12、山东的1/10，与上年同期相比下降10.87%，氨氮排放量绝对值最低且降幅居东部地区之首。天津地区氨氮排放量同比下降1.17%，降幅低于东部地区平均水平2.16个百分点，在东部地区降幅最小。

2015年上半年，东部地区二氧化硫排放量344.959万吨，同比下降4.53%，降幅较上年同期扩大1.48个百分点，占全国二氧化硫排放总量的34.88%。其中，北京的二氧化硫排放量为3.16万吨，同比下降17.45%，降幅较上年同期扩大12个百分点，下降幅度居全国之首。2015年上半年，东部地区二氧化硫排放量较高的省份分别是山东、河北、辽宁和江苏，其排放量分别为83.65万、59.15万、48.71万和47.01万吨，同比下降了3.6%、5.43%、3.33%和4.85%，这些省份二氧化硫排放较高与其石化、化工、钢铁、有色金属等高耗能行业占工业经济比重较高密切相关。

2015年，东部地区氮氧化物排放量406.59万吨，同比下降8.62%，降幅较上年同期扩大 1.73 个百分点，占全国氮氧化物排放总量的 40.55%。其中，东部地区氮氧化物降幅超过 10% 的省份分别是天津、北京和上海，同比分别下降 15.72%、10.78% 和 10.73%。东部地区氮氧化物降幅最低的是广东，同比下降 4.93%，降幅比东部地区氮氧化物平均水平低 3.69 个百分点。

据表 10–1 综合分析可见，北京和天津是 2015 年上半年主要大气污染物削减最为明显的地区。其中，北京、天津的二氧化硫排放量分别下降 17.45%、9.24%，北京、天津的氮氧化物排放量分别下降 10.73% 和 15.72%。化学需氧量和氨氮减排方面，北京、上海、广东等省份效果最明显，北京氨氮排放量与上年同期相比下降 10.87%，上海化学需氧量与上年同期相比下降 7.11%。

2015 年以来，北京市二氧化硫、氨氧化物、氨氮等排放量均出现大幅下降，减排成效显著。主要有如下原因：一是工业用能结构明显优化。1—9 月，北京市规模以上工业煤炭消费量为 490 万吨，与上年同期相比下降 45.5%，煤炭消费量占工业能源消费量的比重为 24.6%，与上年同期相比降低 15.9 个百分点；天然气消费量达到 59.2 亿立方米，与上年同期相比增长 56.6%，天然气消费量占工业能源消费量的比重为 45.9%，与上年同期相比上升 17.6 个百分点。工业用能结构优化使北京市主要污染物减排成效显著。二是京津冀一体化背景下的产业疏解取得突破。1—9 月，北京市《禁限目录》涉及的工业投资同比下降 27.9%，《禁限目录》涉及的规模以上工业企业停产数目达到 109 家，耗能较高的重点企业的新增产能均实施外地投资建厂模式，共 88 户规模以上工业企业计划年底前外迁或异地建厂，其中多数企业选择落户河北、天津。

山东省各项主要污染物排放总量几乎均居全国前列。1—9 月，山东省二氧化硫、氮氧化物、化学需氧量、氨氮排放量分别达到 83.65 万吨、76.86 万吨、89.09 万吨和 9.99 万吨，比江苏、浙江、广东等经济大省排放量高。山东省污染物排放总量大，与其以重化工业为主体的经济结构密切相关，山东的工业占地区经济的比重大，工业中石化、化工、有色等高耗能高污染行业占比高，污染排放强度大，导致山东省主要污染物排放总量居高不下。

表 10-1　2015 年东部地区各省自治区直辖市主要污染物排放量

（单位：万吨）

省份	化学需氧量排放量			氨氮排放量			二氧化硫排放量			氮氧化物排放量		
	2014年上半年	2015年上半年	同比变化（%）	2014年上半年	2015年上半年	同比变化（%）	2014年上半年	2015年上半年	同比变化（%）	2014年上半年	2015年上半年	同比变化（%）
北京	9.07	8.72	-3.79	0.95	0.85	-10.87	3.83	3.16	-17.45	7.89	7.04	-10.73
天津	11.13	10.78	-3.11	1.34	1.32	-1.17	10.4	9.44	-9.24	14.42	12.15	-15.72
河北	64.78	63.2	-2.44	5.24	5.1	-2.64	62.55	59.15	-5.43	79.69	73.17	-8.19
辽宁	61.99	60.48	-2.43	5.13	5	-2.46	50.39	48.71	-3.33	44.29	40.34	-8.92
上海	11.55	10.73	-7.11	2.39	2.29	-4.35	9.06	8.24	-9.04	18.39	16.4	-10.78
江苏	56.84	55.12	-3.03	7.22	7.02	-2.73	49.41	47.01	-4.85	68.77	62.64	-8.92
浙江	37.42	36.34	-2.86	5.33	5.13	-3.71	29.41	28.03	-4.69	37.48	34.19	-8.78
福建	32.56	32.1	-1.4	4.62	4.53	-2	19.1	18.34	-3.99	23.54	21.7	-7.81
山东	91.91	89.09	-3.08	8.18	7.95	-2.84	86.78	83.65	-3.6	85.08	76.86	-9.67
广东	84.41	81.25	-3.74	10.46	9.99	-4.49	38.52	37.36	-3.02	60.81	57.81	-4.93
海南	9.94	9.74	-1.93	1.16	1.11	-4.68	1.873	1.869	-0.2	4.59	4.29	-6.43
合计	471.6	457.55	-2.98	52.02	50.29	-3.33	361.323	344.959	-4.53	444.95	406.59	-8.62

资料来源：环境保护部，2016 年 1 月。

（二）重点区域大气污染治理取得成效

2015 年以来，京津冀、长三角、珠三角等重点区域 $PM_{2.5}$ 浓度持续降低，基本完成《大气污染防治目标责任书》的目标进度任务。1—9 月，北京、天津、河北的 $PM_{2.5}$ 浓度分别为 69、64 和 70 微克 / 立方米，与上年同期相比分别下降 19.80%、15.80% 和 22.20%，与 2013 年相比分别下降 25.00%、31.90% 和 32.00%。由于各项治理大气污染的政策措施落实到位，北京 2015 年 $PM_{2.5}$ 浓度下降明显。前三季度，北京淘汰老旧机动车共计 31.3 万辆，淘汰印刷、家具、建材等污染企业 326 家，实施燃煤锅炉清洁能源改造 5900 蒸吨，北京城六区基本实现无燃煤锅炉；国华、京能两大电厂关停，完成旧城剩余 3 万户平房采暖改造，核心区基本实现无煤化。天津完成了 120 万吨城乡散煤综合治理，农村地区全部替代使用清洁煤。河北省全力实施控煤政策，开展关停取缔实心黏土砖瓦窑等专项行动。京津冀地区污染物排放协同治理取得一定进展。

1—9 月，上海、江苏、浙江 $PM_{2.5}$ 浓度分别为 50、54 和 45 微克 / 立方米，$PM_{2.5}$ 浓度均低于京津冀地区，与上年同期相比分别下降 2.00%、19.40% 和 11.80%，与 2013 年相比分别下降 9.10%、14.30% 和 13.50%，均完成《大气污染防治目标责任书》对应的 2015 年目标任务。1—9 月，珠三角地区 $PM_{2.5}$ 浓度为 33 微克 / 立方米，与上年同期相比下降 13.20%，与 2013 年相比下降 15.40%，已提前完成《大气污染防治目标责任书》到 2017 年的目标任务。

表 10-2　2015 年 1—9 月重点区域各省（区、市）$PM_{2.5}$ 浓度变化情况表

（单位：微克/立方米）

区域	省份	2013年全年浓度	2014年1—9月浓度	2015年1—9月浓度	与2014年同期相比变化幅度	与2013年同期相比变化幅度	2015年目标值	2017年下降目标
京津冀及周边	北京	89.5	86	69	−19.8%	−25%	79	−33%
	天津	96	76	64	−15.8%	−31.9%	88	−25%
	河北	108	90	70	−22.2%	−32%	99	−25%
	山东	98	79	68	−13.9%	−26.9%	91	−20%
长三角	上海	62	51	50	−2%	−9.1%	58	−20%
	江苏	73	67	54	−19.4%	−14.3%	68	−20%
	浙江	61	51	45	−11.8%	−13.5%	57	−20%
珠三角	广东9城市	47	38	33	−13.2%	−15.4%	45	−15%

资料来源：环境保护部，2016 年 1 月。

三、碳减排情况

（一）跨区域碳交易市场取得实质进展

2014 年底开始，北京与河北承德跨区域碳排交易试点试运行，这是我国第一个跨区碳交易市场，该市场交易主体为北京和承德的重点排放单位、符合条件且自愿参与交易的其他机构和自然人。目前，承德的 6 家水泥企业已全部进入北京碳排放交易系统。截至 2015 年 10 月，已累计实现京冀碳汇交易 7 万吨，创造收入超过 250 万元。其中，北京东方石化有限公司通过购买承德的 5 万吨林业碳汇，不仅完成了碳排履约任务，而且实现盈利约 50 万元。

（二）碳排放权交易试点运行稳定

广东碳交易市场于 2013 年 12 月 19 日启动，目前是全球仅次于欧盟、韩国的第三大碳交易市场，其成交量和成交额分别占全国的 36.12% 和 45.28%。北京碳排放交易市场经过两年运转，企业履约和市场交易逐步稳定。2015 年，北京市碳排企业履约率达 100%。目前，北京市碳市场碳的平均价格为 40 元 / 吨左右，比两年前有所下跌，但仍是全国七个试点城市中碳价格最高的城市。上海碳交易市场交易主体多元化，市场流动性高。2015 年上半年，上海碳市场内成交量已经达到 100 万吨以上。2013 年到 2015 年上半年，上海碳市场总金额达 1.08 亿元，进展显著。同时，上海成立了碳基金促进碳交易，使得上海碳市场发展迅速。截至 2015 年 7 月 10 日，广东碳排放权交易市场完成履约企业 184 家，履约率 100%；深圳碳排放权交易市场完成履约企业 634 家，履约率 99.7%。

第二节　结构调整

一、高技术低耗能产业快速发展

2015 以来，我国工业结构调整正在深入推进，产业结构优化效果开始显现。从全国看，1—9 月，全国高技术产业增加值同比增长 10.4%，高于规模以上工业平均增速 4.2 个百分点。10 月份，高技术产业增加值同比增长 10.8%，与 9 月份相比增速扩大 0.4 个百分点。低能耗高技术行业增长较快但高耗能行业增速放缓趋势逐步形成，结构节能效果开始显现。分地区看，东部地区各省份高技术、低耗能产业发展势头良好。

2015 年，在京津冀协同发展的背景下，北京加快疏解非首都功能，着力构建高精尖经济结构。1—9 月，北京战略性新兴产业增加值同比增长 2.6%，占工业经济的比重达 23.3%。高技术制造业同比增长 8.6%、增速高于规模以上工业平均水平 8.4 个百分点；现代制造业增加值比上年同期增长 6.2%，增速高于规上工业平均水平 6 个百分点。其中，通信和其他电子设备制造业、医药制造业以及计算机、汽车制造业分别同比增长 13.3%、7.1%、5.9%。高技术、低能耗、高附加值产业占北京市工业增加值的比重逐步提升，拉动北京市规模以上工业综合能耗和单位工业增加值能耗下降。1—9 月，北京市规上工业能源消费量为 1122.8 万吨标准煤，与上年同期相比下降 10%。

河北省工业经济持续低位运行，工业结构调整稳步推进。一是装备制造业对工业经济增长的贡献率明显提高，前三季度河北省装备制造业增加值同比大幅增长 7.7%，高于规上工业平均水平 3.6 个百分点，占全省工业经济的比重达到

23%，占比同比提高 3.5 个百分点；对全省工业增长的贡献率为 38.1%，高于钢铁工业 6.6 个百分点。二是高新技术产业迅速发展。1—9 月，河北高新技术产业增加值同比增速为 11%，比规上工业平均增速快 6.9 个百分点，占规上工业经济比重为 15.2%，达到历史最高水平。其中，新能源、电子信息、高端技术装备制造业增加值分别比上年同期增长 16.6%、15.3% 和 12.5%，比规上工业平均增速快 12.5 个、11.2 个和 8.4 个百分点。前三季度，河北省规模以上工业能耗同比下降 3.23%，降幅比上半年扩大 0.8 个百分点，连续 21 个月下降。单位工业增加值能耗同比下降 7.04%，超过年度调控目标。

天津市工业平稳运行，结构优化持续推进。1—9 月，天津市装备制造业增加值占规模以上工业增加值的比重达 35.6%，与上年同期相比提高 3.8 个百分点。其中，航空航天业同比增长 30.6%，比规模以上工业平均增速高 21.2 个百分点；电气机械业同比增长 13%，比规模以上工业平均增速高 3.6 个百分点；汽车制造业同比增长 12.6%，比规模以上工业平均增速高 3.2 个百分点。1—9 月，天津规上工业能源消费量同比下降 4.4%，降幅比 1—6 月扩大 1.7 个百分点；规模以上工业单位工业增加值能耗同比下降 12.6%，降幅比 1—6 月扩大 1.5 个百分点。

广东省新兴产业和先进产业发展较快，制造业持续迈向高端化。1—9 月，广东先进制造业增加值同比增长 9.4%，占工业的比重达 48%，占比同比提高 0.5 个百分点；高技术制造业增加值达到 0.58 万亿元，同比增长 9.8%，占广东规模以上工业增加值的比重达 26.7%，与上年同期相比提高 1.2 个百分点，与 2014 年全年相比提高 1.6 个百分点。

江苏省结构调整持续推进，高技术产业占工业经济比重明显提升，先进制造业增势良好。1—9 月，江苏省高技术行业产值达到 2.2 万亿元，与上年同期相比增长 10.1%，增速比全省规模以上工业平均水平快 3.7 个百分点，占规模以上工业生产总值的比重达到 19.6%，与 1—6 月相比提高 0.2 个百分点，对工业增长的贡献率为 30%，与 1—6 月相比提高 2.7 个百分点。医药、汽车、电子、装备制造业产值分别比上年同期增长 15.9%、10.5%、8.9% 和 8.1%，均高于规模以上工业平均增长速度。工业结构的持续优化使江苏省前三季度规模以上工业以 0.3% 的能源消费增速支撑了 8.3% 的工业增加值增长速度，能源利用效率显著提升。

二、传统高耗能产业生产放缓

2015 年，受国内外市场需求不足、传统高耗能产业产能过剩等因素影响，我国高耗能行业发展明显放缓，尤其是钢铁、建材、电力行业生产下滑明显。高耗能行业增长放缓，降低了我国工业发展对能源消费的需求。分地区情况如下：

2015 以来，河北省钢铁和煤炭行业持续低迷。钢铁行业在钢价和铁矿石原材料价格屡创新低的背景下面临巨大困境，企业被动去产能以及内部重整已经成为普遍现象。截至 2015 年 11 月，河北唐山全部停产钢铁产能约达到 1500 万吨，占全部唐山地区钢铁产能的 11.53%。1—9 月，河北省原煤产量 6067 万吨，与上年同期相比下降 13.68%；洗精煤产量 2838 万吨，与上年同期相比下降 8.23%。高耗能行业下滑拉动河北省规模以上工业能源消费量同比下降 3.23%。

1—9 月，天津的六大高耗能行业合计增加值与上年同期相比增长 7.3%，增速同比回落 2.6 个百分点。其中，石油加工业仅增长 3.4%，电力热力行业仅增长 1.5%。

江苏省高耗能行业低速增长。1—9 月，六大高耗能行业同比增长 3.1%，增速较 1—6 月回落 0.5 个百分点。六大高耗能行业占规模以上工业总产值的比重达 31.4%，占比与 1—6 月相比下降 0.3 个百分点。从行业发展先行指标投资趋势上看，江苏省高耗能行业投资占规模以上工业投资的比重持续下降，1—9 月，高耗能行业占全部工业投资比重为 9.5%，同比下降 0.3 个百分点。高耗能行业低速增长使行业能源消费量增长缓慢。1—9 月，江苏省高耗能行业能耗为 1.437 亿吨标准煤，同比仅增长 0.3%，其中：建材行业能耗同比下降 7.7%，电力行业能耗同比下降 0.9%。

福建省高耗能行业增长明显放缓，且呈现逐渐下滑加剧态势。1—9 月，福建省化工行业增加值仅增长 2.7%，钢铁行业增加值同比下降 0.6%。其中，9 月份，石化行业增加值下降 25.3%，化工行业增加值下降 10.6%，电力行业增加值下降 8.3%。分产品看，1—9 月，粗钢、钢材、平板玻璃产量分别下降 9.9%、3% 和 5.3%。高耗能行业生产下滑导致福建省工业能源消费量逐步下降。

第三节　技术进步

一、煤电超低排放技术及应用

由于我国煤炭消费中有一半用于发电，因此电力行业是大气污染防治的重点。为应对大气污染，东部地区部分省市纷纷开展煤电超低排放技术改造工作，并实施了一系列项目。2015 年 11 月，天津滨海新区第一燃煤大户北疆电厂（占滨海新区煤炭消费量的 1/3）2# 机组超低排放环保工程完工，可减少 SO_2 排放量 59%，削减量达 984.93 吨 / 年；减少烟尘排放量 82%，削减量达 434.49 吨 / 年；减少 NOx 排放量 45%，削减量 783.9 吨 / 年。11 月 4 日，国电河北龙山发电公司燃煤发电机组“超低排放”升级改造项目通过环保审核。该项目目前已完成两台空冷发电机组“超低排放”改造，实现了烟尘、二氧化硫、氮氧化物排放浓度分别低于 10、35 和 50 毫克 / 标准立方米。实现煤电机组烟尘超低排放或者超超低排放的技术主要包括以下方面：第一，实现超低排放需要使用低硫、低灰、高挥发分、高热值的优质煤，一般超低排放电厂的燃煤灰分要求不超过 25%。第二，烟尘的超超低排放（低于 5 毫克 / 立方米）需采用湿式 ESP 或低温电除尘技术、旋转电极技术等电除尘器新技术。第三，氮氧化物超低排放控制主要采用先进的低氮燃烧技术，降低出口烟气中氮氧化物的浓度，然后采用 SCR 烟气脱硝。

二、全负压焦化工艺大气污染物减排技术

该技术的拥有方是河北宣钢，并已经在宣钢应用，取得了良好的减排效果。2015 年 10 月，该技术获得河北省科学技术进步三等奖。通过该技术的实施，宣钢实现年减少二氧化硫排放 900 吨以上，年减少烟粉尘排放 40000 吨，工厂附近空气中的苯并芘含量降低 $1.3mg/m^3$。技术内容如下：针对焦化行业生产中粉尘、化学废气、烟气等污染物排放遍布各生产环节的特点，通过一种硫酸吸收塔衬铅技术，采用硫酸钾铵复合肥的方法，制造出焦炉放散荒煤气新型点火装置，对焦化行业的全负压焦化工艺实施全面优化。该技术在硫酸尾气回收方法方面取得重大创新，优化了黄血盐生产工艺，自主研发了装煤出焦筛焦一站式除尘工艺，从而实现了化学废气等零排放。河北宣钢已经获得与该项目相关的专利共 5 项，包

括2项发明专利，该技术在相关领域已达到国内领先水平。

三、钢铁固废渣资源化技术及实践

该技术于2015年获得了山东省科技进步奖，技术拥有方是山东莱芜钢铁集团有限公司和山东鲁碧建材有限公司，该技术已经系统应用，取得了良好的经济和社会收益。具体内容如下：一是采用“钢渣资源化综合利用CPT技术”建立冶金渣资源化基地，实现梯次处理利用钢渣以及物料集中和平衡控制，该技术使莱钢钢渣实现100%高效资源化利用。二是建立非铁固体废弃物利用基地。在鲁碧建材建立了以钢渣、尾矿、粉煤灰、矿渣为原料的水泥生产线，实现了莱芜钢铁的钢渣、尾矿、粉煤灰、矿渣等工业固体废弃资源的高效高值利用，解决了钢铁行业工业固废堆积形成的占耕地、污染大等问题。三是建立含铁固体废弃物利用基地，对烧结工序的含铁固废实现了闭路高效高值利用。例如，生产过程的氧化铁皮重返烧结工序再利用，钢渣中的粒钢等重返电炉、转炉再利用。四是建立粉末冶金生产基地。以氧化铁皮、废钢铁生产冶金粉末，可应用于汽车等多个行业，产品在日本、德国等国家具有广阔的市场空间。五是建立煤化工循环产业链，以高值利用焦化副产品。目前，莱钢建立了10万吨煤焦油深加工项目以及10万吨苯加氢项目，正在建设30万吨煤焦油深加工项目，预计未来莱钢将基本实现“零”废弃物排放。

四、精制氢回收系统技术改造

2015年，海南逸盛石化有限公司的精制氢回收项目竣工投产，该项目是2014年海南省节能专项资金支持项目，共安排奖励资金479.1万元，投产后，该项目每年可实现节能9582吨标准煤。该项目主要内容是：建设一套660Nm^3/h氢气回收装置，回收PTA生产过程中放空的氢气，经提纯后作二次循环利用，年回收422万立方米氢气。

第四节　重点用能企业节能减排管理

一、河北钢铁集团

2008年6月30日，河北钢铁集团组建成立。目前河北钢铁集团产能规模居全球第二、国内第一，经营板块分为钢铁和非钢产业，以钢铁为主业，其中钢铁板块包括河钢唐钢、河钢邯钢、河钢宣钢等七家子公司以及河钢采购、河钢销售、河钢国际三大经营公司。目前，河钢集团总资产约3300亿元，2014年钢铁产量约4709万吨，位居世界500强第239位。

“十二五”前四年，河北钢铁集团吨钢综合能耗累计下降3.9%，吨钢耗新水量累计下降5.7%，水重复利用率达到97.68%，二氧化硫排放量累计下降44%，烟粉尘排放量累计下降31%，核心企业自发电比例达到65%，吨钢综合能耗、吨钢耗新水量以及吨钢转炉煤气回收率均已处于行业领先水平。

（一）实施绿色发展战略

河北钢铁集团的绿色发展战略为：建设“产品制造、能源转换和废弃物消纳”三大功能完备的钢铁企业，开发“高强、长寿、耐蚀、轻量化”的高效节能钢材，积极打造资源消耗低、生产清洁环保、制造低成本的绿色钢铁循环经济产业链，引导共同工业实现清洁生产、绿色发展。河北钢铁集团各子公司均实施GB/T24001—2004环境管理体系、GB/T23331—2009能源管理体系的综合管理体系认证工作，并通过了国金恒信管理体系认证有限公司的认证。

（二）注重环境保护

一是采用封闭式的原料场。唐钢、邯钢采用了全封闭式原料场，其中邯钢的全封闭机械化原料厂，总耗资达7亿元，主厂房长度538米，总跨度250米，总面积约14万平方米，是全亚洲最大的全封闭原料厂，彻底解决了扬尘和物料流失的问题。二是建立水处理中心。其中，唐钢水处理中心总投资达3.26亿元，是华北最大的水处理中心，每天可处理各种废水7.2万立方米。唐钢水处理中心运行后，停止使用地下水、河水等新水，显著降低了水资源消费量，使得唐钢成为全国唯一一家以城市中水作为生产水源的特大型钢铁企业。三是实现烧结机脱硫全覆盖。河北钢铁集团的脱硫率达到80%以上，烧结机旁路烟道全部拆除，各子公司烧结机烟气经脱硫处理后均达到了排放标准。邯钢400平方米烧结机在没有国家强制要求的情况下，率先配套了国内第一台大型脱硫设施。

（三）促进能源回收利用率

一是采用蒸汽燃气联合循环发电（CCPP）。目前，邯钢的两台CCPP日发电量500万千瓦时以上。CCPP项目的主燃料是炼铁所产生的高炉煤气，将经过脱水、除尘和加压后高炉煤气混入净化加压的空气后，输入燃气轮机燃烧室内燃烧，然后高温高压燃气在进入燃气轮机膨胀做功，即可转化为电能输出；燃气轮机排放出大量余热烟气，经余热锅炉后可产生高温高压的蒸汽，可利用蒸汽轮机发电机将这些高温高压蒸汽的热能转化为电能，从而实现联合循环发电。二是采用干熄焦发电。邯钢焦化厂的2号干熄焦热项目于2015年7月开始运行，预计可实现节煤、减少二氧化碳排放分别为2.7万吨/年和9.5万吨/年。

（四）大力发展资源综合利用

一是利用高炉的余热为城市供暖。唐钢、宣钢、石钢利用高炉冲渣水为城市供暖，目前供暖面积已达500万平方米。二是实施高炉水渣超细粉项目。通过建设高炉水渣超细粉生产线，100%实现了高炉水渣综合回收利用。三是实施钢渣深度提铁项目。其中，唐钢累计投资2.2亿元，升级改造现有钢渣预处理工艺。

二、上海石油化工股份有限公司

中国石化上海石油化工股份有限公司（简称上海石化）是中国最大的炼油化工企业之一。2014年，上海石化的总产值达877亿元，营业收入1021亿元，纳税总额在上海排名第三，在中国500强排行榜排名39。公司践行“企业与环境和谐发展”的理念，努力创建绿色高效的能源化工企业，重视环境保护，通过了ISO14001环境管理体系认证，创建了环境友好型企业，实现了生产规模扩大的同时主要污染物排放均达标，且逐年下降。公司曾被授予“中华环境友好企业”、“全国石油和化工环保先进单位”等称号。

（一）实施全方位节能低碳战略

公司强化节能管理，通过多途径节约能源消耗量。一是在管理节能方面，公司按照“十二五”确定的目标，将节能作为绩效考核的重要内容，制定了48项主要装置综合能耗考核指标和11项万元产值燃动能耗考核指标。二积极开展碳排放盘查和交易工作。自上海市碳排放交易试点正式启动以来，公司积极开展碳排放盘查和交易工作，2014年制定了《上海石化碳排放交易规定》，建立碳盘查月报制度，定期召开碳排放交易工作小组例会，规范碳排放交易行为。2014年公司通过节能减排盈余碳配额100万吨，通过协议转让交易12万吨，通过挂牌交易4900吨，为促进温室气体减排作出贡献。三是厂区绿化美化与园林绿化产业化结合。公司组建专业化的绿化公司，取得了城市园林绿化企业三级资质证书和养护能力认定证书，将厂区和园林的绿化产业化结合，促进了绿化工作的良性循环。经过历年来坚持不懈的努力，公司绿化覆盖率达 36.3%。四是持续推进“碧水蓝天”环保行动计划。在无组织废气、废水清污分流等重点环节进行严格排查的基础上，实施改造项目，累计投资约 10 亿元。

（二）强化环境保护

公司严格执行环保标准，将环境保护视为责任关怀的重要内容之一，加强环境管理制度建设，与周边区域开展广泛的环境治理合作，通过技术进步和产业升级减少污染物排放。2014 年公司危险废物妥善处理率 100%，废水排放量同比减少 4.94%，氮氧化物排放总量同比减少 23.51%，二氧化硫排放总量同比减少 25.11%，COD 排放总量同比减少 26.07%，各项污染物排放完成年度总量责任书指标。一是制定污染物减排制度措施。通过了《上海石化铅封管理规定》、《上海石化高浓度污染物排放管理规定》、《上海石化生产装置开停工及施工作业 HSE 管理细则》等制度，强化了对生产装置异常排污的监管，减少对下游环保装置的冲击，有效地减少了污染物的排放。二是加快环境保护设施建设。公司积极开展“碧水蓝天”项目建设，2014 年公司环保设备投用率达到 98.02%，年内完成外排污水深度处理及回用二期项目以及储运部二车间轻石脑油切水外送项目。在减少废气氮氧化物排放方面，公司完成 1#、2# 炉 SCR 脱硝改造。三是积极参与区域环境协同治理。公司积极开展环境污染第三方治理，定期与相关部门召开联动联席会议，联合开展区域环境保护工作。

（三）推行资源节约

公司重视做好节水减排工作，实施了水系统的归口管理。一是实施全流程节水。严格监测水系统运行状态，实施水平衡测试，优化循环水场运行。实施水系统归口管理，对各部门用水量进行定量考核，推进实施新一轮水平衡测试，优化循环水场运行，强化节能意识。二是完成污水深度处理及回用工程二期项目建设，大幅减少外排污水，将回用水升级成为可供装置生产使用的工业水。污水再生利用率大幅上升，公司完成治水重点项目“污水深度处理及回用工程二期项目”建设，使得污水回收量增长了 3 倍，污水利用率提升了 4 倍。公司污水处理采用二级生化后的深度处理工艺流程，出水中的 COD 浓度降至 60 毫克 / 立方米以下，使回用水升级成为可供装置生产使用的工业水。公司全面推进循环水场的无磷药剂替代工作，提升环保效果。三是废弃物实现循环利用。在发电燃料、污油回炼、废三剂作电厂燃料等方面成效显著，实现了废弃物循环利用。

三、沙钢集团

沙钢集团是世界500强企业，是中国最大的民营钢铁企业，集团总部位于江苏省张家港市，总资产1500多亿元，年炼铁、炼钢、轧材生产能力分别为3190万吨、3920万吨、3720万吨，产品涉及厚板、冷热轧卷板、高速线材、特钢大棒材等60多个系列。沙钢曾获得“中国环境保护示范单位”、“江苏省循环经济建设示范单位”等荣誉称号。2015年上半年，沙钢实现利润15亿元，居全国同行业第三名。公司围绕“清洁生产、预防污染、节约资源、实现可持续发展”的环保战略方针，大力发展循环经济，推进清洁生产和节能降耗工艺 ，目前已经通过环境管理体系认证。

（一）着力提升产品附加值

调整优化产品结构，大力发展火车车轮与车轴用钢、汽车用钢、轴 承钢、管坯钢、海洋用钢、弹簧钢等高附加值产品，提前布局新一代特钢材料技术，形成了先进的特钢控制核心技术，大大提高了沙钢集团在国内外市场特钢产品的竞争力。着力提高产品质量，实施品牌建设战略，打造知名品牌，通过品牌优势抢占更多市场份额。在稳定韩国、印尼、泰国等市场的基础上，开拓墨西哥、中东、欧美等新市场。

（二）深入推进全流程节能降耗和降本增效

针对炼铁工序，着力降低铁前能耗和成本，通过技术改进和细化配煤、配矿、配料等环节，开展能耗和经济指标对标达标，大幅降低铁水成本和能耗水平。大力推进能耗和资源的循环利用，优化用能结构，进一步提高二次能源的利用效率。推进电力系统及管道系统改造等100多项节能技改项目。积极推进两化融合促进节能减排，整合资源，提升管理节能效果，推广PDA无线数传库存管理系统以及炼、轧钢MES系统，大幅提高了能源管理水平。

（三）大力发展循环经济和资源综合利用

2015年预计投资达1.3亿元发展循环经济和提高“三废”的利用率。主要的项目包括：一是外排废水深度处理项目，可保证公司外排废水的浓度和总量均达到国家标准，实现绝大部分废水循环利用；二是烧结机机尾电除尘以及环境电除尘升级改造项目；三是原料场无组织粉尘治理工程，主要是安装防风抑尘网；四是球团除尘以及脱硫改造项目；五是焦炉煤气脱硫改造项目；六是除尘灰、高炉渣铁、钢渣等固体废弃物综合利用项目。

第十一章　2015年中部地区工业节能减排进展

2015年，中部地区节能工作进展基本顺利。各省份二氧化硫、氮氧化物、化学需氧量、氨氮等常规污染物排放量与上年相比均有不同程度下降，但大气质量改善程度尚待提高，吉林、黑龙江、河南、湖北等省份 PM_{10} 浓度不降反升。受传统高耗能行业生产放缓和占比下降影响，各省份结构节能效果显著。大型干熄焦余热发电、先进清洁煤利用、负压蒸氨节能、高温固体渣（物料）余热回收等节能减排技术大规模推广应用，提升了地区工业绿色发展水平。以华新水泥、武汉钢铁、江西铜业、三一重工为代表的大型企业节能减排管理体系进一步完善，能源资源利用效率和污染物控制水平均有提升。

第一节　总体情况

中部地区多数省份重工业比例较高，以重工业为主的工业结构尚未改变，尤其是钢铁、有色、建材、石化、化工等高能耗行业占比较高，工业绿色化水平低于东部地区。一些省份的经济发展模式仍然粗放，产品加工处于初级加工阶段，高技术、高附加值产品比例较小，节能减排尚存在较大空间。

一、节能情况

通过对国家发改委发布的《各地区2015年前三季度节能目标完成情况晴雨表》进行分析，2015年前三季度，中部地区山西、吉林、黑龙江、安徽、江西、河南、湖北、湖南8个省份节能预警等级全部为三级，表明中部省份2015年节能工作进展基本顺利。对比《2014—2015 年节能减排低碳发展行动方案》中各省份的能源消耗控制目标，2014 年到 2015 年前三季度，中部地区的江西能耗增速预警等级为一级，山西、吉林、黑龙江、安徽、河南、湖北、湖南等 7 个地区能耗增速预警等级为三级。其中，1—9 月，河南省规模以上工业企业单位增加值能耗同比下降 12.32%，36 个重点产品中有 26 种产品综合能源消耗同比下降，提前并超额完成了河南省 2015 年年度节能目标以及“十二五”工业节能目标。1—9 月，湖南省规模以上工业能源消费量 4495.08 万吨标准煤，与上年同期相比下降 3.3%；规上工业单位增加值能耗同比下降 10.3%，完成年度工业节能目标。这受益于高技术产业快速发展和工业结构持续优化，“十二五”前四年湖南省规模以上工业企业单位增加值能耗累计下降 38.4%。

二、主要污染物减排情况

（一）主要污染物排放量降幅扩大

2015 年上半年，中部地区各省二氧化硫、氮氧化物、化学需氧量、氨氮排放量与上年同期相比均有不同程度下降。上半年，中部地区的化学需氧量排放量为 386.35 万吨，同比下降 3.23%，降幅高于全国平均水平 0.33 个百分点，占全国化学需氧量排放总量的 33.94%。其中，黑龙江、山西化学需氧量排放量同比分别下降 6.33% 和 4.74%，降幅较大；安徽化学需氧量排放量同比下降 0.87%，低于中部地区平均降幅 2.36 个百分点，在中部地区下降幅度最小。

2015 年上半年，中部地区氨氮排放量 39.35 万吨，同比下降 3.58 %，降幅比上年同期扩大 0.89 个百分点，占全国氨氮排放总量的 33.18%。其中，湖南省氨氮排放量 7.68 万吨，排放量绝对值居中部地区之首，氨氮排放量同比下降 4.4%，降幅较大。江西氨氮排放量同比下降 2.4%，降幅在东部地区最小。

2015 年上半年，中部地区二氧化硫排放量 277.5 万吨，同比下降 3.45%，降幅较上年同期扩大 1.01 个百分点，占全国二氧化硫排放总量的 28.06%。其中，河南省二氧化硫排放量为 60.93 万吨，同比下降 4.68%，降幅较上年同期扩大 2.26 个百分点，下降幅度居中部地区之首。2015 年上半年，中部地区二氧化硫排放量最高的省份是山西，排放量为 61.65 万吨，同比下降 4.52%。

2015 年，中部地区氮氧化物排放量 297.4 万吨，同比下降 8.3%，降幅较上年同期扩大 1.8 个百分点，占全国氮氧化物排放总量的 29.66%。其中，上半年，中部地区氮氧化物降幅最大的省份是湖北，氮氧化物排放同比下降 9.56%；中部地区氮氧化物排放量绝对值最大的省份是山西，氮氧化物排放量达 50.94 万吨，同比下降 8.36%；中部地区氮氧化物降幅最低的省份是江西，同比下降 5.52%（见表 11-1）。

表 11-1　2015 年上半年中部地区主要污染物排放量

单位：万吨

省份	化学需氧量排放量			氨氮排放量			二氧化硫排放量			氮氧化物排放量		
	2014年上半年	2015年上半年	同比变化（%）	2014年上半年	2015年上半年	同比变化（%）	2014年上半年	2015年上半年	同比变化（%）	2014年上半年	2015年上半年	同比变化（%）
山西	23.35	22.24	-4.74	2.79	2.68	-3.76	64.57	61.65	-4.52	55.58	50.94	-8.36
吉林	37.15	35.74	-3.79	2.64	2.52	-4.8	18.25	17.56	-3.79	28.42	26.16	-7.95
黑龙江	72.37	67.79	-6.33	4.37	4.27	-2.36	22.81	21.91	-3.95	37.32	33.77	-9.51
安徽	45.5	45.1	-0.87	5.19	5.1	-1.77	25.98	25.36	-2.4	44.9	41.81	-6.89
江西	36.89	36.41	-1.32	4.39	4.29	-2.4	26.8	26.39	-1.53	27.87	26.33	-5.52
河南	67.92	65.66	-3.32	7.22	6.89	-4.58	63.93	60.93	-4.68	73.36	66.76	-9
湖北	52.32	50.44	-3.59	6.18	5.92	-4.18	31.32	30.13	-3.78	29.17	26.38	-9.56
湖南	63.74	62.97	-1.2	8.03	7.68	-4.4	33.77	33.57	-0.58	27.7	25.25	-8.86
合计	399.24	386.35	-3.23	40.81	39.35	-3.58	287.43	277.5	-3.45	324.32	297.4	-8.30

资料来源：环境保护部，2016 年 1 月。

（二）大气质量改善程度尚待提高

2015 年 1—9 月，山西省完成《大气污染防治目标责任书》的目标进度任务，$PM_{2.5}$ 浓度为 51 微克 / 立方米，与上年同期相比下降 13.60%，与 2013 年同期相比下降 29.20%，已提前完成大气污染行动计划到 2017 年下降 20% 的约束性目标。其他中部地区各省主要考察 PM_{10} 浓度变化。2015 年 1—9 月，中部地区的河南、湖北、湖南、江西、安徽 PM_{10} 浓度均有不同程度下降，分别同比下降 1.50%、3.80%、5.60%、6.80%、25.00%；与 2013 年同期相比，仅湖南、江西、安徽三省 PM_{10} 浓度下降，下降幅度分别为 3.40%、1.40%、8.50%。2015 年 1—9 月，吉林、黑龙江、河南、湖北 PM_{10} 浓度与 2013 年同期相比分别上升 15.50%、3.30%、16.20% 和 13.30%，大气污染治理形势严峻，距完成大气污染行动计划要求的到 2017 年分别下降 10%、5%、15% 和 12% 的目标存在较大差距（见表 11-2）。

表 11-2　2015 年 1 至 9 月中部地区各省（区、市）PM10、$PM_{2.5}$ 浓度变化情况表

单位：微克/立方米

省份	2013 年全年浓度	2014年1—9月浓度	2015年1—9月浓度	与2014 年同期相比变化幅度	与2013 年同期相比变化幅度	行动计划下降目标（2017 年）
吉林	77	77	82	6.5%	15.5%	-10%
黑龙江	70	63	63	0%	3.3%	-5%
河南	127	131	129	-1.5%	16.2%	-15%
湖北	101	106	102	-3.8%	13.3%	-12%
湖南	97	89	84	-5.6%	-3.4%	-10%
江西	77	73	68	-6.8%	-1.4%	-5%
安徽	99	100	75	-25%	-8.5%	-10%
山西	77	59	51	-13.6%	-29.2%	-20%

资料来源：环境保护部，2016 年 1 月。

三、碳减排情况

湖北省是中部地区唯一的碳交易试点省份。目前，湖北碳交易市场在开户数、市场规模等各方面均属于全国碳交易市场的先进水平。尤其是湖北是全国第一个引导外资参与碳交易的市场，目前已经累计引进境外以及省外资金 1.5 亿元左右。截至目前，湖北省有电力、钢铁、化工等 12 个行业已经纳入碳排放配额管理体系。2015 年，湖北省碳交易市场实现了进一步发展。2015 年 6 月 30 日，黄冈亚东水泥、湖北新鑫钢铁、宜昌弘洋新材料、湖北新洋丰肥业等企业共清缴配额 539 万吨以上，成为湖北 138 家参与碳交易的企业中第一批完成履约责任和义务的企业，湖北碳交易市场运行稳定。

第二节　结构调整

2015 年，中部地区各省份经济运行缓中趋稳，高技术产业、高成长性制造业等高附加值低能耗产业增长较快、占比提高。传统高耗能行业生产放缓、占比下降，工业经济结构调整和转型升级持续推进，工业结构优化已经成为节能降耗的主要拉动力，结构节能进展显著。

分地区看，河南省高技术产业增长较快、占比提高，但传统支柱产业和高耗能行业增长放缓。1—9月，河南省高技术产业增加值与上年同期相比增长23.8%，比全省工业增加值增速高15.3个百分点；对全省工业增长的贡献率达到19.2%，比上年同期提高8.4个百分点；高技术产业增加值占工业经济的比重达8.1%，同比提高1.3个百分点。高成长、高附加值制造业增长较快。1—9月，河南省制造业增加值与上年同期相比增长11.7%，比河南省工业增加值增速高3.2个百分点，拉动河南省规模以上工业增加值增长5.1个百分点；占全省工业增加值的比重为46.5%，比上年同期提高2.5个百分点。2015年1—9月，河南省高耗能行业增加值同比增长6.3%，占全省工业经济的比重为34%，占比下降2.2个百分点。

湖北工业发展分化态势非常明显，工业结构不断优化。1—9月，湖北省汽车制造业增加值同比增长7.5%，与上半年相比增速提高1.1个百分点。但钢铁、电力和石化行业生产呈明显下降趋势，与上年同期相比分别下降1.2%、1.0%、1.4%。部分转型升级较快的企业发展态势良好，其中，烽火通信、兴发集团、稻花香等产值均同比增长超过20%，但受市场需求不足影响，一些传统企业生产经营困难，武钢、武石化、大冶有色等重点企业工业产值均同比下降。工业结构优化使湖北省工业能源利用效率有所提升。

湖南省工业经济结构继续优化 。1—9月，高加工度工业增加值与上年同期相比增长8.6%，比规模工业增加值平均增速高0.8个百分点，占工业经济的比重为36%，占比与上年同期相比增加0.3个百分点。高技术产业增加值增长13.4%，比规模工业增加值平均增速高5.6个百分点，占工业经济的比重为9.8%。其中，资源与环境技术、电子信息技术、新能源及节能技术增加值分别大幅增长36.4%、33.9%和17.7%。但是，1—9月，湖南省六大高耗能行业增加值占工业经济的比重为30.7%，与上年同期相比降低0.4个百分点。

山西省工业经济降幅较大，但部分低耗能和高技术行业保持一定增长。1—9月，山西省装备制造业、医药工业增加值同比分别增长4.0%和1.0%，但煤炭、冶金、电力、建材、化工等行业增加值增速均有不同程度下降，原煤、焦炭、水泥、粗钢、电解铝、火力发电量等高耗能产品产量与上年同期相比均有下降。

第三节　技术进步

一、大型干熄焦余热发电新技术

2015 年 11 月，采用合同能源管理模式建立的干熄焦余热发电项目在河南省平煤神马集团建成投入运行。该项目采用了一种新的技术工艺，改变了传统工艺冷却焦炭时采用喷水降温的方法，改为以低温惰性气体作为冷却循环的媒介，用惰性气体将干熄焦炉中的高温焦炭在即将出炉前将 83% 的热量吸收完毕，再将惰性气体传导给余热锅炉以及后续装置，从而产生蒸汽和电力。该技术回收和利用焦炭余热效率相对于传统干熄焦工艺更高，并可将焦粉等有害物质转变为烧结原料，从而克服了焦粉腐蚀设备以及污染物排放问题，同时显著提升焦炭的质量。该项目可实现发电 3.89 亿千瓦时 / 年，节能 13 万吨标准煤 / 年，分别减少二氧化碳、二氧化硫、粉尘排放 33.1 万吨 / 年、0.2 万吨 / 年、3.2 万吨 / 年，回收焦粉 8 万吨 / 年。

二、模块化梯级回热式清洁燃煤气化技术

模块化梯级回热式清洁燃煤气化（MCREG）技术是基于循环流化床气化原理开发的一种新型清洁煤气化技术，该技术克服了传统煤制气技术存在的用煤要求洗选后的高热值优质块煤、综合转化率低、环保治理成本高、资源消耗大等问题，该技术由安徽科达洁能股份有限公司经过八年的研发与创新，在安徽马鞍山市的技术研发基地形成、沈阳法库陶瓷工业园完成示范工程，实现了园区稳定集中供气。该技术内容如下：煤经破碎筛分送入气化炉，气化剂经高温换热器预热后进入气化炉与碎煤反应生成粗煤气和炉渣。粗煤气中未反应完全的煤颗粒经旋风分离器分离送回气化炉以提高碳转化率，分离后的粗煤气经换热器进一步回收余热，经过除尘、降温、脱硫后经加压机送至用户使用，炉渣以固态形式排出。相对传统的固定床煤气化技术，MCREG 技术煤种适用性更强、碳转化率较高、环保治理成本较低；相对目前大型煤化工项目中应用广泛的新型气流床技术，MCREG 技术投资少、能耗低；与其他流化床技术相比，MCREG 技术在同等工况下生产的煤气热值、工艺能效更高。从工业燃料气的制取方法和投资规模等方面综合考

虑，MCREG 技术适合中小规模的低成本清洁煤制气，更适合传统制气设备升级换代的需求。该技术具有以下优势：一是工艺流程清洁高效。通过旋风分离器增加煤颗粒在床层内的停留时间提高碳转化率，系统综合碳转化率超过 95%。通过能量梯级回收利用，如高温余热用于预热气化剂，实现“高温助燃”，煤气热值最高可达 2000kcal/Nm^3，冷煤气化效率超过 85%，同时高温反应避免了酚类、焦油等物质的产生。采用干式除尘和前置脱硫，合成气清洁程度接近天然气，出口煤气粉尘含量小于 10mg/Nm^3，煤气中 H_2S 含量低于 20 mg/Nm^3，分别为国家标准的 1/5 和 1/10，同时避免传统水洗除尘带来的耗能、耗水等问题，产出的低含碳灰渣可用作建材原料，可基本实现无固废排放。二是经济效益高。清洁燃煤气化系统一次性固定资产投资较大，但占地面积小、运行成本和原料成本低、主体装备使用寿命长，中长期效益远高于使用天然气和固定床煤气发生炉。三是供气稳定可靠灵活。清洁燃煤气化系统集成度高，可保障系统长期稳定运行，同时通过模块化和负荷弹性设计，可在不同工业领域实现用户端灵活供气，实现不同工业领域清洁燃煤气化系统的灵活配置，在一定负荷弹性范围内根据下游企业用气量需求变化进行调节。

三、负压蒸氨节能新工艺

该技术适用于以焦化行业，尤其是以焦炉为主体同时回收焦炉煤气的企业，技术拥有方是河南省安阳市恒威石化设备有限责任公司。焦化行业每年排放的剩余氨水高达数千万立方米，剩余氨水中含有较高浓度的氨氮和化学需氧量。我国大部分焦化厂采用传统蒸氨工艺的直接蒸汽加热法，这种方法存在蒸氨效果差、水蒸气消耗大以及费用高等问题。传统蒸氨过程能耗很高。若氨处理生产的是氨水，则传统工艺消耗饱和蒸汽 160—200 kg/ 立方米原料氨水；若氨处理生产的是硫氨产品，则需消耗饱和蒸汽 250—300 kg/ 立方米原料氨水。负压蒸氨节能新工艺采用真空泵将蒸氨塔形成负压，利用焦炉 85℃循环氨水做热源携带热量和蒸氨塔底部废水换热使塔内温度达到约 73℃，进行低温蒸馏。负压蒸氨节能新工艺为实现焦化厂氨水蒸馏蒸氨过程蒸汽零消耗，尤其是对于需要外购蒸汽的焦化厂，通过该工艺可大大降低成本。若以 15 立方米 / 小时处理剩余氨水速度，可实现年节约蒸汽 2.6 万吨，降低蒸氨废水排放 2.5 万吨，节约蒸汽和生化处理设备运行费用 350 余万元。该技术已经在豫龙焦化集团、河南利源焦化以及河北多家钢厂焦化厂成功应用。该技术投资回收期短，其中豫龙焦化当年回收了负压蒸氨设备投资成本。

四、高温固体渣（物料）余热回收技术

该技术主要应用于化工、造纸和电力等行业的高温废渣的余热回收，例如：锅炉高温渣、硫酸渣等的余热回收，或活性炭、硫酸钡等高温固体物料的冷却余热回收，适用范围广泛，技术所有方是圣火科技（河南）有限责任公司。该技术采用新型的水冷冷渣排渣器，使得高温废渣等与炉内壁换热，生成的热水用于锅炉或其他用途，从而实现高温固体渣的余热回收利用。该技术具有节能减排效果，通过该技术应用，可提高锅炉热效率 1%—1.8%，吨渣节能 23—45 千克标准煤，减少二氧化碳排放 58 千克，吨渣增加效益超过 30 元。该技术已经成功应用于河南骏化热电分厂 4 台产汽量 75 吨 / 小时的锅炉余热回收改造工程，实现年节能 4900 吨标准煤，入选中国优秀合同能源管理节能项目。该项目单台设备投资约 10 万—30 万元，投资回收期为 0.7—1.5 年。若该技术在重点行业的普及率达到 50%，预计可实现年节能 15 万吨标准煤，年减少二氧化碳排放量 25 万吨。

第四节　重点用能企业节能减排管理

一、华新水泥股份有限公司

华新水泥股份有限公司于 1907 年创立，是我国领先的建材供应商，主营业务涉及水泥、环保、混凝土、骨料、装备及工程等。公司 1994 年在上证上市，于 1999 年与瑞士 Holcim 集团结为战略伙伴。华新水泥已入选中国制造业 500 强、《财富》中国 500 强。华新水泥的企业使命为“清洁我们的生活环境，提供信赖的建筑材料”，多年来致力于清洁生产水平提升，同时利用水泥窑协同处理技术，为社会提供环境服务。

（一）环境监测常态化

一是大力推进清洁生产。华新水泥在生产全过程贯彻清洁生产理念，推行清洁生产对标，并通过常态化环境监测、环保风险评估等措施，降低能源资源消耗，减少污染物排放，应对气候变化，实现“节能、降耗、减污、增效”。二是环境监测制度化。下属工厂利用在线监控设备对污染物进行实时监测，每月定期评估

污染排放状况，并根据监测结果及时调整生产工艺、维护环保设备。三是水管理精细化。对取水、排水等环节严格规定，显著降低工厂取排水造成的环境影响。

（二）降低污染物排放

一是重视末端 NOx 治理。所有水泥窑生产线均安装了选择性非催化还原（SNCR）系统，显著降低工厂的 NOx 排放，并采用水泥窑分级燃烧技术等生产工艺技术改造，源头削减 NOx 产生量。二是强化粉尘治理。通过预防性维修等多种措施，保证收尘器运行状态最佳，降低粉尘排放量。三是加强二氧化硫治理。通过使用低硫煤、监控生料含硫量等措施，从源头控制 SO_2 的来源，对二氧化硫排放量较高的下属企业，通过新上脱硫设施来降低二氧化硫排放量。四是重视无组织排放控制。通过推行装包系统无组织排放控制，公司超过 85% 的水泥装包线配备高效辊道清包机，探索应用装车栈台无组织排放控制技术。

（三）积极应对气候变化

一是实施碳资产管理，出台了《碳资产管理办法》，发布了华新水泥下属企业和单位的二氧化碳排放量核算准则。二是继续实施能效提升工程。不断降低熟料烧成热耗以及水泥粉磨电耗，提升余热发电效率，降低单位产品二氧化碳排放强度。三是提升可替代燃料利用率。通过水泥窑协同处置生活垃圾、污泥等技术，大量处理生活垃圾、三峡漂浮物等，间接减少二氧化碳排放。

二、武汉钢铁股份有限公司

武汉钢铁股份有限公司是由武汉钢铁（集团）公司控股的上市公司，于 1997 年 11 月创立，1999 年 8 月在上证上市交易，是国内特大型钢铁上市企业。公司拥有完整的炼铁、炼钢、轧钢工艺技术流程，且居于世界先进水平，代表产品有冷轧硅钢片、汽车板、高性能工程结构用钢、精品长材。公司入选中国上市公司百强排行榜，获得中国国有上市企业社会责任榜百强企业称号。

（一）推行绿色供应链管理

一是实施绿色采购。优先引进通过 ISO14000 认证的供应商，对供应商提出严格做好供应的货物的保护措施等要求，避免上游供应商对环境造成损害。二是严格选择、评价和管理供应商。二是对供应商进行动态考核。每月对供应商的绩效等进行动态严格审核，优化渠道结构，提高供应商管理的信息化水平，将供应商资料纳入 ERP 系统，并设置相关的管理节点。

（二）建立环境管理体系及环境事故应急机制

一是建立和完善环境管理体系。建立了污染减排指标体系、污染监测体系、环境考核体系等，加强环境责任制管理。二是推行节能减排责任状管理制度。对各单位进行能耗和污染物排放控制指标进行分解，并将节能减排指标完成情况纳入业绩考核。三是环境事故应急机制，制定了《环境污染事故应急管理办法》，提前预防可能的环境事故。四是加强环境监测。长期监测 351 个污染源和 55 项污染因子，不断完善环境在线监测系统。

（三）加大节能环保技术研究及应用力度

一是积极推进节能低碳技术研发和应用。积极开展焦炉上升管余热利用、洗煤预处理、高炉鼓风除湿等技术研发。积极实施投资省、见效快的节能“短、平、快”项目，完善和拓展能源管控中心，开展二氧化碳排放量盘查，开展能源管理体系认证工作。二是实施节能环保项目。2014 年，公司投入 7.8 亿元用于环保提标改造，2015 年进一步加大了环保设施投资力度，且各项环保设施运行良好，尤其是 2014 年 9 月投产的 7m 焦炉干熄焦项目，节能效益明显。三是采用合同能源管理模式实施节能技术改造。采用合同能源管理模式的 3200m^3 高炉鼓风脱湿项目实现了年节约焦炭 2.2 万吨的良好节能效果。四是加大余热余压利用技术应用，2015 年实施了“三烧余热利用”“硅钢热处理炉余热利用”等项目。

三、江西铜业股份有限公司

江西铜业股份有限公司于 1997 年成立，是我国最大的阴极铜生产商之一，公司的主营业务涉及铜及其相关的有色金属领域，拥有有色金属勘探、采矿、冶炼、加工等完整产业链。江西铜业也是我国规模最大的铜生产和加工基地，是国内铜精矿自给率最高的企业。2014 年，江西铜业阴极铜产量 120 万吨，营业收入达 1988 亿元。江西铜业是中国百强上市公司，《福布斯》全球矿业企业排名第 12 名，世界绿色企业 500 强。

（一）强化科学管理

一是从决策和制度上保证绿色发展。成立了节能减排工作领导小组，组长由总经理担任，副组长由下属单位主要领导担任，主要成员一般为部室负责人。编制了《江西铜业能源审计报告》，出台了《江西铜业节能规划》，实施了《新建项目节能评估暂行办法》等，严格执行国家的各项标准和规定。二是以责任制考核为核心的环保管理制度。在公司内部层层签订安全环保责任状，在车间、工段、班组和个人层层落实环保责任，并在安全检查中纳入环保检查，定期对环保设施、排放口等重点环节进行环保检查，对隐患按“三定四不推”原则整改。

（二）大力发展循环经济

一是着力减少重金属排放量。建设了渣选铜尾渣及硫铁矿制酸烧渣综合回收、阳极泥处理综合利用、铜矿钼和铼资源回收、废石堆浸生产电极铜消耗酸性废水等多个循环经济项目，累计投资20多亿元。二是大力开展淘汰落后产能工作，近几年，累计淘汰和更新设备6.2万台套。三是重视资源循环利用。江西铜业在我国首次采用冶炼渣选矿技术替代原有水淬渣工艺，每天可实现节水2万吨，每年多回收铜9000多吨。江西铜业实施了大量低品位表外矿开采回收利用项目，有效降低矿山边界品位到0.25%，实现利用低品位矿1000万吨/年。

（三）加强节能减排过程控制

一是实施余热综合利用发电项目。增加余热锅炉和蒸汽压差能量回收发电装置，加大对余热余压的利用，每年发电超7262万度，节能约8925吨标准煤，年减少二氧化硫排放量180多吨。二是改进生产工艺。将选硫工艺使用酸性废水，实现年利用酸性废水200万吨。实施以废治废，利用酸性废水与选矿尾矿中和，每年酸碱性废水量中和量1000万吨。采用可资源化活性焦干法脱硫技术处理制酸尾气，有效降低了二氧化硫排放。三是加强污染防治设施运行管理。有针对性地制定公司环保管理方案和目标。例如，德铜泗洲厂利用浓密机溢流水代替新鲜水对矿浆泡沫进行冲洗、消泡，减少新水的用量，实现了选钼工段用水量下降10%的目标。

四、三一重工股份有限公司

三一重工股份有限公司创建于1994年，其母公司是三一集团，2003年7月在A股上市，2011年入选英国《金融时报》全球市值500强，是迄今中国唯一上榜的机械行业企业。

（一）大力发展节能环保型产品

一是开发出环保型沥青搅拌站，开拓绿色道路发展。三一路机开发了新型沥青搅拌站，该产品的粉尘排放量低于欧洲标准，在道路环保设备领域技术水平达到国内领先。同时，其沥青搅拌站提供除尘效率高、噪声低的操作环境，引领工程机械行业绿色革命。二是开发了高技术水平的 LNG 搅拌车，与同款柴油搅拌车相比，该 LNG 搅拌车可节约燃油 30%—35%，节约费用 10%—15%，且污染物排放接近零。三是开发了兼顾性能与环保双燃料的大型液压挖掘机。公司推出的 SY465H 双燃料挖掘机，采用了具有自主知识产权的单点喷射以及燃油、燃气独立控制技术，最大程度实现了动力性、环保性和经济性的平衡，使得三一重工在清洁能源利用水平上又上升了一个新台阶。

（二）精益改进工艺流程

一是通过引进消化先进技术工艺降低环境污染。例如，建设东新厂区时采用全新的“高固份涂料 + 干式过滤”工艺，借鉴了帕尔菲格欧洲工厂做法，既减少了作业时间和能源消耗，也有效消除了重金属污染，同时通过空气过滤回收了涂装有毒气体，减少了有毒气体排放。二是推广资源循环利用。通过推广“合金刀片改善项目”，实现年降低成本近百万元；通过循环利用产品及配件木质包装箱，降低包装成本 30%；通过再利用报废模夹具，实现变废为宝；通过实施无纸化办公，为节约资源贡献力量。

第十二章　2015年西部地区工业节能减排进展

2015 年，西部地区节能形势依然比较严峻，内蒙古、广西、重庆、四川、贵州、云南、西藏、陕西、甘肃等 9 省份节能工作进展基本顺利，青海、宁夏、新疆三省份节能形势严峻。西部地区化学需氧量、氨氮、二氧化硫、氮氧化物等主要污染物排放呈下降趋势，但下降幅度较小，个别省份出现排放量上升情况。产业结构调整方面工作开展顺利，广西、四川、内蒙古等省份的高技术、高附加值、节能环保行业快速发展。广西、陕西、青海等省份提前、超额完成淘汰落后目标任务。特高压输电、污水处理等节能环保技术得到很好的实践应用。重点行业的代表企业节能减排工作取得显著成效，本章详细介绍新疆天业、云南铜业及西宁特钢在节能减排方面的管理实践。

第一节　总体情况

西部地区相对于全国来说，工业化水平比较低，当前仍处于工业化中期阶段。工业结构仍然以能源、原材料等重化工业为主，装备制造业、轻工业虽然发展速度较快，但在拉动西部地区经济增长中的作用远不及能源、原材料等重化工业产业。由于重化工业为主导的产业结构在短期内难以扭转，且西部地区大多数省份资源消费中煤炭所占比重较高，油气相对消费量很少，节能减排技术和监督相对落后，地区单位生产总值能耗较高，这些因素导致西部地区节能减排的效率较低，2015 年，西部地区节能减排形势依然严峻。

一、节能情况

根据国家发改委公布的《2015年1—9月节能目标完成情况晴雨表》，通过对各地区节能形势分析，对照“十二五”节能工作进度要求，2015年前三季度，西部地区的青海、宁夏、新疆等3个地区预警等级为一级，节能形势非常严峻；内蒙古、重庆、广西、贵州、四川、云南、陕西、西藏、甘肃等9个地区预警等级为三级，节能工作进展基本顺利。根据国务院办公厅发布的《2014—2015年节能减排低碳发展行动方案》能耗增速控制目标要求，西部地区陕西、重庆、新疆、宁夏等4个地区预警等级为一级；内蒙古、广西、四川、贵州、云南、西藏、甘肃、青海等8个地区预警等级为三级。其中，与1—8月相比，贵州由二级预警下降为三级预警。

分地区看，2015年前三季度，广西重工业能耗降幅收窄，轻工业能耗降幅扩大。前三季度，广西规模以上工业综合能源消费量为4298万吨标准煤，同比增长速度由2014年的增长0.3%转为下降3.5%，万元工业增加值能耗同比下降10.9%，降幅比2014年同期扩大1.1个百分点。前三季度，规模以上重工业能耗总量为3710万吨标准煤，同比增速由2014年的增长0.1%转为下降2.4%，占规模以上工业总能耗的86.3%。轻工业能耗总量为588万吨标准煤，同比增速由2014年的增长0.9%变为下降10.2%，占规模以上工业总能耗的13.7%。六大高载能行业的能耗下降幅度收窄。前三季度，六大高载能行业能耗总量为3613万吨标准煤，占全区规模以上工业能耗的84.1%，同比增速下降2.94%。其中，有色金属冶炼及压延加工业、黑色金属冶炼及压延加工业及非金数矿物制品三大行业综合能耗分别同比增长6.2个百分点、1.2个百分点及0.01个百分点。电力热力生产和供应业、石油加工和核燃料加工业以及化学原料制品制造业综合能耗分别同比下降16.9个百分点、3.1个百分点及2.8个百分点。全部工业用电量下降幅度收窄，据电网公司统计，1—10月，广西工业用电量同比下降0.77%，比前三季度降幅扩大0.27个百分点，已连续9个月下降。全社会用电量同比增长1.8%，比前三季度回落0.4个百分点。

2015年前三季度，陕西省规模以上工业单位增加值能耗降幅收窄，规模以上工业能耗高位运行，节能降耗工作压力增大。前三季度规模以上工业综合能源消费量达6227.03万吨标准煤，同比增长2.8%，单位工业增加值能耗下降1.6%，比2014年同期收窄1.9个百分点，工业增加值增速放缓、部分行业单位增加值能耗上升共同导致规模以上工业单位增加值能耗降幅收窄。工业综合能源消费量高出全国增速 5.9 个百分点，增速在全国各省份居第 3 位。40 个行业大类中，有 10 个能源消费量较上年同期都有所增长，其中，六大高耗能行业综合能源消费总量为 5022.94 万吨，比上年同期增长 2.8%，占陕西全省能源消费量的八成，直接拉动全省能源消耗上升 2.2 个百分点。据陕西省统计局发布的 1—10 月份全省规模以上工业能耗简况，1—10 月，对规模以上工业能耗增长影响最大的行业是化工行业，煤炭、建材、电力行业影响能耗增速回升。34 个非高耗能行业中，有 26 个行业能耗同比下降。

2015 年，四川省工业节能形势持续向好。前三季度，全省单位工业增加值能耗下降 11.76%，促进全省单位 GDP 能耗下降 6.42%。预计 2015 四川省将超额完成工业能耗下降 3% 的年度节能目标。分地区看，眉山、宜宾、自贡、内江、绵阳、遂宁 6 市单位工业增加值能耗下降幅度较大，超过 15%。成都市扭转上年节能目标大幅反弹的局面，转为稳步下降。凉山、巴中两地区节能指标不降反升，完成节能目标比较困难。

二、主要污染物减排情况

2015 年上半年，西部地区化学需氧量排放总量 294.35 万吨，同比下降 2.33%；氨氮排放总量 28.99 万吨，同比下降 2.37%；二氧化硫排放总量 366.66 万吨，同比下降 5.60%；氮氧化物排放总量 298.78 万吨，同比下降 9.52%，其中，化学需氧量、氨氮排放量下降速度均低于全国总体水平，下降幅度较小。二氧化硫排放量、氮氧化物排放量下降速度高于全国平均下降速度，由于西部地区所处工业化发展阶段和工业结构特点，其减排形势相比东中部地区仍较为严峻。具体来看，2015 年上半年，化学需氧量排放量上升的省份是青海，上升幅度为 1. 69%；二氧化硫排放量上升的省份是西藏，上升幅度为 13.04%；氮氧化物排放量上升的省份是青海，上升幅度为 2.98%。西部地区化学需氧量降幅最大的省份是重庆，下降 3.99%；氨氮排放量降幅最大的省份也是重庆，下降 3.33%；二氧化硫排放量降幅最大的是新疆生产建设兵团，下降 15.26%；氮氧化物排放量降幅最大的也是新疆生产建设兵团，下降 26.32%，其次是贵州，下降幅度为 11.94%（见表 12–1）。

表 12–1　2015 年上半年西部地区各省份主要污染物排放量

单位：万吨

省份	化学需氧量排放量			氨氮排放量			二氧化硫排放量			氮氧化物排放量		
	2014年上半年	2015年上半年	同比变化（%）	2014年上半年	2015年上半年	同比变化（%）	2014年上半年	2015年上半年	同比变化（%）	2014年上半年	2015年上半年	同比变化（%）
内蒙古	43.3	42.7	–1.4	2.6	2.5	–2.6	70.3	66.6	–5.3	70.8	63.9	–9.8
广西	37.2	36.7	–1.3	4.2	4.1	–1.6	21.6	21.4	–0.7	22.4	20.7	–7.3
重庆	19.4	18.6	–4.0	2.5	2.5	–3.3	27.7	26.6	–3.9	18.4	16.5	–10.0
四川	62.4	60.2	–3.6	6.8	6.6	–2.8	40.1	36.9	–7.8	32.6	30.0	–7.9
贵州	16.6	16.2	–2.4	1.9	1.6	–3.1	50.6	45.5	–10.0	26.3	23.1	–11.9
云南	26.9	26.4	–1.7	2.9	2.8	–2.9	32.0	28.4	–11.1	24.5	22.3	–8.8
西藏	1.4	1.4	0.00	0.2	0.2	0.00	0.2	0.3	13.0	2.0	2.6	32.7
陕西	25.1	24.4	–2.8	3.0	2.9	–2.5	42.5	40.6	–4.3	36.5	33.0	–9.7
甘肃	19.3	18.7	–3.0	1.9	1.9	–1.9	32.5	31.6	–2.8	21.4	20.0	–6.7
青海	5.2	5.3	1.7	0.5	0.5	3.0	7.7	7.6	–1.1	6.7	6.1	–9.8
宁夏	11.3	11.2	–1.2	0.8	0.8	0	20.5	20.0	–2.3	20.0	18.0	–9.9
新疆	28.6	27.9	–2.3	2.0	2.0	–1.9	36.4	35.6	–2.1	40.0	36.1	–9.7
新疆兵团	4.8	4.7	–2.9	0.3	0.3	–3.2	6.5	5.5	–15.3	8.7	6.4	–26.3
合计	301.4	294.4	–2.3	29.7	29.0	–2.4	388.4	366.7	–5.6	330.2	298.8	–9.5

资料来源：环境保护部，2016 年 1 月。

2015 年前三季度，重点地区的 $PM_{2.5}$ 浓度变化情况：京津冀及周边地区的内蒙古 2013 年全年浓度是 57 微克 / 立方米，2014 年前三季度份浓度为 42 微克 / 立方米，2015 年前三季度，浓度为 40 微克 / 立方米，处于持续下降状态，且已经实现 2015 年目标值 48 微克 / 立方米。重庆市 2013 年全年 $PM_{2.5}$ 浓度为 70 微克 / 立方米，2014 年前三季度 $PM_{2.5}$ 浓度为 58 微克 / 立方米，2015 年前三季度 $PM_{2.5}$ 浓度为 57 微克 / 立方米，也呈现出持续下降态势，且 2014 年排放浓度就低于 2015 年目标值 66 微克 / 立方米。

2015 年前三季度非重点区域各省份 PM_{10} 浓度变化情况如下表所示：平均浓度最低的省份是西藏，平均浓度为 45 微克 / 立方米，其次是云南，平均浓度为 46 微克 / 立方米；平均浓度最高的省份是宁夏，平均浓度为 105 微克 / 立方米；

与2014年同期相比，下降幅度最大的省份是新疆，下降幅度为14.3%，不降反升的省份是宁夏，上升5%（见表12-2）。

表12-2 2015年1至9月西部地区非重点区域各省市PM_{10}浓度变化表

（单位：微克/立方米）

序号	省份	2013年全年浓度	2014年1—9月浓度	2015年1—9月浓度	与2014年同期相比变化幅度（%）	与2013年同期相比变化幅度	行动计划下降目标（2017年）（%）
1	广西	64	64	63	−1.6	14.5%	−5
2	四川	91	86	82	−4.7	−5.7%	−10
3	贵州	83	69	60	−13.0	−24.1%	−5
4	云南	55	52	46	−11.5	−13.2%	持续改善
5	西藏	64	55	45	−9.1	−16.7%	持续改善
6	陕西	94	100	93	−7.0	−2.1%	−15
7	甘肃	94	102	102	0	8.5%	−12
8	青海	150	118	104	−11.9	−33.8%	−15
9	宁夏	87	100	105	5.0	19.3%	−10
10	新疆	108	112	96	−14.3	−9.4%	−15

资料来源：环境保护部，2016年1月。

三、碳减排情况

当前全国开展的7个碳交易试点，西部地区只有重庆一家，重庆市碳排放权交易于2014年6月19日在重庆联合产权交易所正式开市。2015年以来，重庆市政府、重庆市发改委等相关部门积极推进重庆市碳排放权交易，建立并完善碳交易市场，完善相关管理制度，并取得积极进展。为做好碳排放管理和交易工作，促进重庆碳排放市场有序发展，2015年初，重庆市发改委下发了《关于下达重庆市2014年度碳排放配额的通知》，并根据《重庆市碳排放权交易管理暂行办法》和《重庆市碳排放配额管理细则（试行）》的有关规定，结合配额管理单位对2014年的碳排放申报情况，确定2014年碳排放配额为115686722吨，并制定了分配方案。紧接着开展了2014年度碳排放报告工作，为核定各配额管理单位2014年度碳排放水平，履行第一期配额清缴义务做好准备。重庆市发改委还开展了2014年度配额管理单位碳排放核查工作。6月份，为落实国家发改委《关于落实全国碳排放权交易市场建设有关工作安排的通知》（发改气候〔2015〕

1024 号)，重庆市发改委对钢铁生产、电力(发电、电网)、有色金属冶炼(电解铝、镁冶炼)、化工(化学原料和化学制品制造)、建材(水泥、平板玻璃、陶瓷)、航空(航空运输业、机场)等六大高耗能行业的重点企业碳排放情况进行了初步核查，为建设全国统一的碳排放权交易市场打基础。为了规范重庆碳排放配额的管理，确保重庆市碳排放权交易市场有序健康发展，促进碳的减排，根据《重庆市碳排放权交易管理暂行办法》，重庆市发改委制定了《重庆市碳排放配额管理细则(试行)》，并印发相关单位，开始执行。在做好第一期碳排放配额交易工作的基础上，重庆市发改委于 2015 年 9 月 16 日下发《关于申报 2015 年度碳排放量的通知》,最后确定 2015 年度碳排放配额为 105511402 吨,于 2015 年 11 月 30 日，发布了《关于下达重庆市 2015 年度碳排放配额的通知》，开始了第二期碳排放权配额交易工作。

第二节　结构调整

一、战略性新兴产业快速发展

2015 年，西部地区在产业结构调整方面工作开展顺利，取得一定进展，为产业结构进一步优化和工业绿色转型升级打下了一定基础，一些省份的高技术、高附加值、节能环保行业快速发展。分地区情况如下。

2015 年前三季度，根据广西壮族自治区统计局及国家统计局广西调查总队发布的 2015 年广西前三季度经济运行报告显示，广西工业结构逐步优化。高技术产业增加值占规模以上工业增加值的比重达到 8.6%，同比提高 1.3 个百分点。六大高耗能行业增加值占规模以上工业增加值的比重为 37.8%，同比下降 1.5 个百分点。前三季度工业经济保持了较快的增长，但规模以上工业综合能耗同比下降了 3.5%，节能减排工作继续取得新进展。前三季度，广西全区规模以上工业增加值同比增长 8.3%，轻工业增加值同比增长 5.7%，重工业增长 9.5%。铝业、糖业转型升级取得新进展，战略性新兴产业和现代制造业加快发展。电子信息产业成为第 10 个突破千亿元的产业，机械、汽车、石化突破两千亿元。国家新型工业化产业示范基地增加至 5 个。报告也发布了细分行业的增长数据，具体来看，全区 40 个大类工业行业中，33 个行业实现增长，占行业数的 82.5%。增加值总量超过 200 亿元的 9 大行业全部实现同比增长，黑色金属冶炼和压延加工业增长

16.9%，汽车制造业同比增长6.0%，非金属矿物制品业增长7.9%，农副食品加工业增长1.4%，电力热力生产和供应业增长0.5%，计算机通信和其他电子设备制造业增长25.3%，有色金属冶炼和压延加工业增长9.0%，化学原料和化学制品制造业增长12.6%。

前三季度，重庆产业结构继续优化。高新技术制造业产值达到2898亿元，比上年同期增长14.2%，高于重庆市工业增加值幅度1.5个百分点，高耗能行业产值下降1个百分点。“6+1”支柱产业中，汽车、电子、化医、材料、消费品和装备制造业保持快速增长，增长速度分别为17.2%、11.8%、15.0%、11.4%和13.0%,能源行业增长速度为6.1%,低于六大新兴支柱产业。战略性新兴产业崛起，电子核心部件方面，前三季度重庆市液晶显示屏、集成电路的产量比上年同期分别增长10.4倍和64.6%。智能制造及机器人方面，很多大项目开工上马，多家企业投产，工业机器人的产量同比增长1.9倍。新材料方面，高性能钢材、石墨烯薄膜、新医药材料等发展快速，大项目相继上马。前三季度，十大新兴产业实现产值1220亿元。

前三季度，四川产业结构调整步伐加快，根据四川省统计局数据，前三季度第三产业增加值同比增长9.5%，其中，金融业的快速增长起到了重要作用。工业生产缓中趋稳，前三季度，规模以上工业增加值同比增长8%，比全国平均水平高1.8个百分点。分行业看，非金属矿物制品业增加值同比增长22.8%，汽车制造业增长10.3%，通用设备制造业增长6.7%，计算机、通信和其他电子设备制造业下降0.4%。四川产业结构优化的一个显著特点是节能环保产业发展迅速，尤其以成都节能环保产业园区最为突出。2015年，位于成都金堂县的成都市节能环保产业基地，又有总投资达133.2亿元的20个项目集中开工，预计达产后新增销售收入可达213.8亿元。此次新引进的主要项目有中节能（中国）节能环保装备产业园项目、四川盛辉皇明新能源有限公司太阳能发电设备生产及发电站项目、天津巴莫科技股份有限公司3C阳离子正极材料项目、四川宝生新能源电池有限公司宽温区镍氢动力电池项目、长虹废旧平板显示类产品综合利用生产线建设项目等。这些项目影响力较大，它们的入驻，进一步提升了成都节能环保产业基地的影响力。

2015年，内蒙古新兴产业规模迅速扩大，支柱产业呈现多元化特色。当前，内蒙古煤炭工业占规模以上工业产值的比重由2014年的28.8%下降到24.5%，对全区经济增长的贡献由 18% 下降到 8.5%，内蒙古“一煤独大”的局面正加速转变。高端装备制造业、稀土新材料等产业发展迅速，风电、稀土、单晶硅、云计算产业规模居全国第一。新能源、金融保险、旅游等产业呈现出集群化发展势头，产值增速均已超过钢铁、煤炭等传统支柱产业。

2015 年，青海省紧抓“一带一路”发展机遇，围绕国家大力推进“互联网 +”的总体目标，加快培育大数据产业。青海省政府于 8 月份印发了《关于促进云计算发展培育大数据产业实施意见》，为全省云计算的应用、大数据产业的培育和发展明确了方向和实施路径。

甘肃省加快生产性服务业发展，引领产业向价值链高端发展。省政府提出“5215”优势企业集群梯队培育，并利用高新技术改造提升传统产业，促进石油化工、有色冶金产业向产业链上下游延伸，推动石油钻采、汽车及零配件、新能源装备等产业向服务型制造业转变，加快发展电子商务和电子支付服务业。

二、淘汰落后产能进展顺利

2015 年是“十二五”的最后一年，西部地区各省份完成“十二五”淘汰落后产能目标的具体情况如下：

广西提前完成了“十二五”淘汰落后产能目标。广西针对钢铁、水泥、造纸等行业的过剩产能，结合行业特点，根据国家宏观调控政策及产业政策，淘汰落后产能，提前一年完成了“十二五”时期淘汰落后产能的目标任务。2014 年，实现结构性节能 243 万吨标准煤。2015 年以来，全区继续按照能源消耗总量控制指标、环保标准等要求，对产能过剩行业进行全面清理，严重准入、落实等量或减量置换方案，加大执法力度，加快落后产能退出，有望实现钢铁产能利用率 85%，新型干法水泥比重达 90% 的目标。

重庆市稳步推进 2015 年淘汰落后产能工作。全市 2015 年淘汰落后产能的目标任务为：淘汰落后铁合金产能 3 万吨，淘汰落后焦炭产能 24.2 万吨，淘汰落后化工（硫酸）产能 12 万吨。目标任务已经分解落实到永川、城口、巴南等 3 区县的 4 户企业。据重庆煤监局最新统计消息，截至 11 月 29 日，重庆关闭煤矿新增到 204 个，提前两年完成全市计划 2017 年关闭 200 个煤矿的任务。

陕西省部分地区已经提前完成 2015 年淘汰落后产能任务。陕西省政府要求相关地市政府于 9 月之前完成淘汰落后产能和过剩产能的任务，据统计数据显示，有部分地区提前完成，比如渭南。

第三节 技术进步

2015 年，西部地区继续加大科技研发投入力度，推广和应用了一批先进适用节能减排技术，部分代表技术如下：

一、油田工业废水重核—催化强化絮凝净水技术

该技术的基本原理主要是运用物理化学方法，结合污水反应器技术处理油田产生的采油废水，采用先进的氧化降解技术先将污水中难降解污染物进行降解，再用高效净水药剂和污水反应工艺进行混凝净水，最终达标排放，稠油污水除硅主要采用化学反应条件设置，结合除硅专用反应器达到降低污水中二氧化硅的含量。本技术主要适用于油田作业产生的污水处理和达标回用，污染物类型相近的工业行业也可采用。该技术适用于多种规模的污水处理项目，目前应用较多的是 1000m^3/d、2000m^3/d、5000m^3/d、10000m^3/d。该技术在新疆油田公司已经成功推广应用，应用于陆梁油田的污水处理系统改造。根据新疆油田公司出具的水质检验报告，项目出水达标，水中含油、悬浮物均低于 5mg/L，腐蚀率低于 0.05mm/a，经过该工艺处理后的油田污水可以完全替代清水用于油田注水。项目总投资约 7200 万元，其中，基建投资 1200 万元，设备投资 6000 万元，预计吨水运行费用为 0.60 元。

二、高浓度难降解工业废水高效厌氧颗粒污泥反应器技术

该技术的基本原理是改造回流出水的位置，对池体的流体力学进行优化，预处理过的废水与回流水及沉淀池的回流污泥混合进入反应器底部，底部的布水装置将水均匀地布置在整个反应器内，在此有机物被充分降解，反应器顶部设有特制的三相分离器，能够将水、污泥和沼气分离开来，出水进入沉淀池，经去除污泥与悬浮物后，可进入下一级污水处理工艺继续进行处理，沼气收集后可作为清洁能源使用。该技术适用于 COD_{Cr} 浓度高、成分复杂、难生化降解的废水。其技术关键是通过建立 3D 模型模拟实验流体力学，确定出几种不同的具有良好的分离性能的三相分离器。本技术采用的是模块化设计，可以根据项目具体特点，自

由组合，适用于各种污水处理规模。该技术已在重庆华峰化工废水治理工程中得以成功推广应用。该工程废水治理日处理水量 3960m^3/d，项目总投资 2000 万元，其中基建投资 1190 万元，设备投资 810 万元。

三、特高压输电技术

特高压输电技术是世界上最先进的输电技术。一般是指使用 1000 千伏及以上的电压等级输送电能。该技术是在超高压输电基础上发展起来的，目的是进一步提高输电能力和输电效率。该技术的特点是输电能力大、送电距离远、网损小、覆盖范围大、能灵活适应电力市场运营要求。使用特高压输电具有显著的经济效益和环境效益。据估计，1 条 1150 千伏的特高压输电线路的输电能力相当于 5—6 条 500 千伏的输电线路，或者 3 条 750 千伏的输电线路，可以减少三分之一的铁塔用材，减少二分之一的导线需求量，节省 10%—15% 的电网造价，减少输电所需走廊，节约土地资源，一条 1150 千伏的特高压输电网高压线线路走廊仅为同等输送能力的 500 千伏电网所需走廊的四分之一。特高压输电技术在内蒙古得到应用推广。2015 年，我国输电容量最大的特高压直流输电工程获得核准，即内蒙古的“锡林郭勒盟—江苏泰州”特高压直流输电工程，建成后每年可向江苏输送 550 亿千瓦时的电量，相当于运输 2520 万吨煤炭，对长三角地区的大气污染防治具有积极作用。这一工程总长约 1619 公里，是国家规划的以内蒙古为起点的四条特高压输电工程中最长的。这一工程在受端换流站将采用分层接入 500/1000 千伏交流电网这一新技术，直接提高工程 25% 的输电效率，节约宝贵的走廊资源和土地资源。

第四节　重点用能企业节能减排管理

西部各省份通过实施万家节能低碳行动、强化节能检测、实施单位产品能耗限额标准、完善能源管理制度、淘汰落后产能等措施，重点抓建材、钢铁、化工等高耗能行业企业，节能效果明显。重点用能企业在节能减排管理方面取得明显进步，积累了丰富的经验。

一、新疆天业

新疆天业（集团）有限公司，以下简称新疆天业，始建于1996年，属于新疆建设兵团农八师的大型国有企业。新疆天业股份有限公司于1997年6月在上海证券交易所上市，2006年，新疆天业节水灌溉股份有限公司在香港上市。企业所属产业主要涉及塑料制品、节水器材、化工、热电、建材等领域。作为领域内的龙头企业，新疆天业高度重视节能减排工作，2014年，集团共进行了45项环保技术改造项目，投资总额近1亿元，其中针对老工程的技术提升，节能效果明显，天业热电厂关停了6台共20万千瓦燃烧小机组，每年可减少10332吨二氧化硫、6550吨氮氧化物、694吨烟尘排放。2015年，新疆天业集团继续推进节能减排和环境保护工作，在管理方面有以下几个特点：一是加强用能管理，完善管理体系。作为国家循环经济试点单位，企业在节能减排工作方面争当排头兵，以提高能效为核心，积极推进并完善用能管理制度，构建节能产业体系。二是倡导循环经济发展模式。2005年，建成中国第一个"煤—电—电石—聚氯乙烯—电石渣水泥"循环经济产业园区，之后一直践行循环经济发展模式。三是开展能效对标活动，严格执行能耗限额标准，集团根据工信部《开展单位产品能耗限额标准执行情况监督检查的通知》要求，认真开展能效对标工作，严格执行国家能耗限额标准。四是利用信息化手段，促进节能减排。以信息技术为支撑，不断改进变革生产工艺流程和管控模式，推进节能减排。五是广泛开展节能宣传，鼓励全员参与。集团将培育节能减排文化作为一项重点工程，不断增强员工的节能减排意识，在全公司形成重视节能减排的良好氛围。

二、云南铜业

云南铜业股份有限公司是中国最著名、最有竞争力和影响力的铜企业之一，在中国铜工业中占有重要地位，公司前身为云南冶炼厂，成立于1958年，1998年公司改制，成立股份制上司公司，更名为"云南铜业股份有限公司"。公司现集采、选、冶炼及深加工于一体，生产铜精矿及其他有色金属矿产品，并能综合回收铂、铟、钯等稀贵金属。公司高度重视节能减排，积累了很多实践经验。在节能减排管理方面，有以下特点：一是高度重视节能减排技术的推广与应用。早在2010年，公司就针对传统工艺能耗高、污染大、效率低的问题，引进国外先进的艾萨熔炼技术，顺利投产应用，之后，云南铜业一直致力于先进技术的吸收与改造，创造并保持了艾萨炉指标 8 个世界最先进指标，形成了企业拥有自主知识产权的铜冶炼 DC 炉生产工艺技术，在铜生产规模、污染治理、经济效益等指标方面居世界先进水平。二是大力建设资源节约型、环境友好型企业。抓住转变生产环节模式和资源、能源消费模式。抓好大、中、小三个循环。“小循环”主要是在企业内部采用节能、节水、节材技术，优化工艺流程，完善管理体系。“中循环”是指以铜冶炼为核心，加强产业链管理，向上下游延伸，聚集相关配套产业,形成闭合的产业链条,使上游的产业废料、余热成为下游的原材料和动力。“大循环”是指企业对社会生产和消费过程产生的废旧物资进行回收再用，促进再生资源产业发展。三是高度重视两化融合推进节能减排。入选 2011 年工信部发布的首批两化融合促进节能减排重点推进项目。

三、西宁特钢

西宁特钢集团是青海省大型冶金企业，是西北地区唯一的特殊钢生产企业。公司前身是西宁钢厂，兴建于 1964 年。1996 年改制组建了西宁特殊钢集团有限责任公司。1997 年组建西宁特殊钢股份有限公司，在上海证券交易所上市。企业在搞好生产经营和项目建设的同时，重视节能管理，坚持用高新技术改造传统产业，运用循环经济理念，推进节能减排。主要措施：一是加强生产过程控制，深挖节能潜力。通过管控生产过程，使各工序间形成合理用能。二是不断进行技术改造，全面提升装备的节能水平。通过高炉余压发电、电渣炉控弧冶炼、电机变频改造、高炉富氧喷煤等技术改造，不断提高工艺及装备的节能水平及余热余压回收利用效率。三是结合国家技改政策，推动企业技改工作开展。积极争取国家和地方有关政策的支持和奖励，有力促进和带动企业在节能环保方面的投入力度和工作开展。四是建立标准化的管理体系，规范管理行为。配备能源及环境计量和监测设备，建立并完善“能源量化管理体系”，通过有效地采集、处理、分析、跟踪能源消耗动态及排放动态，为节能减排工作的深入开展提供科学依据。

第十三章 2015年东北地区工业节能减排进展

2015年，东北地区节能工作进展顺利。化学需氧量、氨氮、二氧化硫、氮氧化物等主要污染物排放均下降，氮氧化物排放总量下降幅度最大。大气中PM_{10}浓度下降幅度较小，甚至有上升的苗头，大气污染治理形势较严峻。产业结构调整难度较大，从根本上扭转东北地区重化工业结构短期内难以实现，高新技术产业和轻纺工业成长速度较快。随着资源环境压力的不断加大，东北地区工业绿色转型升级的力度持续加大。东北地区各省高度重视关键核心节能减排技术的研发和推广应用。组织推广了一批先进适用节能减排技术。重点用能企业节能减排管理成效显著，本章重点介绍鞍钢股份、亚泰集团及恒丰纸业的具体做法。

第一节 总体情况

东北老工业基地拥有丰富的煤炭、金属矿产、石油资源，工业结构重化特征明显，现以能源、原材料和大型装备制造业为支柱产业。随着经济的发展，东北老工业基地增长后劲儿不足，体制机制问题突出，资源环境约束日益趋紧，面临严峻的发展形势。21世纪初，国家提出“振兴东北”的国策，开始全面提升和优化工业结构，转变发展方式，促进工业绿色转型升级。

一、节能情况

2015年，东北三省节能工作进展顺利。根据国家发改委发布的《各地区2015年1—9月节能目标完成情况晴雨表》，前三季度，辽宁、吉林、黑龙江预警等级为三级，节能工作进展基本顺利。根据“十二五”能耗强度降低速度预警等级预测，东北三省应该能顺利完成“十二五”节能工作进度要求。

二、主要污染物减排情况

根据环境保护部公布的2015年上半年各省份主要污染物总量减排情况，东北地区化学需氧量排放总量164.01万吨，同比下降4.37%，下降幅度高于全国平均水平1.47个百分点；氨氮排放总量11.79万吨，同比下降2.88%，下降幅度低于全国平均水平0.3个百分点；二氧化硫排放总量88.18万吨，同比下降3.58%，下降幅度低于全国平均水平1.05个百分点；氮氧化物排放总量100.27万吨，同比下降6.27%，下降幅度高于全国平均水平0.07个百分点（见表13-1）。

表13-1　2015年上半年东北地区各省主要污染物排放量

单位：万吨

省份	化学需氧量排放量			氨氮排放量			二氧化硫排放量			氮氧化物排放量		
	2014年上半年	2015年上半年	同比变化（%）	2014年上半年	2015年上半年	同比变化（%）	2014年上半年	2015年上半年	同比变化（%）	2014年上半年	2015年上半年	同比变化（%）
全国	1172.2	1138.3	-2.9	122.5	118.6	-3.2	1037.2	989.1	-4.6	1099.5	1002.8	-8.8
辽宁	62.0	60.5	-2.4	5.1	5.0	-2.5	50.4	48.7	-3.3	44.3	40.3	-8.9
吉林	37.2	35.7	-3.8	2.6	2.5	-4.8	18.3	17.6	-3.8	28.4	26.2	-8.0
黑龙江	72.4	67.8	-6.3	4.4	4.3	-2.4	22.8	21.9	-4.0	37.3	33.8	-9.5
合计	171.5	164.0	-4.4	12.1	11.8	-2.9	91.5	88.2	-3.6	110.0	100.3	-8.9

资料来源：环境保护部，2016年1月。

2015年前三季度东北三省PM_{10}浓度变化情况如表13-2所示：吉林省平均排放浓度为82微克/立方米，与2014年同期相比同比上升6.5%，距离2017年下降10%的目标比较远；辽宁平均排放浓度为88微克/立方米，与2014年同期相比下降6.4%；黑龙江平均排放浓度为63微克/立方米，与2014年同期相比，没有升降，与2013年同期相比上升3.3%，距离2017年下降5%的目标差距较大。总体来看，东北三省大气中PM_{10}浓度下降幅度较小，甚至有上升的苗头，大气污染治理形势较严峻。

表 13-2　2015 年 1—9 月东北地区非重点区域各省市 PM_{10} 浓度变化表

单位：微克/立方米

序号	省份	2013年全年浓度	2014年1—9月浓度	2015年1—9月浓度	与2014年同期相比变化幅度（%）	与2013年同期相比变化幅度（%）	行动计划下降目标（2017年）（%）
1	吉林	77	77	82	6.5	15.5	-10
2	辽宁	86	94	88	-6.4	6.0	-10
3	黑龙江	70	63	63	0.0	3.3	-5

资料来源：环境保护部，2016 年 1 月。

第二节　结构调整

东北地区是我国传统的老工业基地，其支柱产业以重化工业为主。依托东北地区丰富的煤铁资源，产业结构仍以钢铁、机械、汽车等为支柱，随着近年来产业结构的不断调整，东北地区的高新技术产业和轻纺工业发展迅速。地区的资源环境压力持续加大，推动工业绿色转型升级的力度也不断加大。

2015 年，吉林省三大支柱产业陷入困局，转型艰难。吉林省的产业结构以重工业为主，粗加工特点明显，产品附加值普遍不高。一汽、吉化、大成是吉林省三大支柱产业的典型代表，其中又以汽车最为突出。前三季度，长春汽车工业总产值下降两成，而石化行业生产的多是基础化工品，面临严重的过剩，在全国经济下行压力加大形势的影响下，吉林省三大支柱产业深陷寒冬。在石化、汽车等传统产业下滑的情况下，吉林省战略性新兴产业却逆势而上，发展速度较快。根据吉林省发改委预计，2015 年前三季度，战略性新兴产业产值达到 3870 亿元，较上年同期增长超过一成。其中，医药行业产值增长 16%，先进装备制造业产值增长 12%，电子信息产品制造业产值增长 10.8%。但目前这些新兴产业还不能从根本上改变吉林省重化工业比重偏高的工业结构。

2015 年，辽宁继续推进产业结构调整和优化。产业结构调整难度较大，一方面，重化工业结构亟待调整，但短时间内难以从根本上扭转，不是一朝一夕能够完成的；另一方面，加快发展现代新型产业需要时间，短期内还不能成长为支柱产业。辽宁省优势产能装备制造业占的比重比较大，当前装备制造业占整个工业的31%，经过近几年的发展，装备制造业中的特高压输电设备、数控机床、海空设备等很多在世界上处于领先地位，行业中有相当一批企业处于领军地位。辽宁重视用信息化带动工业发展，促进两化融合。“中国装备制造业工业设计中心”项目已经开始实施，目前楼体外立面及内部改造工程基本完工，已经开始与有意向入驻的企业签订入驻协议。大力促进服装等轻工业发展，2015年中国（大连）国际服装纺织品博览会9月在大连举办，通过引入“网联网+”，整合资源，跨界合作，促进辽宁省成为“本地服装产业转型升级的助推器”、“国际品牌进入中国的窗口和加工基地”、“国内品牌走向世界的平台”。继续提升软件开发应用水平，编制了《辽宁省工业软件产品（服务）指导目录》，大力发展CAD、CAE等工业设计软件，以信息化手段促进工业企业研发设计创新、商业模式创新和业务流程优化。发挥辽宁省在车联网产业方面的优势，大力发展车联网产业，成立创新联盟，打造完整的车联网产业链。

2015年前三季度，黑龙江深入实施“五大规划”，发展十大产业的战略部署。加大力度促进科技型企业成长、推动旅游业和现代服务业发展。根据黑龙江统计局数据，传统支柱产业能源工业降幅扩大，占全省规模以上工业47.1%，同比下降3.8个百分点。其中，石油和天然气开采业增加值增速下降3.1%，煤炭开采和洗选业增加值同比下降7.6%。汽车制造业增加值增长39.2%，有色金属矿采选业增加值增长36.6%，化学纤维制造业增加值增长31.2%，这三个行业增长速度较快。随着《黑龙江省“两大平原”现代农业综合配套改革试验总体方案》、《黑龙江和内蒙古东北地区沿边开发开放规划》、《大小兴安岭林区生态保护与经济转型规划》、《全国资源型城市可持续发展规划》和《全国老工业基地调整改造规划》的深入实施，黑龙江省的现代农业、旅游业、节能环保产业面临前极好的发展机遇，近期有望加快推动黑龙江省产业结构的优化升级。

第三节　技术进步

先进的技术是推动节能减排工作开展的关键因素，2015年，东北地区各省高度重视关键核心节能减排技术的研发和推广应用。组织推广了一批先进适用节能减排技术。部分重点技术如下：

一、化纤（腈纶）含氮，氮—二甲基乙酰胺废水有毒有机物减排技术

该技术的基本原理是利用有机高分子聚合物截留砂滤去除废水中的悬浮颗粒物，然后利用加入了改性生物填料的A/O生物膜处理单元有效去除废水中的DMAC和丙烯腈，最后采用氧化混凝技术除去废水中难降解的有机物。该技术是先进的工业废水治理技术，适用于化纤（腈纶）含DMAC（氮，氮—二甲基乙酰胺）废水处理。该技术的设计特征是采用自动反冲洗连续砂滤去除水中的悬浮颗粒物，改善生物单元出水水质，采用改性生物填料提高生物处理单元处理能力，综合利用混凝和氧化作用实现水中难降解有机物的去除。其规模可达1000m^3/h，该工艺已在吉林省大型化纤企业吉林奇峰化纤股份有限公司废水处理改造工程中成功应用，根据吉林市环境监测站出具的验收报告，项目出水达到二级排放标准，废水中的丙烯腈、DMAC去除率达90%以上。一般400m^3/h设计规模的项目，总投资大约4200万元。

二、煤化工废水深度处理及回用集成技术

该技术的基本原理是通过酚/油萃取回收粗酚和焦油，然后通过蒸氨塔高效回收浓氨水，蒸氨废水进入生化处理系统，去除大部分的有机物，再通过混凝沉淀去除总氰和一部分有机物，接着用厌氧氧化工艺进一步去除有机物，实现达标排放。该技术工业还可以根据实际需要，增加超滤、纳滤、电渗析等环节，进行脱盐，实现废水回用。该技术适用于煤焦化废水、煤气化废水、钢铁工业园综合废水的处理和回收利用。该技术的典型特征是同步萃取酚和焦油，萃取率高，采用有机无机复配絮凝剂，高效去除极性有机物和氰化物，采用自主研发的非均相催化剂，分解效率高。该技术规模灵活多变，处理能力在1—2000m^3/h。该技术已在鞍钢集团焦化厂三期水深度处理工程中成功推广应用，设计能力200m^3/h，项目总投资约1200万元，设备投资800万元，主体设备寿命在10年以上。

三、微絮凝—接触过滤难降解石化废水回用技术

该技术的基本原理是针对难降解的石化废水二级生化处理产生的尾水中含有的COD_{Cr}、TP、SS达不到一级排放的标准，通过加入少量的絮凝剂—聚硅酸铝铁与聚合氯化铝，优化不同阶段的搅拌时间和强度，使废水中的胶体迅速形成微小絮凝体，立即倒入滤池内，经过层层过滤，将絮体吸附于滤料表面。该技术可以

用于处理化纤废水二级生化出水，具有污染物去除率高、投药量少、反应时间短、运行稳定、清洗效果好的特点，出水可直接达标排放或回用。该技术适用于石化二级生化尾水的深度处理，使得难降解石化高有机物浓度化纤废水可以实现低成本资源化回用。规模一般在 2000—50000m^3/d。该技术已应用于辽阳石化化纤废水深度处理与回用工程。处理规模为 24000 m^3/d，其中回用规模为 10000 m^3/d。项目总投资约 4500 万元。

第四节　重点用能企业节能减排管理

2015 年，东北地区重点用能企业继续狠抓节能减排，在管理、技术等方面采取了有效措施，取得明显成效。

一、鞍钢股份有限公司

1997 年 5 月 8 日，鞍山钢铁集团公司发起设立鞍钢股份有限公司，鞍钢股份拥有焦化、烧结、炼铁、炼钢、轧钢等全套钢铁生产工艺流程，主要产品种类齐全，包括：冷轧板、热轧板、镀锌板、彩涂板、中厚板、型材、线材、无缝钢管、冷轧硅钢等，其高强汽车用钢、绿色环保家电用钢等产品附加值高，市场占有率较高。其在节能减排管理方面的主要做法如下：一是提高能源管理水平。注重能源基础管理。实施能源阶梯价格管理制度，加强节能监察管理，细化能源消费指标，开展"对标挖潜，提质增效"活动，使公司的主要工序能耗、吨钢综合能耗、吨钢耗新水等主要节能指标均明显下降。完善节能管理制度。通过优化净环系统，实施、外排水监察，落实阶梯水价等办法，建立和完善外排水监察制度。二是注重技术节能。注重节能减排和绿色制造技术的研发和应用，与节能减排相关的研发项目占公司研发总项目数的比例达 15%，且部分研发项目取得了突破性进展。三是完善环境保护措施。完善环境保护管理体系。根据生产活动中不断出现的新情况、新问题，持续完善监管体系，不断提升环境管理执行力，建设厂区生态性公园，实现了零重大环境污染事故，所有放射源安全运转和危险废物合规处置。强化建设项目环境监管。公司对各类新改扩建项目开展严格的环评，对环保遗留问题进行全面整改。大力开展清洁生产，炼铁总厂、冷轧厂、炼焦总厂、热轧带钢厂等重点工序，目前已经全部完成清洁生产审核，清洁生产审核报告已通过辽宁省环保厅的评审。根据审核结果，形成清洁生产方案153项。重视危险废物管理。全面排查全公司危险废物，组织申报登记工作，优化了危险废物转移管理流程，全面提升危险废物监管水平，并按国家规定委托有资质单位处置含油废物、含铬污泥、钝化废物、废树脂等危险废物。

二、亚泰集团

亚泰集团是东北地区水泥行业的龙头企业，也是知名的上市公司。2005年，国家环保总局授予亚泰集团“环境友好企业”称号，这是吉林省唯一一家，也是建材行业唯一一家获此称号的企业。亚泰多年来始终把节能减排放在企业的重要位置。亚泰在推进节能减排，促进企业可持续发展方面，主要有以下做法：一是企业始终坚持“预防为主，防治结合，综合治理，实现环境保护和可持续发展”的方针，注重企业的环境表现。二是投资项目实行环保一票否决制。公司所有项目必须符合环保要求，污染物排放必须达标，尽可能回收利用资源，如中水回用系统。三是注重资源综合利用。企业秉承“循环经济”和“低碳经济”发展理念，2014年，公司共资源化利用粉煤灰、铁矿石尾矿、煤矸石等工业尾矿和废渣约643万吨。建设发展水泥窑纯低温余热发电项目，当前已经成并投产使用的有12个项目，可减少排放二氧化碳56.40万吨，减少排放二氧化硫1.70万吨，减少排放氮氧化物0.85万吨。四是采用节能技术和装备。近年来，亚泰规模扩张很快。凡是兼并的其他水泥厂，都严格要求，必须上一流的设备、建设一流的环境，高耗能、高污染的落后产能与设备必须拆除。通过企业的不断努力，2014年11月，亚泰集团通过了国家发改委、环境保护部、科学技术部等七部委组织的国家循环经济试点示范单位验收工作。

三、恒丰纸业

恒丰纸业股份有限公司成立于1998年7月，前身是牡丹江天宇股份有限公司。2001年4月在上海证券交易所上市。企业以创造“生生不息，恒久丰润的绿色家园”为使命，倡导绿色发展，大力推进节能减排。荣获2010—2011年中国造纸工业环境友好企业称号，2013年再次通过ISO14001:2004环境管理体系认证。2015年继续完善环保运行管理体系，具体如下：一是引进先进技术。在生产过程中持续引进变频电机、配置高温干燥罩和多段供汽等先进造纸干燥技术，通过能源管控中心管理能源使用和分配，促进节能，利用锅炉汽轮机低真空运行余热回收技术进行余热回用。二是完善节能减排管理体系。强化节能管理制度建设，健全能源计量统计、能源利用状况报告等制度。加强考核力度，定期检查。积极落实环境风险评估制度,定期进行预案演练。积极开展清洁生产工作,全面推进节能减排。三是重视污染物治理。为保护环境，公司现有 8 套废水治理设施，2014 年 COD 排放量 83.3 吨，比上年同期下降 16.98 吨。7 套纸机实现水封闭系统，日用循环水 1.65 万吨，年节约清水用量 544.5 万吨。四是综合利用，变废为宝。各分厂广泛采用气浮池处理网下稀白水，气浮后浆渣再回用到各厂的损纸浆池，重新造纸，年可回收利用浆料 891 吨，创造价值 370 万元。在污水处理过程中，通过微滤机回收利用废纸浆，2014 年回收利用 287.5 吨，创造价值 57.5 万元。

政 策 篇

第十四章　2015年中国工业节能减排政策环境

2014 年以来，工业领域围绕“十二五”工业绿色发展的目标和任务，通过工业节能、清洁生产、资源综合利用、淘汰落后产能等措施，工业节能减排工作取得重要进展。但工业发展对资源环境问题造成的巨大压力尚未得到根本性转变，工业发展过程中产生的能源利用高效化、生产过程清洁化、资源利用综合化等问题依然有待改善，同时，随着整体经济进入新的发展阶段，出现产能过剩、经济增速降低、大量企业出现亏损等新问题，针对新形势和新问题，在 2015 年，我国发布了推进绿色循环低碳发展的一系列重要政策，有力推动了我国工业绿色发展和生态文明建设。

第一节　产业结构调整政策

2015 年结构调整在我国工业绿色发展中发挥了重要作用，结合我国 2015 年工业绿色发展的要求，通过传统产业转型升级、淘汰落后产能、严格控制新增产能、积极发展战略性新兴产业，为实现工业绿色发展发挥了积极作用。

一、淘汰落后产能

从 2014 年淘汰落后产能工作看，2014 年我国在炼铁、炼钢等 18 个行业均完成了 2014 年淘汰落后和过剩产能目标任务。全国共淘汰炼铁 2823 万吨、炼钢 3113 万吨、焦炭 1853 万吨、铁合金 262 万吨、电石 194 万吨、电解铝 50.5 万吨、铜冶炼 76 万吨、铅冶炼 36 万吨、水泥（熟料及粉磨能力）8773 万吨、平板玻璃 3760 万重量箱、造纸 547 万吨、制革 622 万标张、印染 20.9 亿米、化纤 11 万吨、铅蓄电池（极板及组装）3020 万千伏安时、稀土 11.4 万吨、电力产能 485.8 万千瓦、煤炭 23528 万吨（见表 14–1）。

表 14–1　2014 年淘汰落后产能计划任务与完成情况

行业		合 计		
		计划	实际	超额率（%）
炼铁	万吨	1900	2823	48.6
炼钢	万吨	2870	3113	8.5
焦炭	万吨	1200	1853	54.4
电石	万吨	170	194	14.1
铁合金	万吨	234.3	262	11.8
电解铝	万吨	42	50.5	20.2
铜冶炼	万吨	51.2	76	48.4
铅冶炼	万吨	11.5	36	213.0
水泥（熟料及粉磨能力）	万吨	5050	8773	73.7
平板 玻璃	万重量箱	3500	3760	7.4
造纸	万吨	265	547	106.4
制革	万标张	360	622	72.8
印染	亿米	10.84	20.9	93.1
化纤	万吨	3	11	266.7
铅蓄电池（极板及组装）	万千伏安时	2360	3020	28.0
稀土	万吨	10.24	11.4	11.0
电力	万千瓦	—	485.8	
煤炭	万吨		23528	

资料来源：工业和信息化部，2016 年 1 月。

从政策发布上看，2015 年是“十二五”最后一年，不仅提前一年完成了原定“十二五”淘汰落后产能任务，还提前完成了追加任务。但同时出现了一些新问题，如技术工艺落后和装备规模小的落后产能减少，绿色环保和质量安全不达标的落后产能增多，部分行业产能严重过剩的状况未根本改变。针对这些新问题，“十三五”期间淘汰落后产能工作的关键，在于构建淘汰落后产能法治化机制和压缩过剩产能市场化机制。对此，2015 年淘汰落后产能工作更加侧重淘汰落后检查验收和产能置换等方面。先后发布见的政策文件表 14–2。

表 14–2　2015 年涉及淘汰落后产能的主要政策文件

时间	政策文件
2015年11月	《2014年分地区淘汰落后和过剩产能情况公告》（2015年第69号）
2015年4月	《部分产能严重过剩行业产能置换实施办法》
2015年3月	《关于水泥行业产能置换有关问题的意见》
2015年3月	《陕西、福建、湖北、广西四省（区）在建水泥、平板玻璃项目产能置换方案公告》（2015年第24号）
2015年2月	《四川省6个在建水泥项目产能置换方案的公告》
2015年1月	《关于进一步做好淘汰落后和过剩产能检查验收工作的通知》

资料来源：工业和信息化部、国家发改委，2016 年 1 月。

从工作程序看，工业和信息化部 2015 年发布的 129 号文件《关于 2015 年重点行业淘汰落后和过剩产能目标任务的通知》公布 2015 年淘汰落后产能的全国目标计划，5 月底，部分省市按照全国计划将相关淘汰落后产能目标任务落实到具体企业及设备。

二、严格控制增量

本次产能严重过剩问题早在 2012 年就已经出现明显迹象，2013 年 5 月，国家发改委、工业和信息化部联合发布《关于坚决遏制产能严重过剩行业盲目扩张的通知》，初步将产能严重过剩限定在钢铁、水泥、电解铝、平板玻璃、船舶等行业，提出“尊重规律、分业施策、多管齐下、标本兼治”和“消化一批、转移一批、整合一批、淘汰一批”的治理思路。10 月，国务院发布《关于化解产能严重过剩矛盾的指导意见》，明确遏制产能盲目扩张和加强严重过剩行业管理。2014 年 7 月，工业和信息化部发布《关于做好部分产能严重过剩行业产能置换工作的通知》，提出钢铁、电解铝、水泥、平板玻璃行业新（改、扩）建项目、在建项目实施产能等量或减量置换。2015 年 1 月，工业和信息化部公告巴中海螺水泥有限责任公司 4500t/d 熟料水泥生产线等 6 个在建项目产能置换方案，3 月发布《关于水泥行业产能置换有关问题的意见》，规范水泥粉磨能力产能置换和 JT 窑用于水泥熟料新（改、扩）建项目产能置换，5 月，发布《关于印发部分产能严重过剩行业产能置换实施办法的通知》，明确了过剩产能置换的具体实施办法。

三、培育战略性新兴产业

2015 年 4 月，国家发改委印发《战略性新兴产业专项债券发行指引》，提出加大企业债券对培育和发展战略性新兴产业的支持力度，5 月，国务院公布《中国制造 2025》的制造强国战略，提出 9 大任务和 10 大重点领域的 5 项重大工程，8 月，国务院批准设立 400 亿元国家新兴产业创业投资引导基金，重点支持起步阶段的创新型企业。

第二节　节能减排技术政策

一、建设完善节能减排标准体系

2015 年 3 月，国务院发布《加强节能标准化工作的意见》，提出到 2020 年建成指标先进、符合国情的节能标准体系，主要高耗能行业实现能耗限额标准全覆盖，80% 以上的能效指标达到国际先进水平，标准国际化水平明显提升。同时，形成节能标准有效实施与监督的工作体系，使产业政策与节能标准的结合更加紧密，节能标准对节能减排和产业结构升级的支撑作用更加显著。为落实《加强节能标准化工作的意见》精神，加强工业节能标准化工作，2015 年 12 月 15—16 日，工业和信息化部在福州举办了工业节能标准培训，对全国各省区市工业和信息化主管部门以及节能监察机构的 60 多位负责节能标准化工作的同志进行培训。

（一）单位产品能耗限额标准

2015 年，我国发布并实施冶金、有色金属冶炼、建筑材料、石化化工等多个行业的单位产品能耗限额标准有 48 项，其中国家标准 27 项（见表 14-3）。

表 14-3　2015 年发布的单位产品能耗限额标准

序号	标准号	标准名称
1	GB 31823—2015	集装箱码头单位产品能源消耗限额
2	GB 31824—2015	1，4-丁二醇单位产品能源消耗限额
3	GB 31825—2015	制浆造纸单位产品能源消耗限额
4	GB 31826—2015	聚丙烯单位产品能源消耗限额
5	GB 31827—2015	干散货码头单位产品能源消耗限额

（续表）

序号	标准号	标准名称
6	GB 31828—2015	甲苯二异氰酸酯单位产品能源消耗限额
7	GB 31830—2015	二苯基甲烷二异氰酸酯单位产品能源消耗限额
8	GB 29436.2—2015	甲醇单位产品能源消耗限额 第2部分:天然气制甲醇
9	GB 29436.3—2015	甲醇单位产品能源消耗限额 第3部分:合成氨联产甲醇
10	GB 29436.4—2015	甲醇单位产品能源消耗限额 第4部分:焦炉煤气制甲醇
11	GB 31535—2015	二甲醚单位产品能源消耗限额
12	GB 31533—2015	精对苯二甲酸单位产品能源消耗限额
13	GB 31534—2015	对二甲苯单位产品能源消耗限额
14	GB 32046—2015	电工用铜线坯单位产品能源消耗限额
15	GB 32047—2015	啤酒单位产品能源消耗限额
16	GB 32048—2015	乙二醇单位产品能源消耗限额
17	GB 32050—2015	电弧炉冶炼单位产品能源消耗限额
18	GB 32051—2015	钛白粉单位产品能源消耗限额
19	GB 32053—2015	苯乙烯单位产品能源消耗限额
20	GB 32044—2015	糖单位产品能源消耗限额
21	GB 32035—2015	尿素单位产品能源消耗限额
22	GB 32034—2015	金精炼单位产品能源消耗限额
23	GB 32033—2015	金矿选冶单位产品能源消耗限额
24	GB 32032—2015	金矿开采单位产品能源消耗限额
25	GB 21345—2015	黄磷单位产品能源消耗限额
26	GB 21344—2015	合成氨单位产品能源消耗限额
27	GB 21343—2015	电石单位产品能源消耗限额

资料来源：国家标准化委员会，2016 年 1 月。

（二）终端用能产品能效标准

我国于 1989 年发布 GB/T1202 系列标准，对产品电耗限定值及测试方法作出规定，这是我国第一批能效标准，这时的能效标准还没有从产品标准中分离出来。1998 年，按照《节约能源法》要求，建立与《节约能源法》相配套的能效标准体系，能效标准作为独立的国家强制性标准开始予以发布和实施。2015 年，发布家用电冰箱、燃气灶、家用燃气灶、复印机、打印机、传真机、饮水机、热泵机组等

18 项产品能效限定值和能效等级标准（见表 14-4）。

表 14-4　2015 年终端用能产品能效限定值和能效等级标准

序号	标准号	标准名称
1	GB/T 31367—2015	中低压配电网能效评估导则
2	GB 20665—2015	家用燃气快速热水器和燃气采暖热水炉能效限定值及能效等级
3	GB 32030—2015	井用潜水电泵能效限定值及能效等级
4	GB 12021.2—2015	家用电冰箱耗电量限定值及能效等级
5	GB 32029—2015	小型潜水电泵能效限定值及能效等级
6	GB 32031—2015	污水污物潜水电泵能效限定值及能效等级
7	GB 32049—2015	家用和类似用途交流换气扇能效限定值及能效等级
8	GB 32028—2015	投影机能效限定值及能效等级
9	GB 21520—2015	计算机显示器能效限定值及能效等级
10	GB/T 31960.8—2015	电力能效监测系统技术规范第8部分:安全防护规范
11	GB/T 31960.7—2015	电力能效监测系统技术规范第7部分:电力能效监测终端技术条件
12	GB/T 31960.6—2015	电力能效监测系统技术规范第6部分:电力能效信息集中与交互终
13	GB/T 31960.5—2015	电力能效监测系统技术规范第5部分:主站设计导则
14	GB/T 31960.4—2015	电力能效监测系统技术规范第4部分:子站功能设计规范
15	GB/T 31960.3—2015	电力能效监测系统技术规范第3部分:通信协议
16	GB/T 31960.2—2015	电力能效监测系统技术规范第2部分:主站功能规范
17	GB/T 31960.1—2015	电力能效监测系统技术规范第1部分:总则

资料来源：国家标准化委员会，2016 年 1 月。

（三）清洁生产评价指标体系

2015 年 4 月，国家发改委、环保部、工业和信息化部联合发布公告（2015 年第 9 号），修订了《电力（燃煤发电企业）行业清洁生产评价指标体系》、《制浆造纸行业清洁生产评价指标体系》，制定了《稀土行业清洁生产评价指标体系》。其中《电力（燃煤发电企业）行业清洁生产评价指标体系》替代了《火电行业清洁生产评价指标体系（试行）》（国家发改委 2007 年第 24 号公告），《制浆造纸行业清洁生产评价指标体系》替代了环保部发布的《清洁生产标准造纸工业（漂白碱法蔗渣浆生产工艺)》(HJ/T317—2006)、《清洁生产标准造纸工业(漂白化学浆烧碱法麦草浆生产工艺)》(HJ/T339—2007)、《清洁生产标准造纸工业(硫酸盐化学木浆生产工艺)》(HJ/T340—2008)、《清洁生产标准造纸工业(废纸制浆)》(HJ 468—2009)。

2015年10月，国家发改委、环保部、工业和信息化部联合发布公告(2015年第25号),《平板玻璃行业清洁生产评价指标体系》、《电镀行业清洁生产评价指标体系》、《铅锌采选行业清洁生产评价指标体系》、《黄磷工业清洁生产评价指标体系》四项标准得到更新，并新制定了《生物药品制造业(血液制品)清洁生产评价指标体系》。其中《平板玻璃行业清洁生产评价指标体系》替代了《日用玻璃行业清洁生产评价指标体系(试行)》(国家发改委、工业和信息化部2009年第3号公告)和《清洁生产标准平板玻璃行业》(HJ/T361—2007),《电镀行业清洁生产评价指标体系》替代了《电镀行业清洁生产评价指标体系(试行)》(国家发改委、国家环境保护总局2005年第28号公告)和《清洁生产标准电镀行业》(HJ/T314—2006),《铅锌采选行业清洁生产评价指标体系》替代了《铅锌行业清洁生产评价指标体系(试行)》(国家发改委2007年第24号公告)中铅锌采选部分内容,《黄磷工业清洁生产评价指标体系》替代了《黄磷工业清洁生产评价指标体系(试行)》(国家发改委、工业和信息化部2009年第3号公告)，见表14–5。

表14–5 清洁生产评价指标体系

序号	名称	产品/行业
1	电力(燃煤发电企业)行业清洁生产评价指标体系	发电
2	制浆造纸行业清洁生产评价指标体系	造纸
3	稀土行业清洁生产评价指标体系	稀土
4	平板玻璃行业清洁生产评价指标体系	玻璃
5	电镀行业清洁生产评价指标体系	电镀
6	铅锌采选行业清洁生产评价指标体系	铅锌
7	黄磷工业清洁生产评价指标体系	黄磷
8	生物药品制造业(血液制品)清洁生产评价指标体系	医药

资料来源：国家发改委，赛迪智库，2016年1月。

（四）生态设计标准

2015 年 10 月，国家标准委发布《生态设计产品评价通则》《生态设计产品标识》和家用洗涤剂、可降解塑料、杀虫剂、无机轻质板材 4 种产品《生态设计产品评价规范》（见表 14–6），这是我国首次就产品生态设计方面发布相关标准，标志着我国生态设计工作进一步规范化和标准化，为下一步建立和完善生态设计产品评价制度提供了重要基础。

其中，《生态设计产品评价通则》从产品全生命周期出发，从原材料选取、能源消耗、环境影响和产品健康安全等属性，选取典型指标，为比较不同产品之间的环境友好程度，建立统一全面的绿色产品标准。通则还要求企业从整个产品生命周期出发，综合评估和减少产品的生态环境影响。

《生态设计产品标识》提出了生态设计产品标识的基本原则和一般要求，规范了生态设计产品标识。我国境内生产或由国外进口的产品，当被认定为生态设计产品后，都可按照有关规定张贴生态设计标识。

《生态设计产品评价规范》涉及家用洗涤剂、塑料、杀虫剂、无机轻质板材四种产品。这些产品都属于量大面广、与生产生活密切相关、对资源环境和人类健康影响较大的产品。4 项标准有助于引导消费者选择绿色产品，帮助企业诊断产品生态设计水平。

表 14–6　生态设计标准

序号	名称	产品/行业
1	生态设计产品评价通则	通则
2	生态设计产品标识	标识
3	生态设计产品评价规范—家用洗涤剂	家用洗涤剂
4	生态设计产品评价规范—可降解塑料	可降解塑料
5	生态设计产品评价规范—杀虫剂	杀虫剂
6	生态设计产品评价规范—无机轻质板材	无机轻质板材

资料来源：国家标准委，赛迪智库，2016 年 1 月。

二、推广重点节能减排技术

（一）国家重点节能技术

2015 年 1 月，工业和信息化部发布《通信行业节能技术指导目录（第一批）》，涉及基站主设备动态节电技术、服务器动态节能技术应用等10项技术。

2015年12月30日，国家发改委发布《国家重点节能低碳技术推广目录（2015年本，节能部分）》，其中涉及煤炭、电力、钢铁、建材、有色、石油石化、化工、机械、轻工、纺织、建筑、交通、通信等13个行业，共266项重点节能技术。我国“十二五”期间发布的国家重点节能减排技术目录发布情况见表14-7。

表14-7 “十二五”期间国家改革委发布的国家重点节能技术推广目录

批次	发布时间	行业类型	数量
第四批	2011年12月	煤炭、电力、钢铁、有色金属、石油石化、化工、建材、机械、纺织、轻工、建筑、交通、通信	22项
第五批	2012年12月	煤炭、电力、钢铁、有色金属、石油石化、化工、建材、机械、轻工、建筑、交通、通信	49项
第六批	2013年12月	煤炭、电力、钢铁、有色金属、石油石化、化工、建材、机械、轻工、建筑、交通、通信	29项
第七批	2014年12月	煤炭、电力、钢铁、有色金属、石油石化、化工、建材、机械、轻工、建筑、交通、通信	22项
2015年本，节能部分	2015年12月	煤炭、电力、钢铁、有色金属、石油石化、化工、建材、机械、轻工、纺织、建筑、交通、通信	266项

资料来源：国家发改委，赛迪智库，2016年1月。

（二）国家重点低碳技术

在2014年8月发布《国家重点推广的低碳技术目录》（第一批）基础上，国家发改委组织编制《国家重点推广的低碳技术目录》（第二批），涉及煤炭、电力、建材、有色金属、石油石化、化工、机械、汽车、轻工、纺织、农业、林业等12个行业，涵盖新能源与可再生能源、燃料及原材料替代、工艺过程非二氧化碳减排、碳捕集利用与封存、碳汇等领域的29项低碳技术。

（三）节能机电设备推荐

“十二五”期间，工业和信息化部先后制定发布四批《节能机电设备（产品）推荐目录》（见表14-8）。其中，2015年，工业和信息化部发布《节能机电设备（产品）推荐目录（第六批）》，共涉及11大类434个型号产品，其中工业锅炉13个型号产品，变压器98个型号产品，电动机79个型号产品，电焊机43个型号产品，压缩机73个型号产品，制冷设备63个型号产品，塑料机械21个型号产品，风机5个型号产品，热处理3个型号产品，泵34个型号产品，干燥设备2个型号产品。

表 14-8 “十二五”期间工业和信息化部节能机电设备（产品）推荐目录

时间	目录文件
2011年	《工业和信息化部节能机电设备（产品）推荐目录》（第三批）
2012年	《工业和信息化部节能机电设备（产品）推荐目录》（第四批）
2014年	《工业和信息化部节能机电设备（产品）推荐目录》（第五批）
2015年	《工业和信息化部节能机电设备（产品）推荐目录》（第六批）

资料来源：工业和信息化部，赛迪智库，2016 年 1 月。

（四）其他节能减排技术

2015 年 5 月，工业和信息化部、水利部、全国节约用水办公室联合发布《高耗水工艺、技术和装备淘汰目录（第一批）》，包括钢铁、纺织、造纸、建材 4 个行业 16 项高耗水工艺、技术和装备。2015 年 11 月，工业和信息化部发布《“能效之星”产品目录（2015 年）》，共涉及 13 大类 141 个型号产品，其中电动洗衣机 11 个型号产品，热水器 18 个型号产品，液晶电视 8 个型号产品，房间空气调节器 18 个型号产品，家用电冰箱 22 个型号产品，变压器 17 个型号产品，电机 12 个型号产品，工业锅炉 5 个型号产品，电焊机 6 个型号产品，压缩机 4 个型号产品，塑料机械 4 个型号产品，风机 1 个型号产品，泵 5 个型号产品。

三、两化融合促进节能减排

（一）建设企业能源管理中心

工业和信息化部 2009 年启动企业能源管理中心建设至今，钢铁、有色、石化、建材等多个行业企业能源管理中心越来越多，企业能源管理中心建设的管理有待进一步规范和加强，2014 年，工业和信息化部发布《关于加强工业企业能源管理中心建设示范项目验收工作的通知》，对能源管理中心示范项目加强管理和验收。2015 年 1 月，工业和信息化部发布钢铁、建材、石油和化工、有色、轻工六个行业的企业能源管理中心建设实施方案，在企业能源管理中心建设的目标、要求、内容、预期功能和验收标准等多个方面提出要求。

（二）工业节能减排信息监测系统建设

2014年底，工业和信息化部发布《关于推进全国工业节能监测分析平台建设的通知》，提出全国工业节能监测分析平台建设的“整体规划，分步实施”模式，强调分不同阶段逐步推动建立全国工业节能监测分析平台，逐步实现国家系统、地方系统、企业信息系统相互连接的统一、高效、实用节能监测平台。其中，在第一阶段要建立编制系统对接建设方案，推动国家系统与试点省市系统联网，覆盖重点用能企业2000家以上，实现对试点地区工业能耗数据的动态掌握及预警预测。第二阶段制定全国工业节能监测分析平台接口的统一标准，推动各地区节能减排监测系统与国家系统联网对接，覆盖重点用能企业20000家以上，实现全国工业能源消费监测的“一张网”。

（三）绿色数据中心

2015年3月，工业和信息化部、国家机关事务管理局、国家能源局联合发布《国家绿色数据中心试点工作方案》，围绕生产制造、能源、电信、互联网、公共机构、金融等重点领域，开展绿色数据中心试点创建工作。12月，经试点地区主管部门联合推荐及专家审查，确定84个国家绿色数据中心试点单位（见表14-9），其中制造领域8家、金融领域3家、能源领域1家、公共机构16家、电信领域27家、互联网领域29家。

表14-9　国家绿色数据中心试点单位

领域	序号	申报单位名称	数据中心名称
电信	1	中国联合网络通信有限公司天津市分公司	空港数据中心
	2	中国电信股份有限公司北京分公司	永丰数据中心
	3	中国联合网络通信有限公司北京市分公司	黄村数据中心
	4	中国移动通信集团北京有限公司	大白楼IDC机房
	5	中国移动通信有限公司信息港中心	中国移动国际信息港一期数据中心
	6	中国移动通信集团黑龙江有限公司	中国移动（哈尔滨）数据中心
	7	联通云数据有限公司黑龙江省分公司	联通黑龙江数据中心湘江路IDC机房
	8	联通云数据有限公司贵州省分公司	中国联通贵安云数据中心
	9	中国移动通信集团贵州有限公司	中国移动（花溪）数据中心
	10	中国移动通信集团贵州有限公司	中国移动（金阳）数据中心
	11	中国移动通信集团贵州有限公司	中国移动（贵州）数据中心

（续表）

领域	序号	申报单位名称	数据中心名称
	12	中国电信集团公司云计算贵州信息园开发建设运营部	中国电信云计算贵州信息园
	13	中国联合网络通信有限公司东莞市分公司	中国联通华南（东莞）数据中心
	14	中国移动通信集团广东有限公司	中国移动南方基地云数据中心
	15	中国联合网络通信有限公司广东省分公司	中国联通广东云数据中心广州现代产业基地
	16	中国电信股份有限公司珠海分公司	珠海信息大厦数据中心
	17	中国电信股份有限公司无锡分公司	中国（无锡）国际数据中心
	18	联通云数据有限公司廊坊市分公司	中国联通华北（廊坊）基地
	19	中国电信股份有限公司青岛分公司	青岛电信高新区枢纽楼机房
	20	中国电信股份有限公司成都分公司	中国西部信息中心
	21	联通云数据有限公司四川省分公司	中国联通四川天府新区云计算数据中心
	22	中国移动通信集团四川有限公司	中国移动（四川成都）数据中心一期
	23	中国电信股份有限公司上海分公司	中国电信信息园B15a、B15b数据中心
	24	中国移动通信集团上海有限公司	宁桥数据中心
	25	重庆帕克耐科技有限公司	重庆帕克耐绿色数据中心
	26	中国联合网络通信有限公司重庆市分公司	中国联通西南数据中心
	27	中国联合网络通信有限公司天津市分公司	华苑国际数据港
互联网	1	天津生态城投资开发有限公司	天津生态城南部机房
	2	华胜蓝泰科技（天津）有限责任公司	华胜蓝泰科技天津互联网数据中心
	3	国富瑞数据系统有限公司	北京光机电数据中心（BJ3）
	4	北京世纪互联宽带数据中心有限公司	世纪互联M6数据中心
	5	北京云泰数通互联网科技有限公司	北京马驹桥绿色数据中心
	6	哈尔滨国裕数据技术服务有限公司	绿色海量云存储基地
	7	融科智地（大庆）云计算有限公司	大庆联想科技城云计算中心一期项目
	8	贵阳中电高新数据科技有限公司	中电西南云计算中心
	9	贵州翔明科技有限责任公司	贵州翔明数据中心
	10	贵州高新翼云科技有限公司	贵州高新翼云数据中心
	11	贵州申黔互联数据中心有限公司	贵州申黔互联数据中心
	12	广东宏达通信有限公司	宏达通信石碣云计算中心数据中心

（续表）

领域	序号	申报单位名称	数据中心名称
	13	苏宁云商集团股份有限公司	苏宁雨花数据中心
	14	江苏凤凰数据有限公司	凤凰云计算中心
	15	万国数据科技发展（昆山）有限公司	万国数据昆山数据中心
	16	中国电信股份有限公司南京分公司	泰山新村数据中心
	17	云神科技投资股份有限公司	云神云计算中心
	18	南京城市云计算中心有限公司	南京云计算中心
	19	常州云端网络科技股份有限公司	常州创意园数据中心
	20	华为技术服务有限公司	华为廊坊云数据中心
	21	润泽科技发展有限公司	润泽国际信息港
	22	浪潮软件集团有限公司	浪潮第四代云计算中心
	23	宁夏云创数据投资有限公司	中卫云数据中心
	24	银川滨投大数据中心有限公司	中兴智慧银川大数据中心
	25	万国数据（成都）实业有限公司	成都高新数据中心
	26	雅安云谷信息技术有限公司	雅安云谷数据中心
	27	上海长江口数据港科技有限公司	上海数据港宝山数据中心
	28	上海外高桥万国数据科技发展有限公司	万国数据外高桥数据中心
	29	上海科技网络通信有限公司	上海科技网宝山云计算中心
制造	1	华为技术有限公司	东莞EDC
	2	贵阳综合保税区投资发展有限公司	贵州国际金贸云基地数据中心
	3	贵州力创科技发展有限公司	贵州力创八匹马机房
	4	贵州贵安电子信息产业投资有限公司	贵安信投—富士康绿色隧道数据中心
	5	互太（番禺）纺织印染有限公司	互太纺织数据中心
	6	山东银澎云计算有限公司	银澎云计算数据中心
	7	山东迅力特种汽车有限公司	汽车整车智能化供应链绿色数据中心
	8	潍柴动力股份有限公司	潍柴集团总部主数据中心
金融	1	中国建设银行股份有限公司广东省分行	广东分行中心机房
	2	广东润联信息技术有限公司	华润集团新一代数据中心
	3	中金数据系统有限公司 华夏银行股份有限公司	中金数据系统有限公司北京数据中心暨华夏银行生产中心
能源	1	晖保智能科技（上海）有限公司	绿色智能化信息管理大数据中心

（续表）

领域	序号	申报单位名称	数据中心名称
公共机构	1	北京市人民政府机关事务管理办公室	北京市政务服务中心数据中心
	2	山东省计算中心	国家超级计算济南中心
	3	广东省国家税务局电子税务管理办公室	国家税务总局广东数据中心
	4	四川省通信产业服务有限公司	攀枝花市大数据中心
	5	黑龙江省计算中心	黑龙江省科技数据中心
	6	山东省人力资源和社会保障厅	山东省人力资源和社会保障厅数据中心
	7	广西壮族自治区林业厅	广西林业数据中心
	8	长江勘测规划设计研究有限责任公司	长江设计公司数据中心
	9	黑龙江省监狱管理局	黑龙江省监狱管理局中心机房
	10	烟台中科网络技术研究所	烟台中科网络技术研究所数据中心
	11	武汉光谷高清科技发展有限公司	东湖新技术开发区政务服务局和数据中心
	12	牡丹江市人民政府政务信息化中心	牡丹江市人民政府政务信息化中心机房
	13	柳州市城市管理信息中心	柳州市城市管理信息中心
	14	工业和信息化部信息中心	工业和信息化部电子政务数据中心
	15	北京市丰台区经济和信息化委员会	丰台区统一政务数据中心
	16	北京市平谷区信息中心	平谷区数据中心

第三节　节能减排经济政策

一、财政政策

为贯彻落实《工业转型升级规划（2011—2015年）》、《中国制造2025》等文件精神，2015年7月27日，工业和信息化部发布《关于2015年工业转型升级重点项目指南》的特急通知，通知按照《关于贯彻落实工业转型升级规划（2011—2015年）的实施意见》要求，围绕重大技术装备和重大工程，促进制造业创新发展，提质增效，工业和信息化部对原有相关专项进行增和，组织实施2015年工业转型升级重点项目，其中绿色制造被作为重点支持方向。

7月27日，工业和信息化部发布《关于做好工业转型升级资金绿色制造工程相关项目组织申报工作的补充通知》，对绿色制造工程相关3大重点领域的5

个方向传统行业节能改造工程，终端用能产品能效提升，能源监控、管理、分析管控一体化系统，高耗水行业节水治污技术改造，非常规水利用进行支持，12 月，确定 51 个工业转型升级资金绿色制造相关项目（见表 14-10）。

表 14-10　工业转型升级资金绿色制造项目公示

序号	机构	项目
（一）	重点行业及产品能效提升示范（22项）	
1	广东四通集团股份有限公司	日用陶瓷转型升级及宽体隧道窑高效节能示范项目
2	河北华丰煤化电力有限公司	工业尾气综合利用5万吨/年液氨项目
3	济南圣泉倍进陶瓷过滤器有限公司	特种陶瓷过滤器窑炉节能改造项目
4	山西永鑫煤焦化有限责任公司	工业废气综合利用制6万吨/年合成氨项目
5	秦皇岛市方圆包装玻璃有限公司	5#窑炉煤改气、品质提升改造项目
6	晋煤集团天溪煤制油分公司	10万吨/年煤基合成油示范工程造气工艺项目
7	安乡晋煤金牛化工有限公司	安乡晋煤金牛化工有限公司节能改造工程
8	凌源钢铁股份有限公司	凌源钢铁股份有限公司节能综合改造工程
9	四川威远华原复合材料有限公司	年产5万吨高性能玻纤生产线高效节能项目
10	杭州红山热电有限公司	区域集中供高压蒸汽取代导热油锅炉及集中供压缩空气项目
11	中节能国环新型材料有限公司	一车间南线页岩烧结砖生产线改造项目
12	铜陵有色金属集团股份有限公司	安庆铜矿采选系统节能优化项目
13	吉林市亿斯特能源有限公司	供热系统电机能效提升改造工程
14	常州广源热电有限公司	工业锅炉烟气余热回收利用改造项目
15	鄂尔多斯市西金矿冶有限责任公司	鄂尔多斯市西金矿冶有限责任公司4×45000kW硅铁矿热炉低温烟气回收18MW余热发电项目
16	新特能源股份有限公司	万吨级多晶硅冷氢化热能综合利用改造项目
17	北海诚德镍业有限公司	余热回收利用节能改造项目
18	河北鸣仁橡胶制品有限公司	动力系统电机节能项目
19	兰州兰石铸锻有限责任公司	工业窑炉烟气余热利用示范工程
20	陕西丰源钒业科技发展有限公司	钒氮合金节能项目
21	厦门瑞新热电有限公司	锅炉系统能效综合改造工程
22	山东京博石油化工有限公司	余热余压利用项目

（续表）

序号	机构	项目
（二）	工业能源管理信息化示范（3项）	
23	内蒙古庆华集团庆华煤化有限责任公司	能源管理中心项目
24	中国移动通信集团广东有限公司	中国移动南方基地芯片级节能绿色IDC建设项目
25	南京钢铁股份有限公司	能源管控系统智能一体化提升改造项目
（三）	重点行业节水示范（26项）	
26	宝钢集团有限公司	广东湛江钢铁基地项目海水淡化工程
27	鲁泰纺织股份有限公司	非常规水利用工程—再生水回用工程
28	中国石化长城能源化工（宁夏）有限公司	高盐水零排放项目
29	甘肃稀土新材料股份有限公司	稀土冶炼分离废水再生回用项目
30	邯郸钢铁集团有限责任公司	中水及浓盐水深度处理项目
31	山西太钢不锈钢股份有限公司	含油废水处理回用及中和站改造项目
32	青海江仓能源发展有限责任公司	焦化酚氰废水处理项目
33	泉州中节能水处理科技有限公司	福建省晋江市华懋电镀集控区污水处理厂电镀废水处理及回用项目
34	广西金川有色金属有限公司	废水综合利用示范项目
35	陕西龙门钢铁有限责任公司	能源综合利用项目废水处理工作站
36	中冶节能环保有限责任公司	天津钢管制造有限公司污水回用项目
37	山东太阳纸业股份有限公司	大型纸机多圆盘过滤白水回收清洁生产示范项目
38	浙江美欣达印染集团股份有限公司	印染废水回用项目
39	南京中电熊猫液晶显示科技有限公司	高世代TFT-LCD生产线工业废水膜法回收再利用项目
40	山东泉林纸业有限责任公司	20万吨浆逆流洗涤封闭筛选示范项目
41	河南金丹乳酸科技股份有限公司	工业废水膜处理回用项目
42	福建东龙针纺有限公司	提升绿色生态型内衣面料档次及深加工项目二期（节水、在线中控及循环利用针织染整深加工项目）
43	安徽浙源再生纸业科技有限公司	日处理5000吨造纸废水循环利用改造项目
44	重庆京东方光电科技有限公司	TFT液晶面板厂高有机废水回收系统项目
45	万华化学（宁波）有限公司	万华化学（宁波）有限公司二期技改配套RO膜处理工业废水项目

（续表）

序号	机构	项目
46	国药集团威奇达药业有限公司	国药集团威奇达药业有限公司中水回用项目
47	青岛双桃精细化工（集团）有限公司	2000 吨/天高盐、高COD 膜处理及中水回用系统项目
48	湖南果秀食品有限公司	工业废水膜处理回用项目
49	内蒙古伊东集团东方能源化工有限责任公司	中水回用及浓盐水处理项目
50	中盐吉兰泰盐化集团有限公司	中盐吉兰泰聚氯乙烯工程节能减排综合改造项目
51	应城市新都化工有限责任公司	工业废水深度处理回用工程

二、税收政策

2015 年 9 月，财政部和国家税务总局发布《关于减征 1.6 升及以下排量乘用车车辆购置税的通知》，规定自 2015 年 10 月 1 日起至 2016 年 12 月 31 日止，对购置 1.6 升及以下排量乘用车减按 5% 的税率征收车辆购置税，引导汽车消费走向绿色低碳。自 2014 年 12 月 1 日，煤炭资源税从价计征改革开始全面推行，有利于切实降低煤炭生产企业税费负担,促进资源节约利用。自 2015 年 5 月 1 日起，国家将铁矿石资源税由减按规定税额标准的 80% 征收调整为减按 40% 征收，首个税款征收期，全国铁矿石资源税约减征 3.8 亿元。

三、价格政策

2015 年，国家发布《关于进一步深化电力体制改革的若干意见》，着力推进电力体制改革，此后国家能源局先后发布《关于推进输配电价改革的实施意见》、《关于推进电力市场建设的实施意见》、《关于电力交易机构组建和规范运行的实施意见》、《关于有序放开发用电计划的实施意见》、《关于推进售电侧改革的实施意见》、《关于加强和规范燃煤自备电厂监督管理的指导意见》等 6 个电力体制改革配套文件，其中电力价格改革是电力体制改革的重点。

四、金融政策

2015 年 12 月 22 日，中国人民银行发布 2015 年 39 号公告，对银行间债券市场开展绿色金融债券进行规定，规定的主要内容包括绿色产业项目界定、募集资金投向、存续期间资金管理、信息披露和独立机构评估或认证等五个方面。公告强调募集资金只能用于支持绿色产业项目，要对债券存续期间募集资金按规定进管理，要严格信息披露要求，公告还对引入独立的评估或认证机构进行了规定。

第十五章　2015年中国工业节能减排重点政策解析

2015 年，围绕工业节能减排工作，以工业绿色发展专项行动和《中国制造 2025》规划为核心，工业领域发布一系列重大政策。其中，2015 年工业绿色发展年度专项行动，从煤炭清洁高效利用、数字能效计划、京津冀及周边地区工业资源综合利用协同发展三个方面推动工业绿色发展；《中国制造 2025》作为国家推动制造强国战略的重要规划，明确把全面推行绿色制造作为制造强国战略的重要内容。

第一节　2015 年工业绿色发展专项行动

工业节能与绿色发展专项行动是工业和信息化部落实工业绿色发展战略，促进工业转型升级，专门实施的年度专项行动计划。工业和信息化部 2015 年 3 月发布的《2015 年工业节能与绿色发展专项行动实施方案》，对 2015 年工业绿色发展的主要目标、重点工作、进度安排和保障措施作出明确部署。

指导思想：贯彻落实生态文明建设和全面深化改革总体要求，顺应人民群众对良好生态环境的期待，以生态文明建设与工业发展相互促进、和谐发展为目标，以重点领域、重点区域节能减排为着力点，突出机制模式创新与务实推动，加快利用信息技术促进节能减排，强化支撑服务与考核评估，力争在重点领域、重点区域工业绿色发展上取得新突破，实现以点带面，推动工业节能与综合利用工作再上新台阶。

重点工作：一是推进重点行业清洁生产和结构优化，减少大气污染物排放。

二是组织实施数字能效推进计划。三是组织推进京津冀地区工业资源综合利用协同发展。

进度安排：一季度印发实施方案，启动工业绿色发展专项行动；发布《重点用能行业企业能源管理中心建设实施方案》及《工业领域煤炭清洁高效利用行动计划》。二季度制定《京津冀及周边地区工业资源综合利用协同发展行动计划》，启动区域协调发展机制；指导省级工业主管部门制定工业节能监测分析平台对接建设实施方案及工业资源综合利用协同发展的实施方案，试点省市完成与国家系统联网，初步建立全国工业节能监测分析平台。第四季度积累监测分析平台运行经验，逐步完善系统建设、数据采集传输等方面的标准和规范要求，组织现场验收。全年组织开展京津冀及周边地区清洁生产能力培训和重点地区煤炭清洁高效利用培训，督导地方落实工作职责，编制煤炭清洁高效利用实施方案。

保障措施：一是联合中国工程院、中国科学院等机构，整合相关行业协会、科研设计单位、节能减排咨询服务公司、投融资机构等资源，加强机制模式创新；二是抓住有利时机，建立部门互动、区域联动、地方与中央上下齐动的工作机制，推动形成工作合力；三是利用中央和地方的各项资金，加大政策支持；四是严格落实考核实施方案，加强考核督导，开展专项检查。

一、煤炭清洁高效利用

（一）《工业领域煤炭清洁高效利用行动计划》主要内容和目标

2015 年 3 月，工业和信息化部和财政部联合发布《工业领域煤炭清洁高效利用行动计划》提出到 2017 年，实现节约煤炭消耗 8000 万吨以上，减少烟尘排放量 50 万吨、二氧化硫排放量 60 万吨、氮氧化物 40 万吨。到 2020 年，力争节约煤炭消耗 1.6 亿吨以上，减少烟尘排放量 100 万吨、二氧化硫排放量 120 万吨、氮氧化物 80 万吨。

实现上述目标关键要抓好三方面：一是在焦化、工业炉窑、煤化工、工业锅炉等重点用煤领域加快煤炭清洁高效利用技术改造，从源头减少煤炭消耗及污染物的产生，并配套相应的末端治理措施，达到或优于国家相关节能环保要求。二是推动煤化工结构优化升级，推进煤炭由单一原料向原料和燃料并重转变，加大煤炭资源加工转化深度，优化产品结构，提高产品附加值。三是优化资源配置，促进焦化、煤化工与冶金、建材等产业衔接融合，实现工业炉窑清洁燃料供给。

在条件的地区或园区，用焦化、煤化工与区域集中供热一体化模式替代中小型散燃煤工业锅炉，构建区域内能源梯级利用，控制煤炭消费总量，综合提升区域煤炭清洁高效利用整体水平。

为此要加强措施保障，一是强化地方政府组织协调，建立由工业主管部门牵头、多部门参与的煤炭清洁高效利用工作协调机制，简化实施方案中项目的审批手续，省级工业主管部门会同财政主管部门，按本计划要求，组织煤炭消耗大的城市在 2015 年 9 月 30 日前完成实施计划制订工作；二是发挥财政资金引导作用，利用既有资金渠道，加大统筹力度，创新支持方式，建立多元化资金支持方式推动实施方案顺利完成；三是加快制定焦化、炉窑、煤化工、锅炉等领域煤炭清洁高效利用相关技术标准和规范；四是加强技术支撑能力建设。

（二）《工业领域煤炭清洁高效利用行动计划》政策解析

1.《工业领域煤炭清洁高效利用行动计划》出台背景

目前，煤炭在我国一次能源消费中约占 64%，占全球煤炭消费量的 50% 左右，全国烟粉尘、二氧化硫排放、氮氧化物主要源于以煤炭为主的化石能源燃烧，是影响大气环境质量的主要因素。近两年来，我国多地频发大范围雾霾天气，造成空气质量严重污染，对人民群众身体健康造成危害，推进煤炭清洁高效利用是治理大气污染、缓解雾霾天气的一个重要措施。

另一方面，虽然风能、太阳能等可再生能源在我国快速发展，但我国能源总量和资源禀赋决定，以煤炭为主体的能源结构短期内难以发生重大改变，在这种情况下，实施煤炭清洁高效利用对我国在保障能源供给安全的同时减少燃煤污染就具有十分重要的现实意义。2014 年，中央财经领导小组第 6 次会议提出“大力推进煤炭清洁高效利用”要求，同年，国务院《能源发展战略行动计划（2014—2020 年）》也明确要“按照安全、绿色、集约、高效的原则，加快发展煤炭清洁开发利用技术，不断提高煤炭清洁高效开发利用水平”。

我国工业领域煤炭消耗量巨大，加强工业领域煤炭清洁高效利用是减少燃煤污染的重要组成部分。2012 年我国工业用煤消耗（不包括发电）达到 16 亿吨，占全国煤炭消耗总量的 46%。此外工业用煤具有行业多、范围广、效率低、污染高的特点，是大气污染防治的重要领域，随着我国工业化、城镇化的深入推进，加快推进工业煤炭清洁高效利用，对于促进工业绿色发展，减少大气污染物的产生和排放，改善大气环境质量具有十分重要的意义。

2.《工业领域煤炭清洁高效利用行动计划》的总体思路和目标

（1）行动计划集中于焦化、煤化工、工业锅炉和工业炉窑4大重点领域

焦化、煤化工、工业锅炉、炉窑煤炭消耗量占全部工业煤炭消耗量（除电力）的95%，烟粉尘、二氧化硫、氮氧化物排放量分别约占全国排放量的36%、45%、24%。因此，结合工业领域实际，聚焦焦化、煤化工、工业锅炉和工业炉窑4个领域作为重点。

（2）行动计划强调3大基本原则

一是坚持市场主导与政府引导相结合的原则。一方面发挥市场在资源配置中的决定性作用，以企业为主体，根据市场需求推动实施；另一方面进一步发挥中央政府指导、地方政府组织协调的作用。二是坚持企业技术改造与产业结构调整相结合的原则。加快实施煤炭清洁高效利用技术改造的同时推动产品结构优化升级。三是坚持因地制宜与区域协调发展相结合的原则。要综合考虑本地区煤炭资源禀赋和利用水平，因地制宜推进煤炭清洁高效利用。同时，更应该加强区域内相关产业衔接融合，综合提升区域煤炭清洁高效利用整体水平。

（3）行动计划总体思路以削减煤炭消耗量和减少污染物排放为重心

瞄准重点用煤城市，结合本地产业，以削减煤炭消耗量、减少污染物排放为目标，发挥市场主导作用，加大协调，推动企业实施清洁生产技术改造，提升技术装备水平，提升区域煤炭清洁高效利用水平，实现控煤、减煤，防治大气环境污染，促进区域环境质量改善。

（4）主要目标设定分阶段完成

整个行动计划分为2015—2017年和2018—2020年两阶段目标。第一阶段，实现节约煤炭消耗8000万吨以上，减少烟尘排放量50万吨、二氧化硫排放量60万吨、氮氧化物排放量40万吨；第二阶段，力争节约煤炭消耗1.6亿吨以上，减少烟尘排放量100万吨、二氧化硫排放量120万吨、氮氧化物排放量80万吨。

3.《工业领域煤炭清洁高效利用行动计划》的重点任务

目前工业用煤主要存在三方面问题：一是主要用煤领域装备技术水平偏低，与国际先进水平相比存在较大差距，导致我国煤炭利用存在能耗高和污染重的特征；二是煤化工结构不合理，部分产品存在产能过剩现象，产品附加值不高，导致煤炭综合利用效率较低；三是大多数煤化工企业相对独立，与相关产业衔接不够，煤炭利用产业融合度不高，煤炭整体利用水平有待提升。

在对我国工业领域用煤主要问题进行研判的基础上，提出三大重点任务：

一是提升工业耗煤重点领域技术水平。通过实施清洁生产技术改造，推广一批先进适用的煤炭清洁高效利用技术，通过对焦化、煤化工、工业锅炉、工业窑炉传统工业用煤工艺和设备的技术改造，减少煤炭消耗及污染物产生。

二是推进煤化工产品结构优化升级。鼓励企业加大煤炭资源加工转化深度，大力发展新型煤化工，推进煤炭由单一原料向原料和燃料并重转变，促进多元化发展，提高产品精细化率和附加值。

三是加强区域内产业融合。通过优化资源配置，促进焦化、煤化工与冶金、建材等产业衔接融合，在条件适宜地区或工业园区，推广焦化、煤化工与区域集中供热一体化模式，减少分散中小燃煤工业锅炉，控制煤炭消费总量，构建区域内能源梯级利用、综合提升区域煤炭清洁高效利用整体水平。

4.《工业领域煤炭清洁高效利用行动计划》的主要亮点

一是充分体现了深化改革转变政府职能的要求。行动计划深入贯彻落实《中共中央关于全面深化改革若干重大问题的决定》精神，一方面发挥市场在资源配置中的决定性的作用，以企业为主体，鼓励企业根据市场需求自主选择技术改造方向。另一方面，明确中央和地方的职责分工，即中央主要规划煤炭清洁高效利用的方向和路径，地方政府重在推进和实施，组织辖区内煤炭消耗大的城市，结合本地实际编制具体实施方案。

二是提出了综合提升区域煤炭清洁高效利用水平的整体解决思路。行动计划重点用煤城市（地级或县级），提升煤炭企业清洁高效利用水平和优化企业产品结构，加强城市辖区内不同行业之间、工业和社会之间进行衔接融合，优化资源配置，形成区域内能源梯级利用，实现区域控煤、减煤、降低大气污染物排放总体目标。

三是保障产业政策、财政政策和金融政策的合力推进。一是注重发挥能耗限额、污染物排放等强制性标准和高耗能落后设备淘汰目录等产业政策的引领和倒逼作用，推动企业加快提升煤炭清洁高效利用水平；二是充分利用大气污染防治、技术改造、清洁生产、中小企业、淘汰落后等各级既有资金渠道，加大支持力度。三是支持专业化节能环保公司采用合同能源管理、综合环境服务、金融租赁等模式，为企业提供技术和融资服务；同时，鼓励金融机构针对实施方案提供绿色信贷等金融服务和引导民间资本设立股权基金、产业基金等支持实施方案中的项目。

四是突出了科技支撑能力的保障作用。煤炭清洁高效利用核心是依靠企业采用先进适用的技术进行升级改造。同时，行动计划能否落实到位依赖地方能否结合本地实际制定科学合理的实施方案，行动计划重视做好文件出台后的指导工作，加强政策的宣传培训，确保行动计划顺利推进。此外，建立产学研一体的煤炭清洁高效利用技术研发与推广平台，促进引导企业加快应用相关技术。

二、数字能效推进计划

（一）数字能效推进计划工作内容

2015 年工业绿色发展专项行动中的数字能效推进计划主要包括三方面内容：一是企业能源管理中心建设，二是全国工业节能监测分析平台建设，三是绿色数据中心建设。

1. 全国工业节能监测分析平台建设

全国工业节能监测分析平台建设工作的总体思路是，在前期国家工业节能减排信息监测系统、各省级节能减排监测系统基础上，按照转变政府职能、加强事中事后监管的要求，充分运用网络信息技术，采用“整体规划，分步实施”的模式，分阶段推动国家系统与地方系统联网、地方系统与企业信息系统连接，实现节能数据共享，建立覆盖全国工业领域的统一、高效、实用节能监测平台。

工作目标分两个阶段完成，第一阶段建立完善全国工业节能监测分析平台要覆盖重点用能企业 2000 家以上，并通过编制系统对接建设方案，密切国家系统与试点省市系统联网，实现对试点地区工业能耗数据的动态掌握及预警预测。第二阶段目标制定全国工业节能监测分析平台接口的统一标准，推动各地区节能减排监测系统与国家系统联网对接，实现全国工业能源消费监测的“一张网”。

完成目标的进度安排同样分为两个阶段，第一阶段（2015 年底前），试点省市完成与国家系统联网，按月自动采集有关地区工业能源消费数据并上报国家系统，建立国家、地方数据共享机制，积累监测分析平台运行经验，逐步完善系统建设、数据采集传输等方面的标准和规范要求，初步建立全国工业节能监测分析平台。第二阶段（2016 年底前），扩大连接范围，推动各地区健全完善省级节能减排监测系统，完成与国家系统联网，基本建成覆盖全国的工业节能监测分析平台。

2. 企业能源管理中心建设

2015年企业能源管理中心建设的主要工作包括两部分内容，一是推进企业能源管理中心建设，完成钢铁、建材、石化等200家企业能源管理中心项目验收工作；二是新启动100家项目建设。

为推进企业能源管理中心建设，加强能源管理中心建设工作的管理，规范能源管理中心示范项目的验收，继2014年工业和信息化部发布《关于加强工业企业能源管理中心建设示范项目验收工作的通知》之后，2015年1月，工业和信息化部发布钢铁、建材、石油和化工、有色、轻工六个行业的企业能源管理中心建设实施方案，对不同行业的能源管理中心建设总体目标、基础要求、建设内容、预期功能、验收标准等事项提出明确要求。

3. 绿色数据中心建设

2015年工业绿色发展专项行动中计划在通信、金融、电力等部门启动30家绿色数据中心试点建设。2015年3月，工业和信息化部、国家机关事务管理局、国家能源局联合发布《国家绿色数据中心试点工作方案》，方案对绿色数据中心建设的总体思路、主要目标和试点内容提出了明确要求。绿色数据中心建设的总体思路是，以建立绿色数据中心的推进机制、引导数据中心节能环保水平全面提升为目标，在现有绿色数据中心工作基础上，优先在生产制造、能源、电信、互联网、公共机构、金融等重点应用领域选择一批代表性强、工作基础好、管理水平高的数据中心，开展绿色数据中心试点创建工作，以技术创新和推广为支撑，以标准研制和技术评价为保障，使绿色数据中心试点发挥辐射带动作用，形成可复制的推广模式，引导数据中心走低碳循环绿色发展之路。

主要目标包括，到2017年，围绕重点领域创建百个绿色数据中心试点，试点数据中心能效平均提高8%以上，制定绿色数据中心相关国家标准4项，推广绿色数据中心先进适用技术、产品和运维管理最佳实践40项，制定绿色数据中心建设指南。

试点内容主要有，一是创新和推广绿色数据中心技术，提高设备能源使用效率，控制有毒有害物质使用，采用易于拆解和回收处理的设计。二是提高绿色数据中心管理水平，绿色数据中心要节能、低碳、节水、污染控制、综合利用等目标，将节能环保工作纳入考核体系，开展自监测工作。三是建立试点数据中心节能环保指标监测体系，定期统计试点数据中心的自监测数据，摸清我国数据中心节能环保水平现状，逐步建立完善的统计体系。四是完善绿色数据中心标准和评价体系，对试点数据中心进行分类评价和动态监督。

2015 年 12 月，按照《国家绿色数据中心试点工作方案》要求，初步确定 84 个国家绿色数据中心试点单位，其中制造领域 8 家、金融领域 3 家、能源领域 1 家、公共机构 16 家、电信领域 27 家、互联网领域 29 家。

（二）数字能效推进计划政策解读

1. 全国工业节能监测分析平台建设

（1）全国工业节能监测分析平台建设强调“逐步推进”

全国工业节能监测分析平台建设工作，采用“整体规划，分步实施”模式，分阶段逐步推动工业节能监测分析平台建设。具体操作而言，在第一阶段首先开展省级节能减排监测系统联网并入国家系统的试点工作，在辽宁、上海、山东等条件较好的地区率先开展国家节能监测系统与地方系统联网，地方系统与企业系统连接。这种“分步实施”的模式，很大程度地提高了建立全国工业节能监测分析平台的可行性，我国地区数量多，不同区域工业发展阶段差异大，工业发展速度快，在这样一个多样、快变的复杂情景下，要建立全国统一的工业节能监测分析平台，会遇到各种各样的问题，如数据标准问题、网络系统管理问题等等，所有这些问题如果统一进行解决需要花费大量时间，难度很大。通过试点逐步连接，在很大程度上降低了问题的难度，提高了可行性。

（2）全国工业节能监测分析平台建设强调组织实施和验收管理

建设方案对组织实施和验收管理提出了比较严格的要求。要求试点省市要在 2015 年 1 月 20 日前把建设方案报送工业和信息化部，方案内容应包含工作目标、实施进度、工作基础、监测指标建议、平台技术路径、组织保障措施、监测覆盖企业名单等。工业和信息化部将组织验收，对建设方案进行评价。

（3）全国工业节能监测分析平台建设提出高标准要求

一要建立工作机制。建立由地区各级工业和信息化主管部门、节能监察机构、技术支撑机构、相关重点用能企业共同参与的工作机制，细化工作进度，落实责任部门和责任人，按时按质完成各项工作任务。二是要提高基础能力。工业和信息化部研究建立数据共享机制，将有关数据按月反馈给各地区，并定期组织有关培训和交流。未建省级系统的地区加快开发建设省级节能减排监测系统。三是要加大支持力度。地区工业和信息化主管部门要保障监测系统的运行维护经费，推动重点用能企业加快建设能源管理中心并纳入被监测企业范围。

2. 企业能源管理中心建设示范项目政策解读

（1）企业能源管理中心建设背景

能源管理中心主要通过采用信息技术和高效管理，对企业中能源的生产、输送、分配和使用进行高效的、集中的监控和管理，最终提高企业整体的能源管理水平。能源管理中心是ICT技术在企业能源管理中的应用，体现了工业化和信息化相互融合在节能降耗方面的应用，2009年，工业和信息化部、财政部联合发布《工业企业能源管理中心建设示范项目财政补助资金管理暂行办法》，开始钢铁、有色、化工等行业建设企业能源管理中心，截至目前，我国已经建设企业能源管理中心示范项目数百个，有效地提高了企业的信息化水平和能源利用效率。同时，大量能源管理中心的建设也需要进一步管理和规范，以推动企业能源管理中心更好地实现普遍推广。

（2）企业能源管理中心建设的行业差异

企业能源管理中心主要是利用现代信息技术（ICT）更好地实现企业能源的集中高效管理和企业经营方式的转变，充分体现了工业化和信息化的深度融合，这是不同行业建设企业能源管理中心的一个共同点。但另一方面，由于不同行业企业生产工艺和装备的不同，能源利用方式的不同，导致了不同行业企业能源管理中心建设各自具有不同的特点。2015年发布的六个行业能源管理中心建设实施方案，充分体现了这种行业相同性和差异性。以钢铁和建材行业为例，两个行业的能源管理中心建设方案都强调了对能源计量器具、数据自动采集、现场自动控制等方面进行了详细的要求，这体现了利用ICT技术进行企业能源管理的一种共性，但另一方面，相比钢铁企业，建材行业又存在企业种类多、数量大、能源管理基础差异大的特点，为此，建材行业能源管理中心建设实施方案，不仅提出了建材行业的通用建设内容，还包括水泥、玻璃等不同的专用建设内容，在这一点上钢铁行业和建材行业是不同的，这体现了企业能源管理中心建设的行业差异，而分行业发布能源管理中心建设实施方案无疑充分体现了这种行业的共同性和差异性，对进一步规范不同行业的能源管理中心管理和进一步推广企业能源管理中心建设具有重要意义。

3. 绿色数据中心建设政策解读

（1）绿色数据中心建设的背景

从数据中心发展现状看数据中心高能耗问题日益突出。从全球来看，随着ICT 技术迅猛发展，数据中心的建设和应用呈现指数增长的形势，全球数据中心建设总量已超过 300 万个，耗电量占全球总耗电量的比例为 1.0%—1.5%，美国、欧盟、加拿大、韩国等主要发达国家和地区都高度重视数据中心的高能耗问题。例如美国政府实施了“数据中心能源之星”、“联邦数据中心整合计划”，欧盟实施了“数据中心能效行为准则”，国际绿色网格组织开展了数据中心节能标准制定和最佳实践推广。

从国内看，我国数据中心总量超过 40 万个，年耗电量已超过全社会用电量的 1.5%，多数数据中心用能效率较低，与国际先进水平相比有较大差距，节能潜力巨大。此外，数据中心的温室气体排放、水资源消耗、废弃设备的污染都给资源和环境带来压力。

从政策发布看，早在 2013 年 1 月，工业和信息化部会同国家发展和改革委员会、国家能源局等有关部门发布了《关于数据中心建设布局的指导意见》，对数据中心建设的布局导向、基本原则以及保障措施提出要求；2013 年 2 月，工业和信息化部发布了《关于进一步加强通信业节能减排工作的指导意见》，对数据中心的节能环保提出要求。同时，绿色数据中心相关标准陆续立项和出台，第三方民间组织也启动了数据中心绿色分级测评。

（2）绿色数据中心建设的政策特点

一是国家绿色数据中心试点建设强调分领域、分步骤推进，即在条件比较合适的领域优先开展试点，并针对不同领域数据中心的不同特点，进行分类指导，这样不仅有利于降低国家绿色数据中心试点建设工作的难度，提高工作的可行性。而且分行业、分地域、分规模地进行数据中心试点，新建数据中心或工程项目的采购、设计、建设应实现绿色化。

二是强调能效提升与低碳环保并重，全面建设绿色数据中心。数据中心不仅仅存在高能耗问题，而且数据中心还消耗大量水资源，淘汰的设备还会对环境造成污染。针对这一问题，国家绿色数据中心试点提升能效的同时，强调使用可再生能源和分布式供能，减少温室气体排放，控制有毒有害物质使用和废弃设备回收处理。

三是强调技术与管理并行，“两条腿”走路。数据中心的绿色发展，不仅仅是技术的问题，还存在数据中心的整体优化等管理方面的问题，如数据中心的日常运行管理、淘汰设备的电子垃圾处理、日常节水管理等等，只有通过技术和管理两种途径同时着力，才能切实实现数据中心的绿色发展。国家绿色数据中心试点建设强调加强引导各单位建立绿色数据中心运维管理体系，通过技术节能与管理节能提升数据中心节能环保水平。

三、京津冀及周边地区工业资源综合利用协同发展

（一）《京津冀及周边地区工业资源综合利用协同发展行动计划》主要内容

推动京津冀及周边地区工业资源综合利用协同发展，是工业和信息化部《2015年工业绿色发展专项行动实施方案》的主要内容。2015年7月3日，工业和信息化部发布《京津冀及周边地区工业资源综合利用协同发展行动计划》，明确了推进京津冀及周边地区工业资源综合利用协同发展的总体思路、主要目标、主要任务和保障措施。

总体思路为：深入贯彻落实京津冀协同发展重大战略部署，以京津冀及周边地区工业资源综合利用产业协同发展为主线，以大宗工业固体废物和再生资源利用为重点，以市场为导向，以基地、园区和重点企业为依托，以科技为支撑，以机制政策创新为保障，明确工业资源综合利用产业发展区域功能定位，充分发挥京津市场优势与河北资源优势，建立区域间协调发展新模式，推进工业资源综合利用产业规模化、高值化、集约化发展；充分发挥资源综合利用对保障资源安全和防治环境污染的重要作用，全面提升京津冀及周边地区工业绿色发展水平。

总体目标为：力争到2017年，建设10个工业固体废物综合利用协同发展示范基地，15个再生资源综合利用协同发展示范园区，50个能够支撑京津冀及周边地区工业资源综合利用协同发展格局的重点示范项目，培育30家龙头企业，建设一批工业资源综合利用技术创新平台，形成跨区域工业资源综合利用协同发展新模式，建成全国工业资源综合利用协同创新发展的先行示范区。实现年消纳工业固体废物4亿吨，加工利用再生资源2000万吨，总产值达到2200亿元，年减少二氧化碳排放400万吨，减少细颗粒物排放2000吨，减少化学需氧量7000吨，节水7000万立方米，减排氨氮及其他水体污染物3000吨，减少京津冀及周边地区植被破坏和土地占用5万亩。

主要任务包括四个方面：一是推动工业固体废物综合利用产业区域协同发展，在河北承德、唐山等地区改造和建设10个以上年产能100万—500万吨的废石和尾矿提取有价组分协同生产优质砂石料示范项目，实现年利用尾矿废石替代京津冀地区天然砂石用量1.2亿吨。依托金隅集团、冀东集团、金泰成环境资源公司等龙头企业在河北承德、唐山、邢台等地建设10个以上尾矿和废石生产预拌泵送混凝土项目、10个以上尾矿干混砂浆项目，促进混凝土、砂浆产业绿色化发展和产业结构跨区域深度调整。推动京津地区高校、科研院所与河北、山西、内蒙古、山东的企业对接合作，在河北邢台、沧州、邯郸、唐山、承德，山西朔州、大同、阳泉，内蒙古锡林郭勒、乌兰察布等地建设10个钢渣、矿渣、粉煤灰、脱硫石膏协同利用项目，实现年消纳工业固体废物9000万吨，替代水泥800万吨。在河北、山西、内蒙古等尾矿堆存集中地区建设10个尾矿多元素回收整体利用项目，实现年消纳尾矿1000万吨。在河北唐山和邯郸、山西太原、内蒙古包头等地建成5个新型钢铁冶金烟尘利用及多元化回收示范项目，年消纳固体废物300万吨。二是推进再生资源回收利用协同发展，构建区域再生资源回收利用体系，推动再生资源综合利用产业有序转移，在北京选择10个废塑料、报废汽车、废弃电器电子产品、稀贵金属再生利用等再生资源深加工利用项目，通过3年时间逐步转移到周边地区，充分发挥京津金融、科技、人才、管理优势，加强产学研用深度融合，建设20个能够提高产业技术水平、促进产业升级的再生资源综合利用协同发展重点项目，培育一批具有示范带动作用的龙头企业。三是加快建设资源综合利用产业示范基地和园区，在河北承德、唐山、张家口、邢台、邯郸，山西朔州、长治，内蒙古鄂尔多斯、锡林郭勒等地区建设工业固体废物综合利用产业基地，在天津、河北、山西、内蒙古、山东现有再生资源加工利用产业园区和产业聚集的基础上，紧密结合当地经济发展趋势和资源需求，重点建设15个再生资源产业协同发展特色功能园区，2017年，实现园区内再生资源综合利用量超过1000万吨。四是加快建设区域工业资源综合利用创新平台，加快推进产业技术创新战略联盟建设，加快建设一批资源综合利用技术创新平台。

保障措施包括：建立京津冀及周边地区工业资源综合利用协同发展省部协商机制，成立京津冀及周边地区工业资源综合利用协同发展专家咨询委员会，为专项行动提供政策咨询和技术支撑。加强中央财政对京津冀及周边地区工业资源协同发展的支持，研究制定工业资源综合利用协同发展扶持政策，对列入行动计划的基地、园区、企业或项目，从技术改造、清洁生产等现有财政支持渠道给予资金支持。建立工业固体废物综合利用技术、产品、市场的信息库和专家系统，推进滦平尾矿及其他工业固体废物综合利用产品交易市场等平台建设，搭建工业固体废物综合利用成果转化、技术推广、产品展示服务平台。以高校、科研院所为基地，实施人才联合培养工程，拓展人才队伍建设渠道，建立人才信息资源库，积极推进人才资源信息互动和引进交流，构建工业资源综合利用人才培养新模式。挥行业协会、产业联盟等社会组织的积极作用，促进技术交流、信息沟通、国际合作。加强舆论宣传，提高公众环保意识和资源综合利用参与度和积极性。

（二）《京津冀及周边地区工业资源综合利用协同发展行动计划》政策解读

1.《京津冀及周边地区工业资源综合利用协同发展行动计划》政策背景

京津冀及周边地区包括北京、天津、河北、山西、内蒙古、山东四个省区两个直辖市，区域重化工业特征有历史传统，工业固体废物和再生资源高度集中，具备推进区域工业资源综合利用协同发展的条件。

从发展形势看，随着区域经济的快速发展，近年来大量工业固体废物和再生资源对区域资源环境造成较大压力。据统计，2014 年京津冀及周边地区产生大宗工业固体废物（含废石）23.7 亿吨，其中北京 0.5 亿吨，天津 0.2 亿吨，河北 15.7 亿吨，山西 2.7 亿吨，内蒙古 2.8 亿吨，山东 1.8 亿吨;废钢铁、废有色金属、废塑料、废轮胎、废橡胶、废纸、废弃电子电器、报废汽车等主要再生资源产生量 4410 万吨，其中北京 550 万吨，天津 360 万吨，河北 1080 万吨，山西 580 万吨，内蒙古 240 万吨，山东 1600 万吨。京津冀及周边地区迫切需要加强工业资源的综合利用。

从产业发展看，京津冀及周边地区资源综合利用产业从 2011 年到 2014 年以来得到较快发展，年产值超过千亿元，初具规模。在北京、天津、河北、山东等地相继成立了一些资源综合利用企业，建设了承德等一批大宗工业固体废物综合利用基地，形成了废金属、废塑料、废电子电器等回收利用集聚区。但总体而言，区域资源综合利用工作存在产业分散、企业规模小、产品附加值低、区域产业集群效应不明显等问题。

从国家政策看，2015 年 4 月 25 日，党中央、国务院先后发布《关于加快推进生态文明建设的意见》和审议通过《京津冀协同发展规划纲要》，不仅强调未来发展要把生态文明建设放在突出的位置，而且确定了京津冀地区协同发展的目标、方向、思路和重点，这些政策为推动京津冀及周边地区资源综合利用产业协同发展提供了机遇。

2.《京津冀及周边地区工业资源综合利用协同发展行动计划》政策针对性强

行动计划是在大量调查研究基础上形成的。早在2014年，工业和信息化部就组织了六省份相关部门和中国循环经济协会、中国物资再生协会、中国有色金属协会再生金属分会、北京科技大学等单位启动了项目调研，在实地调研了五十多家企业，多次征求和听取了六省市地方相关部门、行业协会建议意见后，最终形成行动计划。在这个过程中，技术、产品、市场、政策等破解京津冀及周边地区工业资源综合利用产业协同发展的关键环节始终是政策制定的工作核心。

行动计划工作目标明确。行动计划提出了到2017年具体的量化指标：即建设10个工业固体废物综合利用协同发展示范基地，15个再生资源综合利用协同发展示范园区，50个能够支撑京津冀及周边地区工业资源综合利用协同发展格局的重点示范项目，培育30家龙头企业，建成全国工业资源综合利用协同创新发展的先行示范区。实现年消纳工业固体废物4亿吨，加工利用再生资源2000万吨，总产值达到2200亿元，年减少二氧化碳排放400万吨，减少细颗粒物排放2000吨，减少化学需氧量7000吨，节水7000万立方米，减排氨氮及其他水体污染物3000吨，减少京津冀及周边地区植被破坏和土地占用5万亩。

3.《京津冀及周边地区工业资源综合利用协同发展行动计划》提出9项任务

行动计划聚焦4大重点领域,提出9项任务和33项重点建设与产业转移项目。其中4大重点领域包括工业固体废物综合利用产业协同发展、再生资源回收利用协同发展、建设资源综合利用产业示范基地与园区、建设区域工业资源综合利用创新平台。

9项任务主要包括:协同利用尾矿和废石代替天然砂石,协同利用钢渣、矿渣、煤矸石、粉煤灰和脱硫石膏，多元化综合利用尾矿、冶金烟尘等固体废物，构建区域再生资源回收利用体系，推动再生资源综合利用产业有序转移，建设工业固废综合利用产业基地，建设再生资源加工利用示范园区，加快推进产业技术创新战略联盟建设，加快建设资源综合利用技术创新平台。

33项重点建设与产业转移项目主要包括：建设年产40万吨干混砂浆尾矿综合利用等22个工业固体废物综合利用重点建设项目，再生铜全产业链综合利用等6个再生资源综合利用示范项目，废五金拆解及废塑料加工等5个产业转移项目。

第二节 《中国制造2025》全面推行绿色制造

一、全面推行绿色制造主要内容

2015年5月8日，国务院发布《中国制造2025》战略，对我国制造强国战略的全面推行绿色制造部分从指导思想、发展目标、重点任务、重点工程四个方面作出了明确规定。

在指导思想上，提出坚持把可持续发展作为建设制造强国的重要着力点，加强节能环保技术、工艺、装备推广应用，全面推行清洁生产。发展循环经济，提高资源回收利用效率，构建绿色制造体系，走生态文明的发展道路。

在重点目标上，提出规模以上单位工业增加值能耗下降幅度到2020年比2015年下降18%，到2025年比2015年下降34%；单位工业增加值二氧化碳排放下降幅度到2020年比2015年下降22%，到2025年比2015年下降40%；单位工业增加值用水量下降幅度到2020年比2015年下降23%，到2025年比2015年下降41%；工业固体废物综合利用率在2020年达到73%，在2025年达到79%（具体见表15-1）。

表15-1 中国制造2025战略绿色发展主要目标

方向	目标	2020年	2025年
绿色发展	规模以上单位工业增加值能耗下降幅度	比2015年下降18%	比2015年下降34%
	单位工业增加值二氧化碳排放量下降幅度	比2015年下降22%	比2015年下降40%
	单位工业增加值用水量下降幅度	比2015年下降23%	比2015年下降41%
	工业固体废物综合利用率	73%	79%

在重点任务中，提出要全面推行绿色制造，加大先进节能环保技术、工艺和装备的研发力度，加快制造业绿色改造升级；积极推行低碳化、循环化和集约化，提高制造业资源利用效率；强化产品全生命周期绿色管理，努力构建高效、清洁、低碳、循环的绿色制造体系。加快制造业绿色改造升级。

一是要全面推进钢铁、有色、化工、建材、轻工、印染等传统制造业绿色改造，大力研发推广余热余压回收、水循环利用、重金属污染减量化、有毒有害原料替代、废渣资源化、脱硫脱硝除尘等绿色工艺技术装备，加快应用清洁高效铸造、锻压、焊接、表面处理、切削等加工工艺，实现绿色生产。加强绿色产品研发应用，推广轻量化、低功耗、易回收等技术工艺，持续提升电机、锅炉、内燃机及电器等终端用能产品能效水平，加快淘汰落后机电产品和技术。积极引领新兴产业高起点绿色发展，大幅降低电子信息产品生产、使用能耗及限用物质含量，建设绿色数据中心和绿色基站，大力促进新材料、新能源、高端装备、生物产业绿色低碳发展。

二是要推进资源高效循环利用。支持企业强化技术创新和管理，增强绿色精益制造能力，大幅降低能耗、物耗和水耗水平。持续提高绿色低碳能源使用比率，开展工业园区和企业分布式绿色智能微电网建设，控制和削减化石能源消费量。全面推行循环生产方式，促进企业、园区、行业间链接共生、原料互供、资源共享。推进资源再生利用产业规范化、规模化发展，强化技术装备支撑，提高大宗工业固体废弃物、废旧金属、废弃电器电子产品等综合利用水平。大力发展再制造产业，实施高端再制造、智能再制造、在役再制造，推进产品认定，促进再制造产业持续健康发展。

三是要积极构建绿色制造体系。支持企业开发绿色产品，推行生态设计，显著提升产品节能环保低碳水平，引导绿色生产和绿色消费。建设绿色工厂，实现厂房集约化、原料无害化、生产洁净化、废物资源化、能源低碳化。发展绿色园区，推进工业园区产业耦合，实现近零排放。打造绿色供应链，加快建立以资源节约、环境友好为导向的采购、生产、营销、回收及物流体系，落实生产者责任延伸制度。壮大绿色企业，支持企业实施绿色战略、绿色标准、绿色管理和绿色生产。强化绿色监管，健全节能环保法规、标准体系，加强节能环保监察，推行企业社会责任报告制度，开展绿色评价。

在重点工程中，将组织实施传统制造业能效提升、清洁生产、节水治污、循环利用等专项技术改造。开展重大节能环保、资源综合利用、再制造、低碳技术产业化示范。实施重点区域、流域、行业清洁生产水平提升计划，扎实推进大气、水、土壤污染源头防治专项。制定绿色产品、绿色工厂、绿色园区、绿色企业标准体系，开展绿色评价。到 2020 年，建成千家绿色示范工厂和百家绿色示范园区，部分重化工行业能源资源消耗出现拐点，重点行业主要污染物排放强度下降20%。到2025年，制造业绿色发展和主要产品单耗达到世界先进水平，绿色制造体系基本建立。

二、全面推行绿色制造政策解析

（一）《中国制造2025》及全面推行绿色制造的背景

1. 我国已经成为制造业第一大国

改革开放以来，我国制造业总体规模不断扩大，制造业水平不断提高，不仅为我国经济和社会发展提供了重要物质基础，还为我国国防现代化建设作出了重要贡献，成为支撑国民经济的重要力量。在全球500余种主要工业产品中，我国有220多种产量位居世界第一，我国对外出口贸易不断增大，由中国制造的工业产品卖到了全球各地，"中国制造"成为全球的一大现象，我国的制造业也成为近30年来支撑世界经济规模不断发展的重要力量，总体规模占全球制造业的比重达到20.8%。

2. 制造业支撑我国当前的国际地位

制造业的快速发展促进了我国经济从改革开放之前的农业国家，快速发展成为一个重要的工业大国，无论是发展的速度，还是发展的质量和效益，都有力支撑了我国在当前全球化格局中的国际分工地位。从国内看，从1949年新中国成立以来，我国工业增加值占全国GDP的比重由1952年的17.6%提高到2014年的35.85%，增加了18.25%，初步实现了中华民族几百年来所渴望的工业强国梦想，从根本上促进我国工业实现了由小到大的历史性转变，为我国进一步发展打下了十分重要的基础。从全球来看，在1990年，我国制造业规模占全球的比重约为2.7%，居世界第九位；经过二十年发展，即到2010年时，其占全球的比重就上升到19.8%，跃居世界第一，我国又重新回到世界第一制造业大国的地位。

3. 全球制造业正在进行重大变革

从趋势看，美国的"再工业化"、德国的"工业4.0"、英国的制造业回归等战略都标志着发达国家以占据未来工业竞争的领先地位为主要目标。以巴西、俄罗斯、印度、中国、南非等金砖国家为代表的新兴经济体更强调传统产业的升级改造和发展新兴产业为主要目标。从技术领域看，绿色低碳技术、智能化技术、先进制造技术、新材料技术是变革的重要关键技术。从全球反应看，“再工业化”成为奥巴马政府的重要战略选择，德国积极推动“工业 4.0”战略，日本政府发布《日本再兴战略》。

4. 制造业快速发展对资源环境造成压力

制造业快速发展的过程，同时是我国工业化和城市化快速发展的过程，这一过程以重工业化的快速发展为主要特征，以粗放模式发展为主要特点。2012 年，我国钢铁、有色、化工、建材、电力、石化等六大高耗能行业能源消耗占比达到工业能耗的 70% 左右。重化工业的发展对资源和环境造成了巨大压力，从 2013 年开始全国多次爆发大范围、长时间的雾霾现象，并不断影响我国居民的日常生活，发达国家工业化过程中未曾避免的资源环境问题开始在我国频繁、大规模出现。

（二）《中国制造 2025》战略首次提出要积极构建绿色制造体系

《中国制造 2025》首次提出要积极构建绿色制造体系。构建绿色制造体系的主要内容包括开发绿色产品，建设绿色工厂、发展绿色园区、打造绿色供应链、壮大绿色企业、强化绿色监管。开发绿色产品，就是要通过推行绿色设计，加快绿色产品的研发与推广应用，显著提升产品绿色低碳水平，引导绿色生产和绿色消费。建设绿色工厂，提升厂房集约化水平、加强生产过程洁净化，实现厂房的绿色化。发展绿色园区，就是要以绿色企业集聚发展、绿色产业生态链接、绿色服务平台建设为重点，推进园区能源梯级利用、水资源循环利用、废物交换利用、土地节约集约利用。打造绿色供应链就是要以绿色供应链标准和生产者责任延伸制度为支撑，在整个产品生命周期内，在保证产品质量的同时践行环境保护责任，构建绿色的采购、生产、营销、回收及物流体系。壮大绿色企业就是要引导企业提升绿色发展意识，制定和实施绿色发展战略，加强绿色管理体系建设，提升绿色竞争力。强化绿色监管就是通过健全节能环保法规和标准体系，加强节能环保监察，推行企业社会责任报告制度，开展绿色评价。

（三）绿色制造工程是《中国制造 2025》五大重点工程之一

《中国制造 2025》明确了国家制造业创新中心建设工程、智能制造工程、工业强基工程、绿色制造工程、高端装备创新工程等五大工程，每个工程分别解决我国制造业在不同方面存在的问题。其中，国家制造业创新中心建设工程着力于提升我国制造业的创新能力问题，提出到 2020 年和 2025 年，我国制造业创新中心的数量分别达到 15 家和 40 家。智能制造工程着力于提升我国制造业的智能化水平，提出到 2020 年和 2025 年，要把智能制造试点示范项目的运营成本、生产周期和不良品率各降低 30% 和 50%。工业强基工程着力于解决关键基础零部件、基础材料、基础工艺的发展问题，工业强基工程提出到 2020 年和 2025 年，基础零部件和工艺技术自主保障水平分别达到 40% 和 70%。第五大工程是高端装备创新工程，着力于解决高端装备的自主研制及应用，提出到 2020 年我国高端装备要实现自主研制及应用，到 2025 年在一些重要领域，具有自主知识产权的装备要达到国际领先水平。

绿色制造工程是五大工程中的第四大工程，着力于提升我国制造业的绿色化水平。工业和信息化部即将发布《绿色制造工程实施方案》，绿色制造工程将重点推进四项任务，一是实施传统制造业的绿色化改造；二是推进资源循环利用绿色发展；三是推动绿色制造技术创新和产业应用示范；四是构建绿色制造体系。

热 点 篇

第十六章　生态文明建设与政府主导作用

2015年4月25日，中共中央、国务院发布了《关于加快推进生态文明建设的意见》（以下简称“意见”）；2015年9月21日，中共中央、国务院又印发了《生态文明体制改革总体方案》（以下简称“方案”）。两个重磅文件的发布，为我国生态文明建设指明了方向，明确了思路、目标和具体内容，进一步明确了政府应该在生态文明建设中的发挥主导性作用。

第一节　生态文明建设是实现伟大复兴的战略部署

一、中央和国务院就生态文明建设作出全面专题部署

我国政府历来高度重视生态文明建设，党的十八大报告中提出将“生态文明建设”纳入“五位一体”总体布局的战略决策，之后，党的十八届三中全会又提出要“加快建立系统完整的生态文明制度体系”，党的十八届四中全会再次强调“用严格的法律制度保护生态环境”。中央和国务院印发的《关于加快推进生态文明建设的意见》，既是基于我国国情作出的战略部署，也是落实全会精神的重要举措。

意见是当前和今后一个时期推动我国生态文明建设的纲领性文件，明确了生态文明建设的总体要求、主要目标、重点任务和保障制度体系，突出体现了战略性、综合性、系统性和可操作性。意见是针对党的十八大和十八届三中、四中全会关于生态文明建设总体部署和顶层设计的时间表、路线图，其目标、措施和措施任务更具体、更明确。

意见主要突出了以下两方面的特点：一是整篇贯穿了“人人都是生态文明建

设者”的理念。意见提出政府、企业和个人在生产、生活过程中都应该成为生态文明的建设者，都要自觉践行生态文明的基本要求，合理开发、利用自然资源，保护生态环境，使生态文明建设成为人人有责、共建共享的过程。二是通篇体现了“绿水青山就是金山银山”的理念。意见在指导思想、基本原则、主要目标、重点任务、制度安排、政策措施等每一部分内容中，都突出强调了这一理念。在基本原则里，强调经济社会发展必须与生态文明建设相协调，必须把“绿色发展、循环发展、低碳发展”作为基本途径。在指导思想中，明确提出了“蓝天常在、青山常在、绿水常在”的基本要求。在政绩考核制度方面，要求把生态效益、环境损害、资源消耗等指标纳入经济社会发展综合评价体系，大幅增加考核权重，强化指标约束。

二、方案为我国实现平稳绿色转型保驾护航

中共中央、国务院印发的《生态文明体制改革总体方案》共计五十六条，明确了生态文明体制改革的基本理念、主要原则、实施目标以及各项制度改革的具体内容，方案的发布为我国加快建设生态文明体系指明了方向，让上上下下坚定了信心。方案的突出亮点在于对生态文明体制改革各个主要环节所采取的具体措施进行了阐述，全面、系统地指明了我国进行生态文明体制改革的具体路径。

方案的具体改革内容可以概括为八大制度建设。一是逐步建立国土空间开发保护制度，划定主体功能区和生态红线。二是推进空间规划体系建设，通过采取“一张蓝图干到底”的工作模式，为克服“政出多门”的体制顽疾找到了正确方向。三是建立健全自然资源资产产权制度，该制度将为我国深化推进市场经济建设打下坚实基础。四是加快建立生态补偿和资源有偿使用制度，更好利用市场机制明确资源和生态产品的市场价格。五是推进资源总量管理和节约制度建设，将提升能源、水、土地、矿产、森林、海洋、草原、湿地、沙地等资源的利用效率放在了发展的首位，为经济转型、高效发展提供了有力的制度保障。六是逐步建立环境治理和生态保护相关的市场机制，加快推进节能量、碳排放权、排污权、水权等市场化交易机制，加快构建绿色金融、绿色采购等体系，为推进环境治理和生态保护市场建设提供资金保障。七是强化环境治理体系建设，对污染防治区域联动、排污许可、环境信息公开、环保执法、农村环境治理等环节进一步明确。八是加快建立生态文明绩效考核和追责机制，明确提出将生态文明绩效考核正式纳

入地方政府政绩考核。

第二节 为生态文明建设营造有利的外部环境

加快推进生态文明制度建设，必须要有高水平的顶层设计作为支撑，但没有现成的国内外经验可以借鉴。同时，我国各地区发展水平各异，基本情况各不相同，因此要求必须从实际出发，加强探索与总结，才能逐步建立形成特色鲜明、分类指导的生态文明制度体系。

一、完善生态文明法律法规体系

推进生态文明建设，需要有完备的法律法规制度体系作为保障，要加大法律法规的贯彻落实力度，从而实现“金山银山与绿水青山”的发展目标。第一，要加强对节约资源、保护环境的现有法律法规的梳理和总结，加快完善矿产、土地、森林、草原等开发和保护的法律法规。第二，要加快与生态文明建设有关部门的改革，通过改革部门立法的权利与边界，避免政府权力部门化。第三，针对生态文明建设的新趋势和新要求，加快推进气候变化、排放权交易等方面的建章立制。第四，要落实好各项法律法规，就必须细化实施细则，使办事程序更加透明公正。第五，要加大执法力度，用排污强度、能效、碳生产力等指标“倒逼”产业和产品绿色转型升级。

二、规划生态文明制度体系建设

我国政府有必要加快制定生态文明建设相关规划，切实地将生态文明建设目标要求融入政治、经济、文化、社会等各方面建设的全过程，从全局和战略高度进行制度建设的“顶层设计”。在规划制定过程中，要充分吸纳不同地区、不同主体的意见和建议，才能形成一套以自然规律和经济规律为准则、以能源资源和生态环境承载为基础、以可持续发展为目标导向的、符合基本国情和发展阶段特征的生态文明战略与制度建设有关规划，并强化贯彻落实。

三、形成生态文明建设的长效机制

以“谁受益、谁补偿”原则完善重点生态功能区的生态补偿机制。第一，要改革不利于生态文明建设的各项补贴政策，加快修订“最低价中标”等扰乱市场秩序、不利于创新发展的政策；第二，要加大财政补贴的力度，鼓励和引导居民迁出生态脆弱且不宜居住的地区，促进生态系统的自然恢复；第三，要加大生态文明建设、教育、医疗、社会保障等方面的公共支出，不断优化公共支出结构，同时注意公共投入不应妨碍市场竞争的公平性；第四，加快完善政府绿色采购政策，使政府的采购机制更好对接市场消费需求和产品升级换代周期，对明显高于市场价的情形必须避免和调整；第五，应加快取消“两高一资”产品出口退税政策，鼓励优质资源和原材料进口，提高我国在全球配置资源的能力。

四、建立推进生态文明市场机制

围绕资源利用效率提升和环境保护市场化治理的推进，加快构建生态文明市场化推进机制。首先，要逐步建立二氧化碳、污染物排放权市场，释放资源环境有价信号，倒逼资源利用效率的提升。加快推进节能、节水、碳排放权、碳汇等生态权证的交易试点，逐步建立起相关制度体系，具备条件后加快在全国范围示范推广。将生态文明建设的绩效作为中央财政转移支付的重要依据，调动公众积极性的同时也能达到增加森林覆盖率、改善生态环境的目的，推进共同致富的同时也可以避免财政转移支付实施中的弄虚作假、养懒汉等弊端。其次，要加快改革资源价格形成机制，以反映其稀缺性、供求关系和环境保护的真实成本。加快理顺各种价格关系，推进环境税改革，调整排污费征收标准，促进污染治理的专业化、规模化和社会化，将高能耗、重污染产品纳入消费税征税范围，对节能节水环保设备和产品实行税收优惠政策。

五、加强生态文明基础能力建设

首先，要提升资源环境承载能力监测预警能力，研究制定资源环境承载能力监测预警指标体系和技术方法，建立资源环境监测预警数据库和信息技术平台，定期编制资源环境承载能力监测预警报告，对资源消耗和环境容量超过或接近承载能力的地区，实行预警提醒和限制性措施。其次，探索编制自然资源资产负债表，制定自然资源资产负债表编制指南，构建水资源、土地资源、森林资源等的资产和负债核算方法，建立实物量核算账户，明确分类标准和统计规范，定期评估自然资源资产变化状况。最后，加强宣传、教育和引导，加强节约资源、保护环境、可持续发展等的宣传和科普，普及生态文化，提高公众参与生态文明建设的能力和水平。

第三节　对生态文明管理体制建设的几点建议

加快生态文明建设，必须以保障生态文明建设的管理体制作为保障。通过构建政府、企业、公众联动的公共治理结构，强化生态损失的责任追究，最终形成完善的生态文明管理体制。

一、形成各方联动的公共治理结构

政府、企业和居民是生态文明建设的主体，必须将生态文明的发展理念贯穿于日常管理、生产和生活中，加快构建资源节约型、环境友好型社会，形成绿色的、可持续的生产方式和消费模式。在推进生态文明建设的过程中，在强调政府引导作用的同时，必须强调企业的社会责任，让社会组织承担更多的社会工作，提升公众热情与参与度。把生态产品理解为为生态环境提供的服务，生态友好是全社会共同努力结果，而不仅仅是政府管出来的结果，生态环境好也对人的行为是否文明提出要求，没有好的文明行为，环境也会遭到破坏。

二、加快完善生态文明管理体制

逐步推进生态文明建设的大部制改革，应按“一件事由一个部门管理、所有者和管理者分开”的原则，建立统一行使全民所有自然资源资产所有权人职责的资源综合管理部门。逐步理顺中央和地方关系，根据实际需要适当减少管理层级，提高地方政府对生态文明制度的执行力。强化环境保护主管部门职能履行能力，加快制定和完善法规标准、规划、政策体系，强化监督落实，加大执法力度。讨论设立资源委员会，对山、水、林、田和湖进行统一保护、修复和监管，对国土、环保、农业、水利、林业、海洋等部门分头管理的生态保护区进行统筹规划，减少“九龙治水、政出多门”现象。

三、强化责任追究

对领导干部实行自然资源资产离任审计。以领导干部任期内辖区自然资源资产变化状况为基础，通过审计，客观评价领导干部履行自然资源资产管理责任情况，依法界定领导干部应当承担的责任，加强审计结果运用。建立生态环境损害责任终身追究制。实行地方党委和政府领导成员生态文明建设一岗双责制。以自然资源资产离任审计结果和生态环境损害情况为依据，明确对地方党委和政府领导班子主要负责人、有关领导人员、部门负责人的追责情形和认定程序。由全国人大行使自然资源和生态环境的监管职能，在国土资源和环境保护主管部门内设一个或多个监察局，承担各领域的监察工作，形成国有自然资源资产所有权人和国家自然资源管理者相互独立、相互配合、相互监督的管理体制。

第十七章 “水十条”与工业绿色发展

继《大气污染防治行动计划》之后，2015年4月2日，国务院又印发了《水污染防治行动计划》（简称“水十条”）。工业是水资源消耗和相关污染物排放的重点领域之一，贯彻落实“水十条”，对工业绿色转型发展提出了新的更高要求。

第一节 推进水污染防治要求工业加快绿色转型发展

经过多年来的快速发展，工业已成为国民经济的主体。2015年，我国全部工业增加值达到22.9万亿元，制造业总体规模占全球比重在20%以上。但也应该清醒认识到，我国仍处在工业化、信息化、城镇化和农业现代化快速发展的重要阶段，面临的水、矿产资源和环境约束日益突出。

一、工业是水污染防治的重要战场

首先，作为全球最大的发展中国家，我国超过13亿的人口，即使采用目前最先进的技术，完成工业化所需的水、矿产资源和能源的规模也是史无前例的。2015年，我国能源消费量超过43亿吨标煤，其中工业能源消费量在70%左右；2015年，我国工业用水量超过1300亿立方米，占全国用水总量比例超过20%，万元工业增加值用水量约为58立方米。

其次，尽管“十二五”期间我国万元工业增加值用水量累计下降了35%以上，但总体上，我国能源、水、矿产资源利用效率不高，污染物排放总量大。我国水泥、钢铁等等单位国民生产总值能源消耗是发达国家的3—4倍、世界平均水平的2倍，水泥、钢铁等高耗能产品单位能耗相比国际先进水平高出20%左右；

由此带来的环境污染也相当严重，2014 年，我国工业领域化学需氧量、氨氮等水体污染物排放量分别为 311.3 万吨和 23.2 万吨，约占全国水污染物排放总量的 13.6% 和 9.7%，在常规污染物问题尚未解决的同时，非常规污染物如持久性有毒污染物（PTS）、重金属污染物等带来的环境风险和压力越来越突出。因此，工业是推进环境保护的重点领域，是水污染防治的重要战场，工业自身的绿色转型发展就是最大的环境保护。

二、工业为环境保护提供绿色技术装备和产品

在全球资源环境压力愈加突出的情况下，按照生产过程清洁化要求提供绿色环保的技术、装备和产品已成为产业竞争的重要内容，也是加强环境保护的重要物质和技术基础。同时，发展环保产业，形成新的经济增长点，促进污染减排和民生改善，已成为共识。根据《“十二五”节能环保产业发展规划》，到 2015 年，我国节能环保产业总值将达到 4.5 万亿元，仅环保服务业产值就将超过 5000 亿元，产值年均增长率将达到 40%，我国环保产业发展具有很大潜力。

工业为全社会提供技术装备和产品。通过提升产品设计生态化、生产过程清洁化和资源利用高效化水平，可以提供绿色产品、改善资源利用效率、减少污染物排放。同时，工业和通信业也可以为建筑业、农业等其他产业提供技术、装备和产品，为推进环境保护提供信息化平台和技术支撑，能否生产绿色环保的产品，能否为建筑业、农业等提供环境保护技术、装备和产品，将直接影响到相关产业的环保水平。

三、水污染防治对工业绿色转型发展提出更高要求

“水十条”的发布是我国继“大气十条”后又一重大环境保护举措，意义重大。“水十条”提出，到 2020 年，全国水环境质量得到阶段性改善，污染严重水体较大幅度减少；到 2030 年，力争全国水环境质量总体改善，水生态系统功能初步恢复；到 21 世纪中叶，生态环境质量全面改善，生态系统实现良性循环。工业作为水污染防治的重要战场，要实现“水十条”提出的战略目标，必须加快推进工业绿色转型发展。

党的十八届四中全会作出了全面推进依法治国的战略部署，要用最严格的法律制度保护生态环境。新修订的环保法被称为“史上最严环保法”，将改善环境质量的任务落实到了地方各级人民政府，同时也建立了责任追究制度。随着监测、

规划、环评、标准、总量控制、许可证、环境诉讼、公众监督等一系列配套制度的严格落实，环境保护工作将走上常态化、法制化轨道，必然会给工业行业和企业带来较大压力，严格、公平的环境执法将为工业绿色转型发展提供充足动力。

第二节 认真落实“水十条”，全方位推进工业绿色转型发展

“水十条”对工业绿色发展提出了全面、具体的任务。主要包括：不断调整产业结构，大力发展低水耗、低污染产业；优化空间布局，推动重污染企业退出；深入推进清洁生产，加强重点行业技术改造；推行产品生态设计，提供绿色环保的化肥、农药等产品；强化工业节水，提升水利用效率；发展环保装备制造业，为水污染防治提供技术和装备支撑等。

一、调整优化产业结构

通过控制存量、优化增量的方式，不断推动工业产业结构的优化调整。一是持续推动落后产能的淘汰。这是推进工业节能减排的重要途径，近年来取得了较大成效。截至2014年底，我国已经提前完成了“十二五”淘汰落后产能的任务，但由于节能减排水平的不断提升，按照原有方式淘汰落后产能的空间逐步减小，要求必须不断进行创新，探索利用环保标准持续、动态淘汰落后产能的新机制。二是严控高水耗、高污染行业发展。对投资项目开展用水效率评估和环境影响评价，提高项目的环保准入门槛，新上项目的水利用效率、环保指标应达到国内同行业、同规模领先水平。三是大力发展低水耗、低污染行业。2015年的政府工作报告中提出，实施“中国制造2025”，坚持创新驱动、智能转型、强化基础、绿色发展，要结合水污染防治战略任务，重点培育和发展低水耗、低污染的新兴产业和生产性服务业。

二、优化空间布局

强化工业发展的规划布局，推进工业集聚发展、集约发展和合理布局。一是不断优化空间布局。按照国家区域发展总体战略、主体功能区战略、“一带一路”战略、京津冀协同发展和长江经济带建设有关要求，根据水资源和环境承载力，对工业发展进行总体设计或布局优化，推进土地资源集约节约利用。二是发展绿

色工业园区。工业园区和集聚区是工业发展重要载体，其产值约占工业的一半。要推进工业园区绿色改造，壮大区内绿色企业，发展园区绿色产业，打造园区绿色基础设施，培育和发展一批有特色的绿色工业园区。三是推动重污染企业退出。要严格按照“水十条”有关要求，推动城市建成区内现有钢铁、有色金属、造纸、印染、原料药制造、化工等污染较重的企业有序搬迁改造或依法关闭。

三、深入推进清洁生产

围绕“水十条”提出的造纸、焦化、氮肥、有色金属、印染、农副食品加工、原料药制造、制革、农药、电镀等十大重点行业，全面落实清洁生产要求，按照生命周期理念，深化全过程清洁生产。一是加强园区、企业、项目等各层次、各类别清洁生产审核，鼓励开展自愿性清洁生产审核，并对实施效果进行评估。二是围绕重点行业加大清洁生产技术改造力度，制定清洁生产技术改造实施方案，鼓励企业采用先进适用的技术、工艺和装备，全面提升清洁生产技术水平。三是推进工业园区、工业集聚区和企业污染物科学治理，探索环境污染治理市场化模式，最大限度减少污染物排放。四是围绕容易造成水环境污染的高风险产品和污染物，如汞、铅和高毒农药等，实施削减计划。

四、推行产品生态设计

通过推行产品生态设计，提供绿色环保的无毒无害或低毒低害原料和产品，引导绿色生产和消费。一是围绕造纸、氮肥、有色金属、印染、制革、农药、电镀等水污染重点行业开展产品生态设计试点示范，探索不同行业推行生态设计的路径与措施，带动全行业绿色发展。二是围绕水污染防治的重点产品，制定生态设计评价标准和办法，更好利用市场机制推广绿色产品，引导绿色消费。三是围绕水污染防治的重点污染物，开展有毒有害原料和产品的替代，制定发布国家鼓励的有毒有害原料（产品）替代目录，推广无毒无害或低毒低害原料和产品。

五、强化工业节水

推进工业节水是工业绿色发展的迫切需求，也是缓解水资源供需矛盾的必然要求。一是围绕钢铁、造纸、印染、皮革、石化等 10 个高水耗、高污染行业，加快淘汰落后高用水设备和产品，并实施节水技术改造，大力推广节水技术、工艺及装备，推进污水和废水再生利用，实施干法除尘、工业废水处理回用、矿井水资源化利用等节水工程，提高工业用水效率。二是提高工业用水重复利用率，积极推进水资源循环利用，开展工业废水处理回用成套装置攻关和产业化示范，推进工业污水处理及再生利用市场化运行。三是要健全工业节水约束性指标，不断完善高耗水行业现有企业用水先进指标、用水限额指标和取水定额指标，加强重点用水企业监管。四是制定节水型企业评价标准，开展节水型企业评价试点，树立一批节水先进企业，建设一批节水型工业园区，夯实工业企业节水管理基础。

六、发展环保装备制造业

加快发展环保装备制造业，对拉动投资和消费，形成新的经济增长点，实现水污染防治战略目标，具有十分重要的意义。一是优化产业结构和布局，做大做强水污染治理的龙头企业，大力培育专业化中小企业，促进产业集聚发展。二是积极采用国际标准或国外先进标准，完善环保装备标准体系，加快建立环保装备质量检测体系。三是推进水污染防治技术创新和产业化发展，要通过健全创新平台、实施示范推广工程、强化供需对接，增强研发能力、推进产业化和引导产业发展。四是推动环保装备开展产品认证，建立环保装备数据库等信息服务平台，完善公共服务体系，健全和优化发展环境，满足政府、科研机构、企业等的信息和服务需求。五是在充分利用财政资金的基础上，不断创新投资机制，建立多渠道投入支持机制，进一步拓宽投融资渠道。

第三节　多措并举，切实保障工业绿色转型发展

一、强化顶层设计

全面贯彻党的十八大和十八届二中、三中、四中全会精神，大力推进生态文明建设，以推进工业绿色发展为目标，落实“中国制造2025”规划，加快推进绿色制造。抓紧研究制定“十三五”工业绿色发展规划，落实“水十条”相关任务措施，按照全生命周期理念，构建高效、低耗、清洁的绿色制造产业体系。

二、加强组织实施

加强对不同地区、不同行业的统筹规划、政策指导、分类管理和依法监督，建立推进工业绿色发展的推进机制，建立健全工业绿色发展的综合监督执法体系。各级工业和信息化主管部门应该联合当地财政、科技、环保、商务等部门建立健

全工作协调机制，明确工作分工和职责，及时解决工作中遇到的重大问题，确保工业绿色发展和水污染防治任务的落实。

三、完善支持政策

研究符合中央财政预算体制改革方向，支持工业绿色发展的政策思路。统筹用好各级技术改造、节能减排、清洁生产、中小企业等财政资金，加大对工业绿色发展和水污染防治的支持力度。鼓励各级地方人民政府出台扶持政策，对打造绿色产业链、水资源高效利用、环境污染治理等项目依法给予税收优惠。探索建立差别电价、阶梯式水价、排污权交易、环境污染第三方治理等市场化推进机制。建立和完善推进工业绿色发展的奖励机制和人才培养机制。

四、强化科技创新

各级工业和信息化主管部门应联合有关部门创新工作机制，加大对工业绿色发展科技创新体系建设的支持力度，推动公共服务平台建设，加快科技成果的转化应用和推广。指导各地、各园区和行业企业不断提高管理和服务水平，推动资源优化配置和关键技术、信息的共享。鼓励企业与高等院校、科研院所等联合建立研发机构、重点实验室等技术创新组织，突破关键技术。

五、加强宣传教育

利用各种媒体和渠道，宣传工业绿色转型发展的有关政策和成效。各级工业和信息化主管部门应联合有关部门，广泛开展形式多样宣传活动，提高全社会对工业绿色发展的认知和参与热情，加强社会监督，增强重点行业、重点企业节约用水和保护环境的意识，形成产业、社会及生态相互和谐的发展氛围。

第十八章 《巴黎协定》与全球气候新秩序

2015 年 12 月 12 日，联合国气候变化大会经过两周艰苦的谈判，在巴黎气候变化大会上达成一项具有里程碑意义的《巴黎协定》，这一协定标志着全球气候变化新秩序的开始。

第一节 《巴黎协定》具有里程碑式的重要意义

《巴黎协定》采用“协议 + 决定”的形式，三分之二的内容是决定，三分之一的内容是巴黎气候变化协议。协议共计二十九条，重点包括“目标、适应、减缓、损失损害、技术、资金、透明度和盘点机制”等内容，各签署国需要通过国内立法程序进行批准。决定内容主要包括“协定的通过、关于实施本协定的决定、国家自主贡献、2020 年之前的强化行动”等内容，不需要各国通过立法程序进行批准。《巴黎协定》将在 2016 年 4 月 22 日至 2017 年 4 月 21 日间开放签署，如果有超过 55 个缔约方签署，并且它们的排放量占全球温室气体总排放量超过 55% 时，《巴黎协定》将正式生效。

《巴黎协定》是在《联合国气候变化框架公约》下，继《京都议定书》之后第二个具有法律约束力的协定。但由于签署生效门槛更低，其生效所需时间将远低于《京都议定书》所需的 8 年。巴黎协定为全球环境治理新模式的推动形成提供了一个成功范例，习近平主席在巴黎大会开幕式上指出：“作为全球治理的一个重要领域，应对气候变化的全球努力是一面镜子，给我们思考和探索未来全球治理模式、推动建设人类命运共同体带来宝贵启示”。巴黎大会是合作共赢、公平正义、共同发展这一全球治理模式新理念的成功实践，《巴黎协定》成功签署将是人类全球治理领域具有里程碑意义的重大事件。

第二节 《巴黎协定》的核心内容评析

一、共同明确了应对气候变化的长期目标

《巴黎协定》最终明确了全球应对气候变化的长期目标，主要包括：把全球平均气温比工业化之前水平的升高幅度控制在2℃之内，到2030年全球碳排放量控制在400亿吨，2080年实现净零排放；并努力将气温升幅限制在1.5℃之内，同时还提出了在21世纪下半叶实现全球温室气体的净零排放。协定要求各签署国在2020年前通报2050年低碳排放发展长期战略。

二、在坚持公约原则基础上进行灵活表述

《巴黎协定》坚持了“共同但有区别的责任原则、公平原则和各自能力原则”，在减排、资金等重要条款上的表述比以往更加灵活和可操作，也明确了各方责任和义务。针对减排目标，明确要求发达国家要继续带头实现全经济体绝对减排目标，而发展中国家要继续加强减缓排放的努力，鼓励各国根据各自国情，渐次实现全经济体绝对减排的目标。针对资金提供，明确了发达国家有义务出资帮助发展中国家减缓和适应气候变化，同时鼓励其他国家自愿出资。我国更是带头明确了具体的减排路径，从“相对强度减排”逐步过渡到“碳排放总量达峰”，最终实现“碳排放总量绝对减排”。

三、由缔约国自主决定减排模式

《巴黎协定》提出了切实可行的自主减排模式，由各签署国分别提出国家自主减排目标，采取“自下而上”的模式推进全球减排，不再强制性分配温室气体减排目标责任。协定明确要求：“各国每5年更新一次国家自主贡献，根据国情逐步提高国家自主贡献，尽最大可能地减排”。截至目前，全球已有180多个国家在巴黎气候大会召开之前就递交了国家自主减排目标文件，我国以后要在每个五年规划的最后一年更新国家自主减排目标文件。

四、确定了减排成果国际转让机制

《巴黎协定》鼓励推进国际转让来实现减排成果，从而达到国家自主贡献目标，但是要在实际操作过程中避免双重核算。《巴黎协定》提出要为此建立一个有效机制，各缔约国可以自愿使用，实现在减缓温室气体排放的同时支持东道国可持续发展的重要目标。但是，该机制在巴黎大会上来不及完全确定下来，因此，协定要求在缔约方第一次会议上通过该国际转让机制的具体模式、规则和程序。

五、确定了定期盘点减排效果机制

《巴黎协定》设置了每5年盘点各缔约国减排效果的定期机制，对协定基本要求和长期目标的实现情况进行评估，总结协定的总体执行情况。《巴黎协定》要求："在2023年进行第一次全球总结，此后每5年进行一次全球应对气候变化总体盘点"。并鼓励各缔约国基于各自对气候变化的新认识和发展新趋势不断加大减排力度，确保实现应对气候变化的长期目标。此外，协定还要求在2018年建立一个对话机制，盘点减排进展与长期目标的差距，为各缔约制定新的国家自主减排目标时提供参考。

六、明确了发达国家资金支持的基本方式

《巴黎协定》对于发展中国家最关心的资金支持议题也进一步明确。协定明确要求："发达国家要提高资金支持水平，制定切实的路线图，以实现在2020年之前每年提供1000亿美元资金的目标"。到2020年，协定还进一步要求各缔约方在考虑发展中国家需求的情况下，于2025年之前设定一个新的量化目标，并且每年提供的资金支持不少于1000亿美元。此外，《巴黎协定》还就技术转让、损失和损害、气候适应、能力建设、加强透明度等议题做出了相应的机制性安排。

第三节　对我国相关行业的长远影响

一、我国经济绿色低碳转型任务紧迫而艰巨

根据《巴黎协定》规定的各国国家自主减排目标规定："2030年全球碳排放量预计达到550亿吨；2℃升温控制目标要求2030年降至400亿吨，2080年全球实现净零排放；1.5℃温升控制目标更是要求在2060年左右实现净零排放"。目

前，我国能源消费总量超过40亿吨标准煤，煤炭消费量约占全球一半，以煤为主的能源消费结构使我国已成为全球碳排放的第一大国，约占全球碳排放总量的30%。随着工业化和城镇化的持续推进，未来一段时期，我国温室气体排放总量仍会保持增长态势。因此，加快经济社会发展的绿色低碳转型，任务紧迫而艰巨。

二、以能源革命为核心推动绿色低碳转型

由于化石能源的使用而产生的碳排放占全球温室气体排放总量的三分之二左右，因此，低碳转型发展的根本路径是能源利用的革命，要通过能源生产和利用的革命逐步实现经济增长与化石能源消费、碳排放的脱钩。根据《巴黎协定》的规定，在盘点全球减排的基础上，要求我国根据国内减排进展情况和自身能力水平，在每个五年规划的最后一年逐步提高国家自主减排目标。2015年，我国向巴黎大会提出的自主减排目标是："到2030年左右碳排放达到峰值，并争取尽早达到峰值，单位GDP碳排放比2005年下降60%—65%，非化石能源占一次能源消费比重达到20%左右，森林蓄积量比2005年增加45亿立方米左右"。作为负责任大国，我国今后的自主减排要求只会越来越严，目标只会越来越高。

三、应对气候变化成为能源行业发展的核心战略

从碳减排的角度看，我国电力行业在温室气体排放中占比较高，应对气候变化必将成为"十三五"乃至今后很长时期内影响电力行业长远发展的核心因素。目前，能够大规模应用推广的低碳能源技术，如太阳能、风能、水能、核能等主要集中在电力领域，碳排放要求已经对电力行业发展形成了更具全局性、更加长远的约束，电力行业必须在应对气候变化中承担更大的政治和社会责任。从环境保护的角度看，近年来我国严重的雾霾污染事件说明，末端治理已不能完全解决环境问题，必须从源头控制。"十三五"期间，我国将要实行大规模电厂的超低排放改造，电力行业在常规大气污染物排放上的大规模治理也将逐步完成，大气污染治理的重点将转向其他工业行业和生活领域。

展望篇

第十九章　主要研究机构预测性观点综述

2016 年是“十三五”开局之年，是我国加快推进生态文明建设的关键时期。继续推进节能减排、促进工业绿色发展是生态文明建设的重要内容，分析预测 2016 年工业绿色发展的趋势和可能面临的问题，有针对性地提出对策建议十分重要。

第一节　国务院发展研究中心：供给侧结构性改革助推结构性节能减排

2015 年 12 月，国务发展研究中心发布了《2016 年中国经济——推进供给侧结构性改革》的报告，供给侧结构性改革与工业结构的优化调整密切相关，也与结构性节能减排密切相关。该报告主要相关观点概况如下：

首先，产业分化的阶段特征凸显。不同产业发展分化态势明显，新旧动力转换加快，但新兴部门尚不足以对冲传统部门的下降。一是服务业第一大产业地位确立，工业和农业占比持续下降。2015 年，前三季度第三产业占比为 51.41%，而第二产业占比降至 40.55%。内部分化特征也很突出，第二产业当中重化工业部门比重降幅较大，第三产业比重上升的最大贡献则来自金融业。二是传统和新兴产业效益分化。与消费结构升级密切相关的制造业、社会服务业和生活服务业效益都比较稳定。三是同行业竞争愈加激烈，产业组织正在深度重构。特别是在传统行业中，随着我国主要工业产品需求临近或达到峰值，产能新增步伐明显放缓，行业竞争格局进入存量调整阶段。

其次，一些重大转折性变化集中出现或得到确认。一是住宅行业重要指标均出现历史峰值。我国城镇户均住房在 2013 年超过 1 套，住宅新竣工面积 2013 年出现峰值，住宅施工面积在 2015 年前 11 个月出现负增长。二是主要工业产品产量或需求临近历史峰值。其中，钢铁消费 2000 年以来首次出现负增长；2015 年 1—11 月，水泥产量累计同比下降 5.1%，水泥年度总产量也将出现 1990 年以来的首次负增长；发电量累计同比仅增长 0.1%，全年基本为零增长状态；千人汽车保有量超过 110 辆，汽车发展进入相对低增长期。三是劳动力供给峰值确认。我国 15—59 岁劳动年龄人口从 2012 年开始下降，2012—2014 年期间年均降幅超过 300 万人；即便综合考虑劳动参与率指标，2015 年我国劳动人口峰值也被确认。

最后，过剩产能出清步伐迟缓拖累结构调整。严重过剩产能清理进程缓慢，不但拖累了企业部门的盈利增长，而且还需要不断增加新的信贷和财政资源来维系亏损企业的日常经营，进一步增加了财政和金融风险。目前制约产能出清的因素有多个方面。一是地方政府出于保 GDP、保税收和保就业的考虑，存在侥幸心理，都希望别的地方先清理过剩产能。二是银行不愿意不良贷款过快暴露。三是破产诉讼的受理和审理进程缓慢。四是员工安置问题不能妥善解决。五是部分产能过剩清理过程涉及土地、工商、税务等方面的问题，牵扯到多方利益的博弈。

近两年，随着工业经济发展进入新常态，产业结构优化调整已成为工业节能减排的最大贡献方式。因此，有必要加大我国经济结构尤其是工业产业结构变化趋势的分析力度。根据国务院发展研究中心的报告，我国经济运行中的转型分化特征更趋明显，结构调整步伐加快，经济运行中出现了一些重大的转折性变化，对于判断经济运行趋势具有中长期意义，值得密切关注。

第二节　中国电力企业联合会：我国电力行业发展的大变化与大趋势

2016 年 1 月，中国电力企业联合会发布报告《大变化与大趋势——“十三五”电力改革与发展现状及展望》。报告提出了电力行业发展的三大变化、发展趋势和对策建议。

电力行业发展的三大变化。一是电力供需进入新常态。首先，电力消费增速明显回落，用电结构明显改善，突出表现在需求偏弱，但用电结构向好，第二产业用电比重不断降低，同时电耗走低，节能提效产生明显效果。其次，电力供应能力充足并相对过剩，发电结构持续向好，主要表现在非化石能源发电量高速增长，火电发电量负增长。二是节能减排实现新跨越。主要标志是：电力常规污染物排放大幅度降低，煤耗指标提前并超额完成“十二五”规划指标，非化石能源发电比例提升，单位发电量二氧化碳排放大幅度降低等。三是电力改革取得新进展。全面深化改革为电力改革奠定了基础，尤其是9号文件于2015年3月发布以后，标志着电力体制改革进入新的阶段。

电力行业发展的新趋势。一方面，长期以来我国在经济发展上是以实现工业化为目标，很大程度上采取的是“追赶”型战略与策略，电力工业发展也是如此。另一方面，新常态下电力行业一些基本矛盾发生了重大变化。如电力供需矛盾由短缺向相对过剩转变，使电力行业与社会之间的矛盾，向加剧电力行业内部矛盾的方向扩展，使发电与电网、发电与发电之间的矛盾呈现新的特点。在环境与发展约束的矛盾上，由常规污染物排放约束为主向低碳和水资源等约束为主的方向转变。电力行业在面临很多急需解决的现实问题的同时，又要面对大量的新问题。综合分析，电力工业在“十三五”规划中需要重点解决的关键性问题可归纳为以下几个方面：一是电力在能源系统中的新定位；二是对电力相对过剩的程度、结构、时段的判断及有效解决“弃风”、“弃光”、“弃水”（简称“三弃”）问题的方法；三是环境治理尤其是雾霾治理与煤电、气电发展的关系；四是智能电网、能源互联网发展中的电力发展；五是低碳发展要求下的电力发展战略等。

应采取的对策措施。一是高度重视电力在能源系统优化中的作用，能源系统优化仍然是中国能源发展中最迫切的任务。二是有效解决电力相对过剩及“三弃”问题。要从根本上解决“三弃”问题，必须建立起不同能源品种的价值认同和能源企业间利益分配认同的标尺，回归能源的商品属性。三是正确认识煤电、气电发展与解决雾霾的关系。中长期看，对我国燃煤发电最大的制约是高碳排放问题，而不是常规污染排放问题。四是智能电网是能源及电力发展的核心技术支撑和物质基础，“互联网+”智慧能源已成为2015年《国务院关于积极推进“互联网+”行动的指导意见》中部署的11个“重点行动”之一。五是以破解“碳约束”为统领协调各种约束性因素促进电力发展。从本质上讲，用不用煤炭不是能源发展的关键，而是否低碳才是关键。六是“十三五”电力规划编制要有新思路。在新常态下，电力规划编制必须打破传统规划编制思维、做法和重点，应当减少规划的层次和种类，细化能源规划，将电力作为核心能源加强对规划的有机整合。

2015年，是“十二五”的最后一年，“大变化”成为描述中国电力行业状况的核心关键词；电力从业者应改变长期形成的思维定式，重新定位方向、调整战略、改革管理模式，以适应“大趋势”的要求。

第三节　全国工商联环境商会："十三五"环保产业前瞻与趋势

2016年3月1日，全国工商联环境商会在北京举行了“环保企业家媒体见面会”，并发布了题为《“十三五”环保产业前瞻与趋势》的主题报告。报告主要内容如下：

环保产业发展现状。我国环保产业经过二十多年发展，已经在污水、大气、固废处理处置以及环境服务等重点领域，形成了涵盖环境咨询、环保设备、工程设计、设施运营维护的多元化产业格局。截至2015年底，环保产业产值预计达到4.5万亿元。当前，环保产业在经济转型升级发展中呈现了新形态。一是并购整合风起云涌。据统计，2015年国内环保行业并购案例约120起，涉及交易金额超400亿元。二是大型国企进军环保行业。大批国企因业务转型需要，借助资本优势而竞相涌入环保行业，加速了产业格局的调整。三是环境产业链拉长。环境产业链的延伸伴随着智能化、综合化及技术服务升级，成为跨界企业突破的风口。四是新型商业模式应用。近几年国家发改委、财政部力推环境污染第三方治理及PPP模式。

存在的问题。一是价格问题。如污水处理服务费还未覆盖污泥处理处置成本，垃圾焚烧处理费也没有弥补渗滤液及飞灰处理成本，甚至出现了低于业内成本价格的现象。二是支付问题。地方政府财政预算不足或财政收入有限，对于环境服务费用的支付意愿不足，缺乏契约精神。三是税收问题。国家针对环保行业的税收优惠政策取消或支持力度逐渐减弱。四是融资问题。据不完全统计，2015年各地陆续公布和推介的PPP项目超过4000个，总投资达到5万亿元，仅依靠企业自有资金难以为继。五是产业过热问题。在风能、太阳能行业的前车之鉴下，需要警惕投资供给大于实际需求引起结构性的产能过剩。

“十三五”期间环境市场新趋势。一是国家经济实行“供给侧改革”，将推动环保需求更加专业化、精细化。二是环境执法的进一步落实，将释放更多环保治理需求。三是环境管理制度变革启动环境服务市场，环保部门关联的环评机构脱钩，带动环评监测等环境咨询服务业充分市场化。四是环境服务从单一化转型为综合化。五是环保行业专业化加强。六是随着国家“一带一路”战略的全面推动，海外业务将成为环保产业新的增长极。

思考与建议。“十三五”期间,“绿色发展”是中国前进步伐的基调。随着“土壤十条”的颁布，环境三大战役将进入新阶段，为了促进环保产业的健康发展，快速成长为战略性新兴支柱产业，在国家层面及行业层面应推动建立新机制及新业态。对国家层面建议：一是环境产业应服务于环境质量改善的全局。二是完善促进环保产业发展的经济政策。三是完善 PPP 及第三方治理模式。四是鼓励环保产业创新。在行业层面建议：一是抵制恶性竞争。二是提升环境工程及产品服务质量。三是加快环保产业创新。“十三五”期间是生态文明建设和环境保护取得实质性进展的重要窗口机遇期，将释放出更大的环境市场空间，环保产业规模、产业结构、技术水平和市场化程度，有待行业的共同努力，在挑战中实现飞跃。

第四节　兴业证券研究中心：再生资源行业万亿市场启动

2015 年 12 月，兴业证券研究中心发布了题为《看好再生资源，小河弯弯汇入海》的报告，提出我国再生资源行业即将进入黄金发展期，万亿规模的市场即将启动。

总体上看，我国再生资源行业呈现两大特点。一是空间大。2014 年，再生资源行业整体产值达到 1.2 万亿元，预计 2020 年、2030 年、2040 年再生资源金属回收量将达到 2010 年的 2.4、5.3、7.5 倍；资源利用水平提升空间较大，主要工业废弃物的平均回收处理率不到 60%，废旧家电 2014 年正规渠道拆解率仅有 61%，报废汽车回收比例不到 30%。二是高增长。目前处于废弃物产生量高增长期，工业经济腾飞十年，大量产品成为现在的废弃物。

预计未来行业增速达到 15%—20%。一是行业发展尚属早期阶段，拆解利用效率提升空间较大。目前工业、农业废弃物综合利用率较低；主要废弃物的平均回收处理率不到 60%。废旧家电 2014 年正规渠道拆解率仅有 61%，理论报废量与实际报废量之间差异明显。2013 年，报废汽车回收量为 135 万辆，回收比例不到 30%。二是废弃物产生量高增长期到来。电器电子产品理论报废量 2013 年达 1.10 亿台，未来 5 年增速达 20%。2015 年起，中国进入汽车报废高峰期。

行业发展尚属早期阶段，拆解利用效率提升空间较大。目前工业、农业废弃物综合利用率较低。根据国家发改委《中国资源综合利用年度报告（2014）》披露的数字，2013 年我国工业、农业废弃物综合利用率在 5%—100%，不同废弃物差异较大；主要废弃物的平均处理率不到 60%，仍有较大提升空间。其中，煤层气、尾矿、有色金属冶炼废渣、建筑垃圾、畜禽养殖废弃物综合利用率较低。废旧家电 2014 年正规渠道拆解率仅有 61%，理论报废量与实际报废量之间差异明显。

废弃物产生高增长期到来。2002 年到 2011 年是中国工业经济腾飞的十年，工业增加值增长基本保持在 10% 以上。期间，金属消费量较大，精炼铜、粗钢消费量 10 年复合增长率达到 13%、17%。一般家用电器、交通工具、生产工具的使用寿命在 5—15 年左右，当时经济腾飞十年中的产品开始逐步变为废弃物。电器电子产品理论报废量 2013 年达 1.10 亿台，未来 5 年增速达 20%。2014 年，我国汽车保有量达到 1.5 亿辆，同比增长 15%。2005 年到 2010 年，我国汽车保有量复合增长率达到 19%。按我国汽车的平均使用寿命在 10 年左右的数据测算，2015 年开始，我国进入汽车报废高峰期。

第二十章　2016年中国工业节能减排发展形势展望

2015年，我国工业经济增长继续放缓，工业能源消费增速回落，完成年度和“十二五”节能减排目标任务并无悬念。展望2016年，工业经济发展缓中趋稳，节能减排压力有所缓解，“十三五”节能减排有望获得良好开局。

第一节　对2016年形势的基本判断

一、工业经济发展缓中趋稳，工业能耗和污染物排放有望保持双降

2015年1—12月，全国规模以上工业增加值同比增长6.1%，增速与上年同期持平，比上半年回落0.9个百分点。部分高载能行业生产下滑明显，粗钢、生铁、水泥和平板玻璃产量同比分别下降2.3%、3.5%、4.9%和8.6%。受工业生产下行、产业结构调整等因素影响，2015年1—12月，全国工业用电量39348亿千瓦时，同比下降1.4%，增速比“十二五”水平低6.3个百分点；全国规模以上工业单位增加值能耗下降8%左右，超额完成下降4%的年度目标任务。“十二五”期间，全国规模以上工业单位增加值能耗累计下降超过28%，超额完成21%的规划目标，实现节能量约7亿吨标准煤，对全社会节能目标的贡献率达到80%以上。

进入2016年，工业经济增长将呈现新常态特征，产业结构调整和转型升级将进一步深化，工业能源消费总量将进入低速增长阶段，单位工业增加值能耗有望继续保持下降态势。首先，2016年是“十三五”开局之年，《中共中央关于制定国民经济和社会发展第十三个五年规划的建议》（以下简称《建议》）提出能源消耗总量和强度“双控”的目标，工业节能减排政策措施有望进一步加强。其次，

工业生产下滑将导致工业能源消费需求放缓（见图 20–1）。2015 年以来，受房地产投资和基础设施建设投资双双下滑影响，重点高能耗产品生产已经明显减缓，粗钢、水泥、平板玻璃等高耗能产品产量已达到峰值；2016 年，在国内外市场需求不振的情况下，高耗能产品产量将进一步下降，工业能源消费需求将呈现继续放缓的态势。

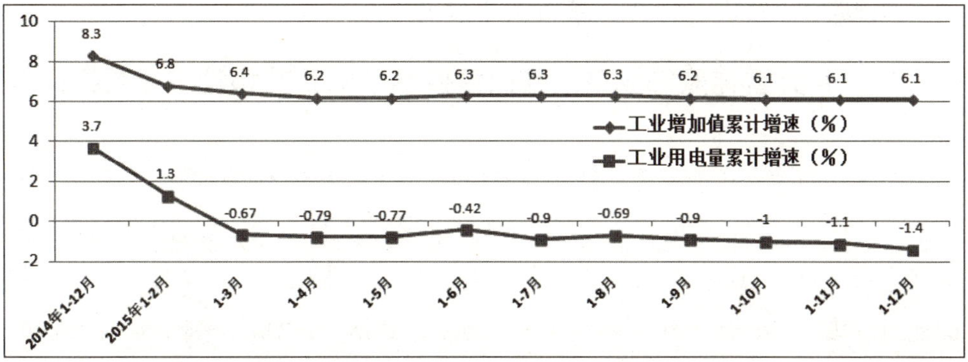

图20–1　规模以上工业增加值增速和工业用电量增速

资料来源：国家统计局、国家能源局，2016 年 1 月。

进入 2016 年，在高污染行业增速放缓和环保执法强化推进的情况下，主要污染物排放总量有望继续保持下降态势。首先，《建议》提出“十三五”将以提

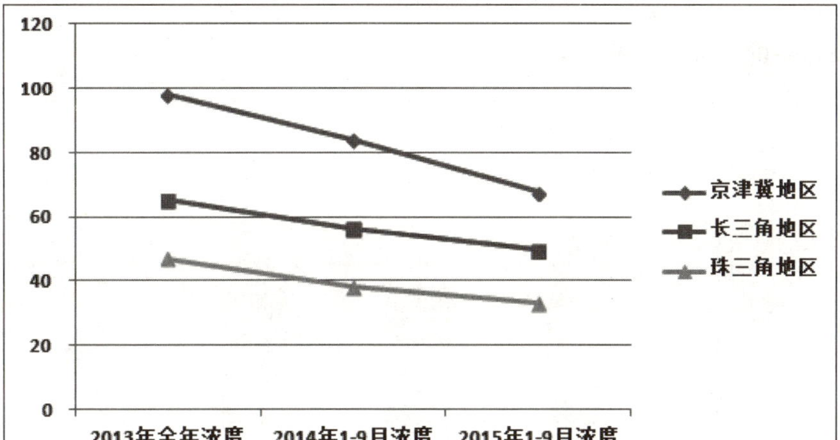

图20–2　主要地区PM2.5浓度变化情况

资料来源：环境保护部，2016 年 1 月。

高环境质量为核心，实行最严格的环境保护制度；同时，推进多污染物综合防治和环境治理，扩大污染物总量控制范围，将细颗粒物（$PM_{2.5}$）等环境质量指标列入约束性指标。其次，工业源污染物排放占排放总量比重较高，二氧化硫、氮氧化物、烟粉尘排放量分别占全国污染物排放总量的 88%、67% 和 86% 左右，工业是主要污染物减排的重点也是难点，随着减排措施的深入推进，工业领域主要污染物排放有望延续“十二五”的下降态势（见图 20-2）。

二、四大高耗能行业用电量比重保持下降，结构性节能减排深入推进

首先，四大高耗能行业能耗比重有望在 2016 年稳中有降。“十二五”以来，化工、建材、钢铁和有色等四大高耗能行业能源消费量占全社会的比重一直保持下降态势（见图 20-3）；2015 年前三季度，四大行业用电量占全社会用电总量的比重约为 30%，比上年下降了 1 个百分点。其次，高耗能行业占工业经济的比重继续下降。2015 年前三季度，高技术产业增加值增长速度达到 10.4%，比规模以上工业增长速度高出 4.2 个百分点；10 月份，高技术产业增加值同比增长 10.8%，增速比 9 月份加快 0.4 个百分点。2016 年，低能耗高技术行业增长较快但高耗能行业增速放缓的趋势仍将持续。最后，高耗能行业内部将继续保持优化升级的态势。2015 年以来，粗钢、水泥、平板玻璃等传统高耗能产品产量下滑较为明显，但建筑用石、混凝土水泥制品、玻璃纤维及制品、专用化学品、精细化学品等高附加值产品增长较快。

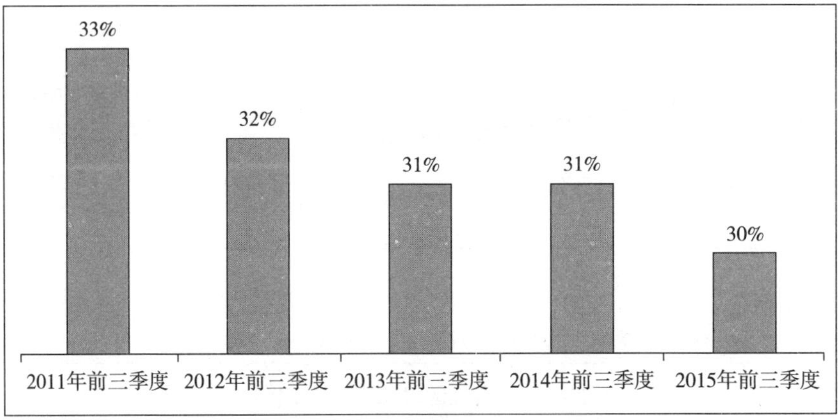

图20-3　四大高耗能行业能耗占全社会比重变化

资料来源：中国电力企业联合会，2016 年 1 月。

三、重点区域绿色发展水平提升，但西部地区部分省份节能减排形势仍然严峻

2016 年，京津冀、长三角、珠三角等重点区域绿色发展水平有望进一步提升。根据环保部发布的《2015 年 1—9 月重点区域各省（区、市）$PM_{2.5}$ 浓度变化情况》，与 2013 年相比，北京、天津、河北的 $PM_{2.5}$ 浓度分别下降了 25%、31.9% 和 32%，上海、江苏、浙江分别下降了 9.1%、14.3% 和 13.5%，珠三角地区 9 市共下降了 15.4%，随着《大气污染防治行动计划》、《中国制造 2025》的逐步落实，我国重点区域绿色发展水平有望进一步提升。但是，部分中西部地区省份节能减排形势依然严峻。根据国家发改委发布的《各地区 2015 年 1—11 月节能目标完成情况晴雨表》，对照"十二五"节能工作进度要求，海南、青海、宁夏、新疆等 4 个地区预警等级为一级，节能形势十分严峻；青海、宁夏和新疆同处西部地区，因化工、电解铝等重化工业占比较高，依靠高投入、高消耗、高排放的资源性产业和高耗能产业带动经济增长的发展模式短期难以改变，节能形势在 2016 年仍不容乐观。2015 年 1—9 月，吉林、宁夏两省 PM_{10} 平均浓度与上年同期相比不降反升，完成到 2017 年 PM_{10} 浓度下降 10% 的空气质量改善目标难度极大。

四、工业绿色发展综合规划有望出台，绿色制造体系建设全面推进

2016 年，我国首个工业领域绿色发展综合性规划有望出台，以高效、清洁、低碳、循环为特征的绿色制造体系将加快构建。2015 年以来，中央和国务院一系列政策文件的出台，为工业绿色转型发展指明了方向和目标，为"十三五"工业绿色发展规划的编制和出台奠定了坚实的基础。2015 年 4 月，中央印发了《关于加快推进生态文明建设的意见》，提出协同推进新型工业化、信息化、城镇化、农业现代化和绿色化，首次将"绿色化"融入社会经济发展的全过程；2015 年 9 月，中央又印发了《生态文明体制改革总体方案》，明确将"建立统一的绿色产品体系"作为推进生态文明建设的重要抓手；国务院印发的《中国制造 2025》提出，要全面推行绿色制造，加大先进节能环保技术、工艺和装备的研发力度，加快制造业绿色改造升级；积极推行低碳化、循环化和集约化，提高制造业资源利用效率；强化产品全生命周期绿色管理，努力构建绿色制造体系。

五、我国应对气候变化态度更加积极，工业碳减排压力持续加大

2016 年，随着我国应对气候变化的态度更加积极主动，工业领域碳减排的

压力也将持续加大。2015 年 9 月 25 日，中美元首于华盛顿特区共同发表了气候变化联合声明。对于即将在巴黎召开的气候变化大会，两国元首重申在体现共同但有区别的责任和各自能力原则的前提下，充分考虑不同国情，努力达成 2015 年协议。2015 年 12 月 12 日，联合国气候变化大会经过两周艰苦的谈判，在巴黎气候变化大会上终于达成《巴黎协定》。

同时，中美各自将强化国内应对气候变化行动。中国将大力推进生态文明建设，推动绿色低碳、气候适应型和可持续发展，加快制度创新，强化政策行动，到 2030 年单位国内生产总值二氧化碳排放将比 2005 年下降 60%—65%；推动绿色电力调度，优先调用可再生能源发电和高能效、低排放的化石能源发电资源；于 2016 年制定完成下一阶段载重汽车整车燃油效率标准，并于 2019 年实施；于 2017 年启动全国碳排放交易体系，将覆盖钢铁、电力、化工、建材、造纸和有色金属等重点工业行业。工业是我国碳排放的主要领域，上述措施的推进必然持续加大工业碳减排的压力。

六、利好政策加快落实，节能环保产业继续平稳较快发展

2016 年，节能环保产业将在众多利好政策的推动下，进入平稳较快发展的新常态。首先，“政府购买服务”（PPP）类的节能环保项目建设进入高潮。稳增长背景下国家将继续力推 PPP 模式，一系列利好政策将继续出台，PPP 订单有望加速释放。其次，随着国企改革的深入推进，将从央企向地方国企逐步扩散，为节能环保产业发展提供新的更大的机遇，污水处理、生活垃圾处理等领域有望逐步改变国企独大的局面，市场机制将在产业发展中发挥更大的作用。再次，燃煤大户小锅炉治理将带来广阔的市场空间，尤其是部分率先获得示范项目或样板工程的企业将最为受益，这些企业由于项目经验丰富，将逐步转型成为能源综合服务商。最后，国务院办公厅 2015 年 7 月印发的《生态环境监测网络建设方案》提出，要在全国范围内加快建立统一的环境质量监测网络，必将带动节能环保监测领域持续高速发展。

第二节　需要关注的几个问题

一、系统性节能减排亟待加强

节能减排工作是一项复杂的系统工程，目前，工业领域的节能减排工作多是

围绕重点工序、重点设备、重点企业以及重点行业开展，对上下游企业之间衔接、行业间协同耦合、工业与社会间生态链接等系统节能减排重视不够，大大制约了系统层面节能减排潜力的释放。具体来说，主要表现在以下四个方面：一是重视单项节能减排技术推广应用，缺乏整体解决方案；二是侧重重点环节的节能减排，产业链上下游衔接不够；三是关注重点行业节能减排，行业与行业之间协同不紧密；四是流程型行业与社会间生态链接的节能减排潜力尚待挖掘。

二、节能减排不平衡不协调问题突出

我国工业经济发展不平衡，东中西部地区分别处于工业化进程的不同阶段，资源环境禀赋也存在较大差异。东部地区的北京、上海等地已进入后工业化阶段，工业占总体经济的比重较低，产业又多以高附加值的新兴产业为主，进一步节能减排空间不大。而西部地区由于经济发展起步较晚，且资源丰富，导致一些地方对节能减排的紧迫性和艰巨性认识不足，片面追求经济增长，对调结构、转方式重视不够，不能正确处理经济发展与节能减排的关系；“十二五”以来，西部地区部分省份投产或开工了大批高耗能项目，目前这些项目产能持续释放，导致这些地区节能减排压力远高于其他地区，尤其是工业重化程度较高的海南、青海、宁夏、新疆等地区节能减排形势十分严峻。通过以上分析可知，各地区节能减排面临的形势和问题各有不同，差异化的政策措施将是“十三五”的重要议题，否则节能减排不平衡、不协调的问题将会更加突出。

三、实现总量与强度双控目标难度大

2016 年是“十三五”开局之年，而“十三五”将是我国全面建成小康社会的关键时期。“十三五”规划建议提出，要在经济保持中高速增长的前提下，生态环境质量实现总体改善，能源资源开发利用效率大幅提高，能源和水资源消耗、碳排放总量得到有效控制，主要污染物排放总量大幅减少。为此，继续强化约束性指标管理将是“十三五”节能减排工作的重要抓手，国家将实行能源和水资源消耗总量和强度双控行动，也将在环境保护方面实施环境质量改善和污染物总量减排协同推进，实行联防联控和流域共治，实施工业污染源全面达标排放计划，扩大污染物总量控制范围，将细颗粒物等环境质量指标列入约束性指标。与“十二五”节能减排目标相比，“十三五”节能减排目标将更加全面、系统和科学，但实现目标的难度也将更大。

四、产能过剩继续制约节能减排动力

“十二五”中后期，我国经济发展逐步进入新常态，由于市场需求的低迷，部分行业产能过剩问题更加突出，企业效益下滑导致节能减排内生动力不足已成为长期问题。2015 年 12 月，工业生产者出厂价格同比下降 5.9%，工业生产者购进价格同比下降 6.8%；受产能过剩和工业产品价格持续走低的影响，2015 年全国规模以上工业企业实现利润总额 63554 亿元，比上年下降 2.3%，实现主营活动利润 58640.2 亿元，比上年下降 4.5%，在工业经济下行压力继续加大的情况下，企业效益仍不乐观。展望 2016 年，产能过剩和市场需求不足矛盾化解尚待时日，工业产品价格可能持续下降，企业主营业务收入增速低缓。产能过剩和资金链偏紧制约企业节能减排投入，企业节能减排内生动力仍然不足。

第三节　应采取的对策建议

一、系统性推进工业绿色转型发展

一是制定和发布《“十三五”工业绿色发展规划》。围绕国家“十三五”规划总体目标，结合《关于加快推进生态文明建设的意见》、《生态文明体制改革总体方案》相关要求，切实落实《中国制造 2025》，开展工业绿色发展战略与对策研究，总结“十二五”工作进展，提出系统性推进工业领域节能减排、绿色发展的思路、目标、任务和措施。二是制定和发布《绿色制造工程实施方案（2016—2020）》，按照全生命周期理念，构建高效、低耗、清洁的绿色制造产业体系，开发绿色产品，建设绿色工厂，发展绿色园区，打造绿色供应链，壮大绿色企业，强化绿色监管。三是编制工业节能、工业清洁生产和工业资源综合利用等专项“十三五”规划，继续按年度实施工业绿色发展专项行动，确保工业节能减排目标顺利实现。

二、出台差异化的节能减排政策

一是研究制定分区域节能减排政策。充分考虑东部、中部与西部的地区差异，在淘汰落后产能、新上项目能评环评以及节能减排技改资金安排等方面，研究制定区域工业节能减排差异化政策。二是研究制定分行业节能减排政策。充分考虑不同行业的发展情况，在节能减排技术设备推广改造、能源消耗和主要污染物排放总量控制等方面，研究制定差异化政策。三是加快推进西部地区工业绿色转型，

加快发展绿色工业。结合国家西部大开发和“丝绸之路经济带”发展战略，强化新上项目能评环评，加快推进西部地区工业结构调整和产业转型升级；做强西部地区特色和优势工业，大力开发高附加值产品，延伸补充产业链，实现原材料行业的初级加工向精深加工转变；发挥西部地区能源和资源优势，大力发展分布式智能电网，提升风电、水电等清洁能源利用水平。

三、完善节能减排目标管理体系

一是强化目标责任评价考核。合理确定各地区、各行业节能减排目标，进一步完善节能减排统计、监测、考核体系，健全节能减排预警机制，建立健全行业节能减排工作评价制度；每年组织开展节能减排目标责任评价考核，考核结果作为领导班子和领导干部综合考核评价的重要内容，纳入政府绩效管理，实行问责制。二是健全节能环保法律、法规和标准。加快节能环保标准体系建设，扩大标准覆盖面，提高准入门槛；健全节能和环保产品及装备标准；完善环境质量标准，加快重点行业污染物排放标准的制修订工作。三是用信息化手段完善节能减排管理体系，继续推动工业用能设备 IP 化，建立工业能耗和污染物排放在线监测平台，完善工业节能减排监测体系。

四、化解重点行业产能过剩矛盾

一是继续落实《国务院关于化解产能严重过剩矛盾的指导意见》，以钢铁、水泥、电解铝、平板玻璃等行业为化解产能严重过剩矛盾的主要对象，严格项目管理，依法依规全面清理违规在建和建成项目。二是借助“一带一路”战略的实施，以资本输出代替产品输出，通过“走出去”化解过剩产能，编制“一带一路”国别产业投资综合指引，通过在“一带一路”沿线国家建设生产基地，促进钢铁等高耗能产业向国外能源资源富集地转移，带动国内产能过剩行业输出。三是切实落实好新环保法，严格环境执法监管，依法严厉打击环境违法行为，迫使高耗能高污染企业加大环保设施投入，倒逼能耗水平高、污染排放量大、产品附加值低的生产企业加速淘汰。四是研究制定以能耗、排放、安全等系统性标准为依据的淘汰落后产能新机制，严控高耗能、高污染行业新增产能。

附　　录

附　录：2015年工业节能减排大事记

2015 年 1 月

2015 年 1 月 8 日

七部委联合印发能效“领跑者”制度实施方案

发改委等七部委联合发布《关于印发能效“领跑者”制度实施方案的通知》，指出建立能效“领跑者”制度，通过树立标杆、政策激励、提高标准，形成推动终端用能产品、高耗能行业、公共机构能效水平不断提升的长效机制，促进节能减排。方案要求，定期发布能源利用效率最高的终端用能产品目录，单位产品能耗最低的高耗能产品生产企业名单，能源利用效率最高的公共机构名单，以及能效指标，树立能效标杆。对能效“领跑者”给予政策扶持，引导企业、公共机构追逐能效“领跑者”。适时将能效“领跑者”指标纳入强制性能效、能耗限额国家标准，完善标准动态更新机制，不断提高能效准入门槛。能效“领跑者”制度实施范围包括三类：终端用能产品、高耗能行业和公共机构。

2015 年 1 月 12 日

工业和信息化部 国家安全生产监督管理总局公告发布尾矿综合利用示范工程（第一批）

工业和信息化部与国家安全生产监督管理总局联合公布了第一批尾矿综合利用示范工程名单，34 个尾矿综合利用项目被列为示范工程。尾矿综合利用示范项目示范工程是为加快尾矿综合利用先进适用技术推广应用，提高尾矿综合利用技术水平，充分发挥示范工程典型带动作用而开展的一项重要工作，主要范围包括：尾矿提取有价组分、尾矿生产高附加值建筑材料、尾矿充填、尾矿无害化农用和生态应用等项目。

2015年1月12日

《煤矸石综合利用管理办法（2014年修订版）》正式公布

国家发改委等10个部门联合发布了《煤矸石综合利用管理办法（2014年修订版）》，自2015年3月1日起施行。1998年原国家经贸委等八部门联合发布的《煤矸石综合利用管理办法》（国经贸资〔1998〕80号）同时废止。新版《煤矸石综合利用管理办法》主要在立项审批、土地约束、环境保护、安全生产等方面强化了对企业和各级人民政府有关部门的要求，相应的鼓励和处罚措施也更加明确。同时，进一步建立完善了煤矸石产生和利用情况的统计体系，对煤矸石综合利用发电也强化了相关技术指标和环境保护要求。

2015年1月14日

国家发改委发布《国家重点节能低碳技术推广目录（2014年本，节能部分）》

国家发改委对前六批《国家重点节能技术推广目录》技术进行了更新，征集了一批新的技术，组织编制并发布了《国家重点节能低碳技术推广目录（2014年本，节能部分）》，以加快节能技术进步和推广普及，引导用能单位采用先进适用的节能新技术、新装备、新工艺，促进能源资源节约集约利用，缓解资源环境压力。目录涉及煤炭、电力、钢铁、有色、石油石化、化工、建材、机械、轻工、纺织、建筑、交通、通信等13个行业，共218项重点节能技术。

2015年1月14日

六部委联合发布《重点地区煤炭消费减量替代管理暂行办法》

国家发改委等6部委发布了《重点地区煤炭消费减量替代管理暂行办法》，以进一步优化能源结构，落实煤炭消费总量控制目标，促进煤炭清洁高效利用，切实减少大气污染。重点地区是指北京市、天津市、河北省、山东省、上海市、江苏省、浙江省和广东省的珠三角地区。办法提出，到2017年，北京市煤炭消费量比2012年减少1300万吨，天津市减少1000万吨，河北省减少4000万吨，山东省减少2000万吨。 上海市、江苏省、浙江省、广东省人民政府要于2015年6月底前，研究提出煤炭消费减量目标，送国家发改委、环境保护部、国家能源局备案。办法提出，将加快电网通道建设，提高对优质电力的消纳能力，保障重点地区新增用电，在确保安全的前提下，合理提高外来电比例；适当提高能效和环保指标领先机组的利用小时数。燃煤机组排放基本达到燃气轮机组排放限值的，应适当增加其下一年度上网电量；完善环保电价政策，鼓励燃煤机组按照燃气轮机组排放水平建设或改造。深化天然气价格改革，在消费侧积极推行季节性价格、可中断气价等差别性价格政策，促进节约用气；支持跨行业实施煤炭消费减量替代，将淘汰落后钢铁、水泥产能和小锅炉等产生的减煤量用于支持煤炭利用效率高、污染物排放少的燃煤发电项目等；对列入煤炭减量替代工作方案的可再生能源代煤项目，可在该地区可再生能源年度规模安排上予以支持。

2015年1月15日

《国务院办公厅关于推行环境污染第三方治理的意见》正式发布

《国务院办公厅关于推行环境污染第三方治理的意见》(以下简称《意见》)发布，部署改革创新治污模式，吸引和扩大社会资本投入，促进环境服务业发展。《意见》指出，环境污染第三方治理（以下简称第三方治理）是推进环保设施建设和运营专业化、产业化的重要途径，是促进环境服务业发展的有效措施。要以环境公用设施、工业园区等领域为重点，以市场化、专业化、产业化为导向，营造有利的市场和政策环境，改进政府管理和服务，健全第三方治理市场，不断提升我国污染治理水平。《意见》提出，一是要推进环境公用设施投资运营市场化。二是要创新企业第三方治理机制，在工业园区、重点行业积极培育第三方治理的新模式、新业态，选择有条件的地区和行业，探索实施限期第三方治理。三是要从扩大市场规模、加快创新发展、发挥行业组织作用、规范市场秩序、完善监管体系等方面，营造良好的第三方治理市场环境。

2015年2月

2015年2月16日

工信部发布《2015年工业节能监察重点工作计划》

2015年2月26日，工信部发布《2015年工业节能监察重点工作计划》。其中专项监察任务包括：电解铝、水泥行业阶梯电价、差别电价政策执行情况，电石、铁合金行业能耗限额标准贯彻执行情况，电机能效提升计划执行情况，燃煤锅炉节能环保综合提升工程落实情况。常规监察任务包括：重点用能企业执行节能法律法规情况，工业固定资产投资项目节能评估审查落实情况，能耗限额标准贯彻执行情况，落后机电设备（产品）淘汰情况等。能力建设任务包括：提升节能监察机构业务水平，强化节能监察机构执法能力。

2015年3月

2015年3月4日

工信部发布《2015年工业绿色发展专项行动实施方案》

工信部发布《2015年工业绿色发展专项行动实施方案》。方案提出，提升重点区域重点行业煤炭清洁高效利用水平，到2015年底，减少煤炭消耗400万吨以上；建立覆盖2000家以上重点用能企业的全国工业节能监测分析平台，实现对试点地区工业能耗数据的动态监控及预警预测；初步建立京津冀及周边地区工业资源综合利用协同发展机制，完善产业链。在重点工作方面，工信部将推进工业领域煤炭清洁高效利用，围绕焦化、煤化工、工业炉窑和工业锅炉等编制具体实施方案；出台《绿色建材评价标识管理办法实施细则》，开展绿色建材评价，加快绿色建材推广应用；研究制定《京津冀及周边地区工业资源综合利用协同发展行动计划》，明确京津冀地区工业资源综合利用产业协同发展的思路。

2015年3月9日

工信部、财政部联合发布《工业领域煤炭清洁高效利用行动计划》

工信部、财政部联合发布了《工业领域煤炭清洁高效利用行动计划》（以下简称《计划》）。《计划》明确，将加快煤炭清洁高效利用技术改造，在焦化、工业炉窑、煤化工、工业锅炉等重点用煤领域加强对能耗高、污染重的工艺装备技术改造，加快落后窑炉、锅炉淘汰步伐，从源头减少煤炭消耗及污染物的产生。特别是在煤化工行业推进煤炭由单一原料向原料和燃料并重转变，鼓励企业根据市场需求，加大煤炭资源加工转化深度，提高产品精细化率，大力发展清洁能源、新材料等新型煤化工。《计划》提出，到2020年，力争节约煤炭消耗1.6亿吨以上，减少烟尘排放量100万吨、二氧化硫排放量120万吨、氮氧化物80万吨。

2015年3月23日

工信部等三部委发布《国家绿色数据中心试点工作方案》

工业和信息化部、国家机关事务管理局、国家能源局三部委发布了《国家绿色数据中心试点工作方案》(以下简称《方案》),以建立绿色数据中心的推进机制、引导数据中心节能环保水平全面提升为目标，在现有绿色数据中心工作基础上，优先在生产制造、能源、电信、互联网、公共机构、金融等重点应用领域选择一批代表性强、工作基础好、管理水平高的数据中心，开展绿色数据中心试点创建工作，以技术创新和推广为支撑，以标准研制和技术评价为保障，使绿色数据中心试点发挥辐射带动作用，形成可复制的推广模式，引导数据中心走低碳循环绿色发展之路。《方案》提出，宣传和推广一批先进适用的绿色技术、产品和运维管理方法，培育和发展一批第三方检测评价、咨询机构，支持和鼓励一批绿色数据中心技术、解决方案、运维服务的提供商。初步形成具有自主知识产权的绿色数据中心技术体系、创新与服务体系，构建试点数据中心节能环保指标监测体系，确立绿色数据中心标准和评价体系。到2017年应围绕重点领域创建百个绿色数据中心试点，试点数据中心能效平均提高8%以上，制定绿色数据中心相关国家标准4项，推广绿色数据中心先进适用技术、产品和运维管理最佳实践40项，制定绿色数据中心建设指南。

2015年5月

2015年5月13日

工信部开展国家资源再生利用重大示范工程建设

为贯彻落实2015年工业转型升级行动计划总体部署，培育新的经济增长点，加快再生资源产业先进适用技术与产品推广应用，探索再生资源产业发展新机制、新模式，充分发挥示范工程引领带动作用，提高再生资源行业整体水平，工信部决定组织开展一批资源再生利用重大示范工程建设。示范项目选择范围包括废钢铁、废有色金属、废旧轮胎、废塑料、废油、废旧纺织品、建筑废弃物、废弃电器电子产品、报废汽车等资源再生利用。

2015年5月13日

工信部发布《工业清洁生产审核规范》和《工业清洁生产实施效果评估规范》

为贯彻落实《中华人民共和国清洁生产促进法》，规范工业清洁生产审核和实施效果评估，切实将清洁生产审核的规定落到实处，促进工业企业不断提高清洁生产水平，工业和信息化部于2015年5月13日发布了《工业清洁生产审核规范》和《工业清洁生产实施效果评估规范》。

2015 年 7 月

2015 年 7 月 1 日

七部门公告《通过验收的国家循环经济试点示范单位名单（第二批）》和《不通过验收的国家循环经济试点示范单位名单》

根据《关于组织开展国家循环经济示范试点单位验收工作的通知》（发改环资〔2013〕471 号）的要求，国家发改委、环境保护部、科学技术部、工业和信息化部、财政部、商务部、国家统计局共同组织开展了国家循环经济试点示范单位的验收工作，并公布通过验收的单位名单（第二批）共计 66 家和未通过验收的单位名单共计 25 家。通过试点验收的单位，可继续享受试点单位在投资、金融等方面的政策，并将在组织开展循环经济“十百千”示范行动中同等条件下优先考虑。未通过试点验收的单位，不再享受试点单位的相关政策，不得再以国家循环经济试点单位名义开展工作，公告印发后的两年内不得申请国家循环经济领域的相关示范试点和项目。

2015 年 7 月 7 日

工信部公布工业产品生态设计试点企业（第一批）

工信部公布全国首批工业产品生态设计试点企业，共计 41 家企业上榜，覆盖钢铁、有色、石化、建材、机械、电子电器、汽车、纺织等八个行业。工信部此举旨在每个相关的重点工业行业中树立一到两家示范企业，探索建立不同行业和产品的生态设计评价体系，总结示范企业推进模式和有益经验在全行业推广，引导工业行业和企业走绿色低碳循环发展之路。示范企业均有较强的行业代表性，产品市场影响力大、设计开发基础好、管理水平高、经济实力强。

2015 年 7 月 7 日

工信部发布电解铝企业电耗核查手册

工信部办公厅发布了《电解铝企业电耗核查手册》（以下简称《手册》）。《手册》适用于对电解铝企业铝液电解交流电耗的核查工作，核查内容分为报告期铝液电解用电量的核定和报告期铝液产量的核定。核查专家组成员进行现场核查以企业实际情况为依据，通过核查原始材料、实地查看生产车间、集控中心（若有）数据等方式，核实铝液产量、铝液电解交流电消耗量的真实性，并据实测算铝液电解交流电耗水平。

2015年7月24日

工信部发布《京津冀及周边地区工业资源综合利用产业协同发展行动计划（2015—2017年）》

工信部发布了《京津冀及周边地区工业资源综合利用产业协同发展行动计划（2015—2017年）》，旨在探索京津冀及周边地区资源综合利用产业协同发展新模式，促进区域工业资源综合利用产业与生态协调发展。行动计划提出，力争到2017年，建设10个工业固体废物综合利用协同发展示范基地，15个再生资源综合利用协同发展示范园区，50个能够支撑京津冀及周边地区工业资源综合利用协同发展格局的重点示范项目，培育30家龙头企业，建设一批工业资源综合利用技术创新平台，形成跨区域工业资源综合利用协同发展新模式，建成全国工业资源综合利用协同创新发展的先行示范区。实现年消纳工业固体废物4亿吨，加工利用再生资源2000万吨，总产值达到2200亿元，年减少二氧化碳排放400万吨，减少细颗粒物排放2000吨，减少化学需氧量7000吨，节水7000万立方米，减排氨氮及其他水体污染物3000吨，减少京津冀及周边地区植被破坏和土地占用5万亩。

2015年8月

2015年8月13日

三部委发布《配电变压器能效提升计划（2015—2017年）》

工信部、国家质检总局、国家发改委共同发布电力行业《配电变压器能效提升计划（2015—2017年）》，旨在从原料、工艺、节能技术等方面着手，完善高效配电变压器配套体系建设，开展高效配电变压器制造和应用示范，提升高效配电变压器产业化能力。计划中提到以企业为主体，以提升能效为目标，围绕配电变压器开发、生产、使用和回收等环节，加快推广、促进淘汰，逐步提升高效配电变压器在网运行比例；加强政策引导，强化标准规范，完善认证体系，严控市场准入，加大监督检查力度，建立激励与约束相结合的实施机制，全面提高配电变压器能效水平，推动配电变压器产业转型升级，促进节能降耗。

2015年9月

2015年9月2日

工信部举办再生资源综合利用行业规范条件培训班

为宣贯再生资源综合利用行业规范条件，推动再生资源产业健康发展，工业和信息化部节能与综合利用司于2015年9月17—18日在大连举办了再生资源综合利用行业规范条件培训班。来自全国各省市工业和信息化主管部门、相关协会代表共60名学员参加了培训。本次培训邀请了财政部、中国社会科学院、同济大学有关专家、学者以及行业代表，讲授了生态文明建设与循环经济、国内外再生资源产业发展态势与政策、资源综合利用增值税政策、再生资源综合利用行业规范条件、典型企业案例等内容，并组织学员赴当地资源综合利用企业进行学习考察，学员们就资源综合利用税收优惠政策、行业规范管理以及相关管理工作进行了交流探讨。

2015年11月

2015年11月4日

三部委印发《家用电冰箱能效“领跑者”制度实施细则》、《平板电视能效“领跑者”制度实施细则》、《转速可控型房间空气调节器能效“领跑者”制度实施细则》

国家发改委、工业和信息化部、国家质检总局研究制定了《家用电冰箱能效“领跑者”制度实施细则》、《平板电视能效“领跑者”制度实施细则》、《转速可控型房间空气调节器能效“领跑者”制度实施细则》,并公布施行。根据实施细则，国家将对入围的国家能效“领跑者”产品推广创造更好的市场空间；将能效“领跑者”产品纳入节能产品政府采购清单，实行优先采购；固定资产投资项目优先选用能效“领跑者”产品；中央基建投资、中央财政资金支持的节能改造项目优先选用能效“领跑者”产品；国家建立能效“领跑者”指标与强制性国家标准衔接的机制；国家加大宣传力度，集中宣传能效“领跑者”产品和相关企业；入围企业可在入围产品能效标识本体上直接印制能效“领跑者”标志等。

2015年11月13日

工信部发布《节能机电设备（产品）推荐目录（第六批）》

工信部发布《节能机电设备（产品）推荐目录（第六批）》，旨在引导节能机电设备（产品）的生产和推广应用。《目录》共涉及11大类434个型号产品，其中工业锅炉13个型号产品，变压器98个型号产品，电动机79个型号产品，电焊机43个型号产品，压缩机73个型号产品，制冷设备63个型号产品，塑料机械21个型号产品，风机5个型号产品，热处理3个型号产品，泵34个型号产品，干燥设备2个型号产品。

2015年11月13日

工信部发布《“能效之星”产品目录（2015年）》

工信部发布《“能效之星”产品目录（2015年）》（以下简称《目录》），旨在促进高效节能产品的推广应用。《目录》共涉及13大类141个型号产品，其中电动洗衣机11个型号产品，热水器18个型号产品，液晶电视8个型号产品，房间空气调节器18个型号产品，家用电冰箱22个型号产品，变压器17个型号产品，电机12个型号产品，工业锅炉5个型号产品，电焊机6个型号产品，压缩机4个型号产品，塑料机械4个型号产品，风机1个型号产品，泵5个型号产品。列入《目录》的产品，可在产品明显位置或包装上使用“能效之星”标志。

2015年11月26日

工信部、国家发改委、国家质检总局联合发布《高耗能行业能效“领跑者”制度实施细则》

工信部、国家发改委、国家质检总局制定了《高耗能行业能效“领跑者”制度实施细则》，旨在建立高耗能行业能效“领跑者”制度，定期发布单位产品能耗最低的高耗能行业能效“领跑者”企业名单及其能效指标。细则规定实施范围，选择乙烯、合成氨、水泥、平板玻璃、电解铝等行业先行先试，以后逐步扩展范围，形成覆盖钢铁、石化和化工、建材、有色金属、轻工等高耗能行业能效“领跑者”制度。

2015年12月

2015年12月4日

工信部发布《再制造产品目录（第五批）》

工信部发布《再制造产品目录（第五批）》（以下简称《目录》），旨在推动再制造产业健康有序发展，加强再制造行业管理，确保再制造产品质量，引导再制造产品消费。《目录》包括北京南车时代机车车辆机械有限公司、厦门厦工机械股份有限公司等17家企业5大类33种产品。

2015年12月12日

巴黎气候大会达成新协议

法国当地时间12月12日晚间，近200个缔约方在长达32页的《巴黎协定》文件上签字，本着共同但有区别责任的原则，承诺到21世纪中叶全球实现碳中和。协议共29条，包括目标、减缓、适应、损失损害、资金、技术、能力建设、透明度、全球盘点等内容，目标为控制气温上升，将全球平均温度升幅与前工业化时期相比控制在2℃以内，并继续努力、争取把温度升幅限定在1.5℃之内。实现温室气体排放达峰，21世纪下半叶实现温室气体净零排放。

2015年12月24日

工信部公布国家绿色数据中心试点单位

工信部、国家机关事务管理局、国家能源局三部委印发《关于公布国家绿色数据中心试点地区名单的通知》，通知确定了14个国家绿色数据中心试点地区。根据通知公示，北京、天津、河北、黑龙江、上海、江苏、山东、湖北、广东、广西、重庆、四川、贵州、宁夏共14个地区入围绿色数据中心试点，共计103个地区相关领域将开展绿色数据中心试点，试点主要覆盖生产制造、能源、电信、互联网、公共机构、金融等领域。

2015年12月31日

工信部发布符合《废钢铁加工行业准入条件》企业名单（第四批）及符合《轮胎翻新行业准入条件》、《废轮胎综合利用行业准入条件》企业名单（第三批）

工信部发布符合《废钢铁加工行业准入条件》企业名单（第四批）及符合《轮胎翻新行业准入条件》、《废轮胎综合利用行业准入条件》企业名单（第三批），其中，第四批符合《废钢铁加工行业准入条件》企业有22家，第三批符合《轮胎翻新行业准入条件》、《废轮胎综合利用行业准入条件》企业有18家。

后 记

《2015—2016 年中国工业节能减排发展蓝皮书》是在我国现阶段高度重视工业发展与节能减排的背景下，由中国电子信息产业发展研究院赛迪智库工业节能与环保研究所编写完成的。

本书由刘文强担任主编，顾成奎担任副主编，崔志广负责统稿。具体各章节的撰写人员为：综合篇由王煦、莫君媛、张玉燕撰写，重点行业篇由崔志广、赵越撰写，区域篇由王娜、李鹏梅撰写，政策篇由郭士伊撰写，热点篇和展望篇由李博洋撰写，2015 年工业节能减排大事记由赵越收集整理。

此外，本书在编撰过程中，得到了工业和信息化部节能司领导以及钢铁、建材、有色、石化、电力等重点用能行业协会和相关研究机构的专家大力支持和指导，在此一并表示感谢。希望本书的出版，为工业节能减排的政府主管部门制定政策时提供决策参考，为工业企业节能减排管理者提供帮助。本书虽经过研究人员和专家的严谨思考和不懈努力，但由于能力和水平所限，疏漏和不足之处在所难免，敬请广大读者和专家批评指正。

赛迪智库

面向政府　服务决策

思想，还是思想
才使我们与众不同

《赛迪专报》
《赛迪译丛》
《赛迪智库·软科学》
《赛迪智库·国际观察》
《赛迪智库·前瞻》
《赛迪智库·视点》
《赛迪智库·动向》
《赛迪智库·案例》
《赛迪智库·数据》
《智说新论》
《书说新语》
《两化融合研究》
《互联网研究》
《网络空间研究》
《电子信息产业研究》
《软件与信息服务研究》
《工业和信息化研究》
《工业经济研究》
《工业科技研究》
《世界工业研究》
《原材料工业研究》
《财经研究》
《装备工业研究》
《消费品工业研究》
《工业节能与环保研究》
《安全产业研究》
《产业政策研究》
《中小企业研究》
《无线电管理研究》
《集成电路研究》
《政策法规研究》
《军民结合研究》

编 辑 部：赛迪工业和信息化研究院
通讯地址：北京市海淀区万寿路27号院8号楼12层
邮政编码：100846
联 系 人：刘 颖　董 凯
联系电话：010-68200552 13701304215
　　　　　010-68207922 18701325686
传　　真：0086-10-68209616
网　　址：www.ccidwise.com
电子邮件：liuying@ccidthinktank.com

赛迪智库

面向政府 服务决策

研究，还是研究
才使我们见微知著

信息化研究中心	工业化研究中心	规划研究所
电子信息产业研究所	工业经济研究所	产业政策研究所
软件产业研究所	工业科技研究所	军民结合研究所
网络空间研究所	装备工业研究所	中小企业研究所
无线电管理研究所	消费品工业研究所	政策法规研究所
互联网研究所	原材料工业研究所	世界工业研究所
集成电路研究所	工业节能与环保研究所	安全产业研究所

编 辑 部：赛迪工业和信息化研究院
通讯地址：北京市海淀区万寿路27号院8号楼12层
邮政编码：100846
联 系 人：刘 颖 董 凯
联系电话：010-68200552 13701304215
010-68207922 18701325686
传 真：0086-10-68209616
网 址：www.ccidwise.com
电子邮件：liuying@ccidthinktank.com